超好学！

Photoshop CS5 图像处理

全图解 100% all diagrammatized

九天科技　编著

中国铁道出版社
CHINA RAILWAY PUBLISHING HOUSE

内 容 简 介

本书采用理论知识与实例操作相结合的形式，详细介绍了图像处理软件Photoshop CS5的使用方法与技巧。主要内容包括：Photoshop CS5图像处理入门，图像的基本编辑方法，选区的创建与编辑，图像颜色与色调的调整，图像的绘制与填充，图像的修复与修饰，图层操作与应用，创建与编辑路径，使用蒙版与通道，应用文字与滤镜，以及经典实例综合演练等知识。

本书适用于Photoshop初学者快速提高软件操作及图像处理能力，也适用于广大图像处理爱好者、有一定设计经验且需要进一步提高软件水平的从业人员使用，还可作为大中专院校、各类电脑培训班的教学用书。

图书在版编目（CIP）数据

超好学！Photoshop CS5图像处理全图解/九天科技 编著.
--北京：中国铁道出版社，2012.7
ISBN 978-7-113-14612-2

Ⅰ.①超… Ⅱ.①九… Ⅲ.①图像处理软件—图解
Ⅳ.①TP391.41-64

中国版本图书馆CIP数据核字（2012）第083065号

书　　名：超好学！Photoshop CS5图像处理全图解
作　　者：九天科技　编著

策划编辑：武文斌　　　**读者热线电话：**010-63560056
责任编辑：苏　茜　　　**特邀编辑：**赵树刚
责任印制：赵星辰

出版发行：中国铁道出版社（北京市西城区右安门西街8号　　邮政编码：100054）
印　　刷：北京精彩雅恒印刷有限公司印刷
版　　次：2012年7月第1版　　2012年7月第1次印刷
开　　本：700mm×1000mm　1/16　**印张：**15.75　**字数：**307千
书　　号：ISBN 978-7-113-14612-2
定　　价：39.00元（附赠光盘）

前言 FOREWORD

内容综述

Photoshop 是目前使用最为广泛的专业图像处理软件，具有功能强大、操作界面友好、插件丰富、兼容性好等特点，被普遍应用于广告设计、数码照片处理、印前处理、网站建设、多媒体开发、建筑效果图处理和影视动画制作中。本书引导初级读者学习 Photoshop CS5 软件的基础知识和操作方法，并通过大量实例来锻炼读者的实战操作能力。

本书共分为 11 章，主要内容包括：Photoshop CS5 图像处理入门，图像的基本编辑方法，选区的创建与编辑，图像颜色与色调的调整，图像的绘制与填充，图像的修复与修饰，图层操作与应用，创建与编辑路径，使用蒙版与通道，应用文字与滤镜以及经典实例综合演练等知识。

本书特色

◎ **从零起步、简单易学**：针对初学者，内容涵盖新手学习 Photoshop 图像处理的各个方面，深入浅出，简单易学，让读者一看就懂，一练就会。

◎ **丰富全面、专业指导**：在全面掌握软件使用方法和技巧的同时，掌握专业设计知识与设计创意手法，从零到专迅速提高。

◎ **举一反三、轻松掌握**：深入剖析了 Photoshop 图像处理的全部过程，使读者不仅能轻松掌握具体的操作方法，还可以做到举一反三，融会贯通。

◎ **全程图解、版式时尚**：本书全程图解剖析，版式美观大方、新鲜时尚，并在每页开设“行家提醒”和“操作提示”栏目，带给读者全新的学习体验。

适用读者

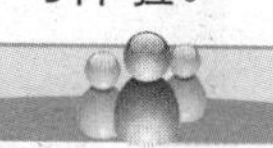

本书适用于 Photoshop 初学者快速提高软件操作及图像处理能力，也适用于广大图像处理爱好者、有一定设计经验且需要进一步提高软件水平的从业人员使用，还可作为大中专院校、各类电脑培训班的教学用书。

售后服务

如果读者在使用本书的过程中遇到问题或者有任何意见或建议，可以通过电子邮件（E-mail：jtbook@yahoo.cn）或者即时通信软件（QQ：843688388 ）联系我们，我们将及时予以回复，并尽最大努力提供学习上的指导与帮助。

多媒体光盘使用说明
How to use the DVD-ROM

多媒体教学光盘的内容

本书配套的多媒体教学光盘内容对应书中各章节的内容安排，为各章节内容的重点知识，播放时间长达 500 分钟。读者可以先阅读图书再浏览光盘，也可以直接通过光盘学习 Photoshop 图像处理的相关知识。

多媒体教学光盘的使用

❶ 将本书的配套光盘放入光驱后会自动运行多媒体程序，并进入光盘的主界面，如下图所示。如果光盘没有自动运行，只需在“计算机”窗口中双击 DVD 光驱的盘符进入配套光盘，然后双击 Autorun.exe 文件即可。

❷ 光盘主界面中显示各章的链接，单击进入本章的二级界面，如下图（上）所示。单击“点击查看”超链接，即可打开视频教程所在的文件夹，如下图（下）所示，双击选择需要播放的视频文件，即可观看视频。

⑦ 小节目录

⑧ 返回上一节

⑨ 进入下一节

⑩ 返回主界面

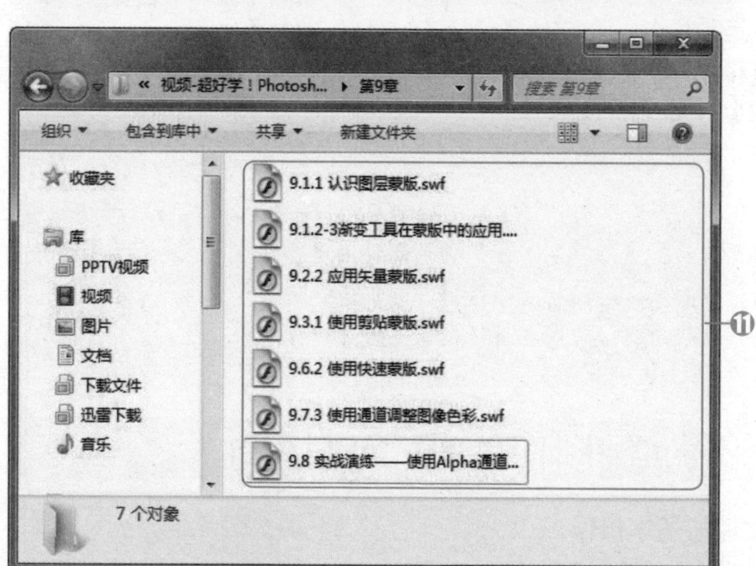

⑪ 双击观看视频

光盘超值附赠视频

- **《轻松学 Photoshop 数码照片处理》光盘视频**
  长达 200 分钟多媒体教学视频，使读者快速掌握使用 Photoshop 处理数码照片的技能。
- **《Flash CS3 动画制作从新手到高手》光盘视频**
  长达 360 分钟多媒体教学视频，全面介绍了使用 Flash 进行动画制作的各种操作与技巧。

光盘最佳运行环境

- CPU：Pentium 4 及以上。
- 内存：512MB 及以上。
- 硬盘剩余空间：200MB 及以上。
- 屏幕分辨率：1024 ×768 像素。
- 其他：4 倍速以上 DVD 光驱。

目录 CONTENTS

第 1 章 Photoshop CS5 图像处理入门

第 2 章 图像的基本编辑方法

新手有问必答

第 3 章 选区的创建与编辑

第 4 章 图像颜色与色调的调整

第 5 章 图像的绘制与填充

第 6 章 图像的修复与修饰

第 7 章 图层操作与应用

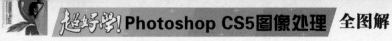

第 8 章 创建与编辑路径

新手有问必答

第9章 使用蒙版与通道

新手有问必答

第10章 应用文字与滤镜

第11章 经典实例综合演练

Chapter 01

Photoshop CS5图像处理入门

Photoshop CS5是Adobe公司推出的一款功能强大的图像处理软件，广泛应用于平面设计、图像处理和网页制作等领域，是广大平面工作者必备的软件。Photoshop CS5作为Photoshop的最新版本，其功能更加强大，而操作更加简单。本章将引领读者走近Photoshop CS5，对其有一个整体的认识。

本章重点知识

◎ Photoshop CS5应用领域
◎ Photoshop CS5新增功能
◎ Photoshop CS5工作界面
◎ 图像处理基础知识
◎ 实战演练——自定义工作区

1.1 Photoshop CS5应用领域

Photoshop 的应用领域非常广泛，在平面设计、照片处理和网页制作等各个领域都能看到它的身影，下面将对几个主要领域进行简要介绍。

1．数码照片处理

随着数码摄影技术的不断发展，Photoshop 与数码摄影的联系已经密不可分。在 Photoshop CS5 中，可以进行各种数码照片的合成、修复和上色操作，如为数码照片更换背景、为人物更换发型、去除斑点、数码照片的偏色校正等，同时，Photoshop 也是婚纱影楼设计师们的得力助手，如下图（左）所示。

2．广告摄影

广告摄影作为一种对视觉要求非常严格的工作，要用最简洁的图像和文字给人以最强烈的视觉冲击，其最终作品往往要经过 Photoshop 的艺术处理才能得到满意的效果，如下图（右）所示。

3．视觉创意

视觉创意是 Photoshop 的特长，通过 Photoshop 的技术处理可以将原本不相干的图像组合在一起，也可以发挥想象自行设计富有新意的作品，利用色彩效果等在视觉上表现全新的创意，如右图所示。

4．艺术文字

普通的文字经过 Photoshop 的艺术处理，就会变得精美绝伦。利用 Photoshop 可以使文字发生各种各样的变化，并且通过艺术化处理后的文字也可以为图像增加效果，如下图（左）所示。

行家提醒

Photoshop 的应用领域很广泛，在图像、图形、文字、视频、出版等方面都提供了强大的功能。

5. 平面设计

平面设计是Photoshop应用最为广泛的领域，无论是图书封面，还是招贴、海报，这些具有丰富图像的平面印刷品基本上都需要使用Photoshop软件对图像进行处理，如下图（右）所示。

6. 建筑效果图后期修饰

制作的建筑效果图中包括许多三维场景时，人物与配景以及场景的颜色常常需要在Photoshop中添加并进行调整，如下图（左）所示。

7. 网页制作

网络的迅速普及是促使更多人学习和掌握Photoshop的一个重要原因。因为在制作网页时，Photoshop是必不可少的网页图像处理软件，而且它发挥的作用越来越大，如下图（右）所示。

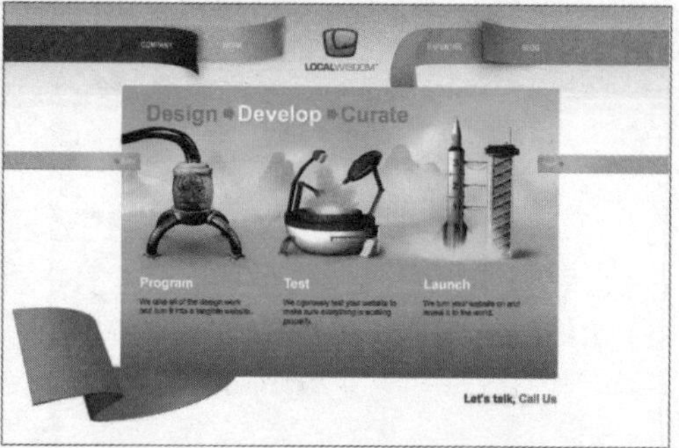

1.2 Photoshop CS5新增功能

Photoshop CS5采用全新的选择技术，可以轻松完成复杂选择、删除任何图像元素、神奇地填充选区、实现逼真绘画等操作，帮助用户更方便地创作出优秀的作品。

操作提示

Photoshop的专长在于图像处理，而不是图形创作。图像处理是对已有的位图图像进行编辑加工处理以及运用一些特殊效果。

1. 内容识别填充

内容识别填充是 Photoshop CS5 新增的功能，它可以自动从选区周围的图像上取样，然后自动填充修复图像，而且很难看出处理过的痕迹，功能十分强大。下图所示为使用内容识别填充处理的图像。

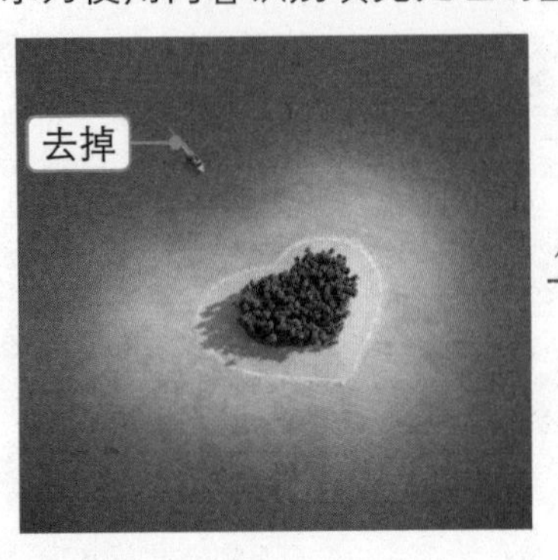

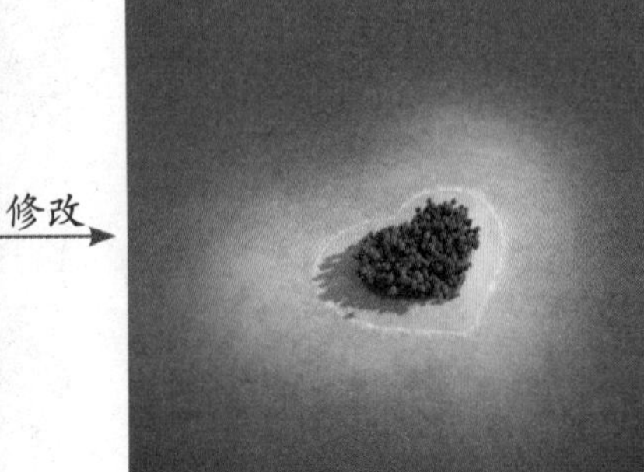

2. 轻松选择复杂图像

Photoshop CS5 使用新增的调整工具可以轻松地选择毛发等细微的对象，还可以调整选区并改进蒙版，如下图所示。选择完成后，可以将选区输入为蒙版、新的图层或新的文档等。

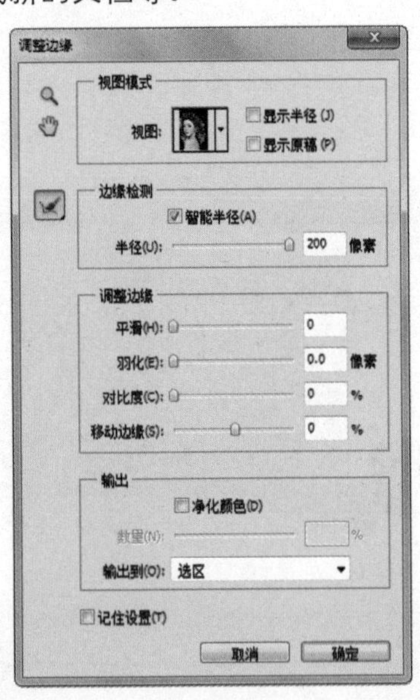

3. 操作变形

Photoshop CS5 新增“操作变形”命令，可以改变物体的形象，就好像操作木偶一样，其功能十分强大，如下图所示。

行家提醒

使用“调整边缘”命令，可以消除选区边缘周围的背景色，自动改变选区边缘并改进蒙版，使选择的图像更加精确，甚至精确到细微的毛发部分。

4. 镜头校正滤镜

Photoshop CS5 新增“镜头校正”滤镜，可以减轻枕状失真，改善曝光不足造成的黑色部分，以及修复色彩失焦，如下图所示。

5. 增强的绘图功能

在 Photoshop CS5 中，画笔工具新增了符合物理定律的画笔与调色盘，包括墨水流动、细部画笔笔刷形状等属性，功能更加强大，如下图所示。

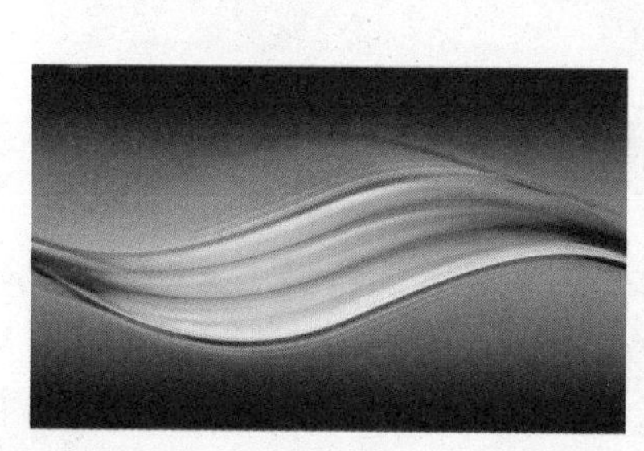

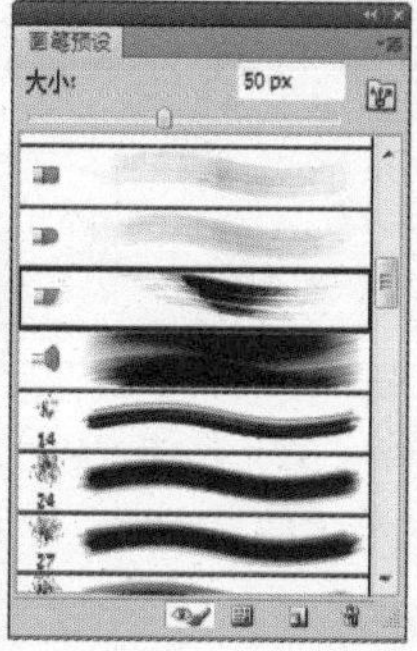

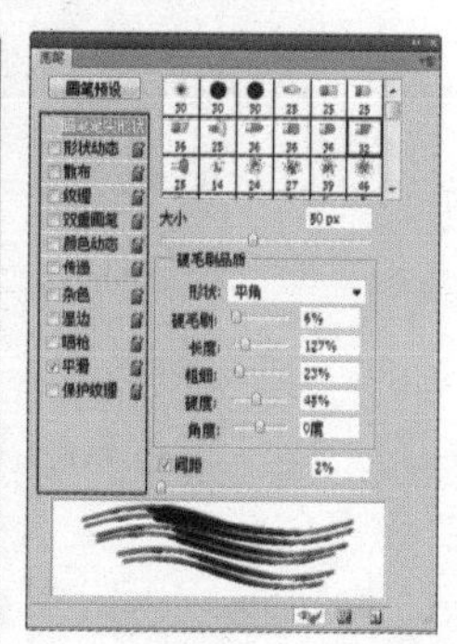

操作提示

操控变形可以对任何图像元素进行精确的定位，创建出视觉上更具吸引力的照片。例如，轻松伸直一个弯曲角度不舒服的手臂。

6. HDR 色调调整

Photoshop CS5 新增“HDR 色调”命令，能够非常快捷地调色及增加清晰度，可以使单次曝光的照片获得 HDR 外观，如下图所示。

1.3 Photoshop CS5工作界面

启动 Photoshop CS5，打开一个 Photoshop 文件，可以发现其界面主要由菜单栏、工具选项栏、工具箱、图像窗口、状态栏和面板组成，如下图所示。

>> 1.3.1 标题栏

标题栏位于 Photoshop CS5 工作界面的最顶层，其左侧显示了 Photoshop CS5 的程序图标及 6 个功能按钮（分别为“启动 Bridge”按钮、“启动 Mini Bridge”按钮、“查看额外内容”按钮、“缩放级别”按钮、“排列文档”

行家提醒

“HDR 色调”命令为 Photoshop CS5 中新增的色彩调整命令，使用此命令可修补太亮或太暗的图像，制作出高动态范围的图像效果。

按钮▦▾和“屏幕模式”按钮▣▾)。中间为 4 个工作区选择按钮，即“基本功能”、“设计”、“绘画”、“摄影”。单击»按钮，在弹出的下拉菜单中可以选择与工作区相关的操作命令，如下图所示。

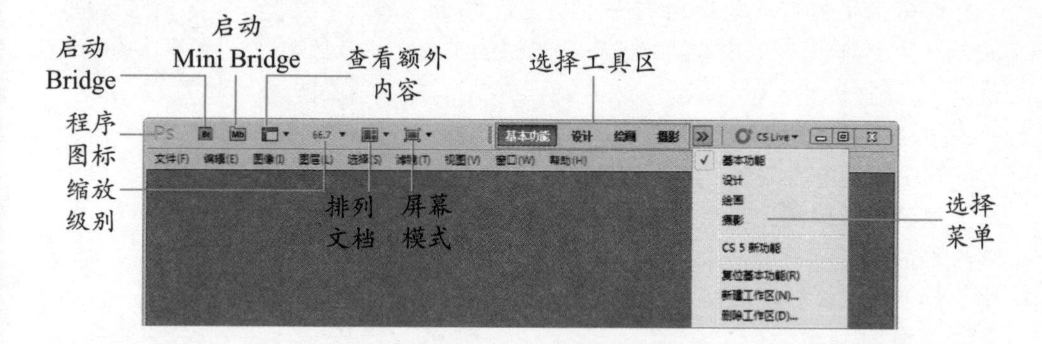

>> 1.3.2 菜单栏

菜单栏位于标题栏的下方，Photoshop CS5 共包含 9 个菜单，分别为“文件”、“编辑”、“图像”、“图层”、“选择”、“滤镜”、“视图”、“窗口”和“帮助”。这些菜单中包含了 Photoshop CS5 中的所有命令，单击这些菜单项，在弹出的下拉菜单中选择相应的命令，可以实现图像处理的各种操作，如下图所示。

文件(F) 编辑(E) 图像(I) 图层(L) 选择(S) 滤镜(T) 视图(V) 窗口(W) 帮助(H)

>> 1.3.3 工具选项栏

工具选项栏位于菜单栏的下方，主要用于设置工具的参数属性。一般来说，要先在工具箱中选择要使用的工具，然后根据需要在工具选项栏中进行参数设置，最后使用工具对图像进行编辑和修改即可。

每种工具都有其对应的工具选项栏，选择不同的工具时，工具选项栏的选项内容也会随之发生变化。下图所示为画笔工具的工具选项栏。

模式: 正常 不透明度: 100% 流量: 100%

>> 1.3.4 工具箱

默认状态下，Photoshop CS5 工具箱位于程序窗口的左侧，它包括多个常用的工具按钮，使用这些按钮可以自由地选择、绘图、编辑、修复和制作各种图像、图形、文字等效果及特效。

默认情况下，工具箱为单栏排列，单击工具箱上方的▸▸按钮，可以将工具箱在单栏和双栏之间切换，如下图（左）所示。

操作提示

当程序窗口中处于最大化状态时，菜单栏将集成到标题栏中。

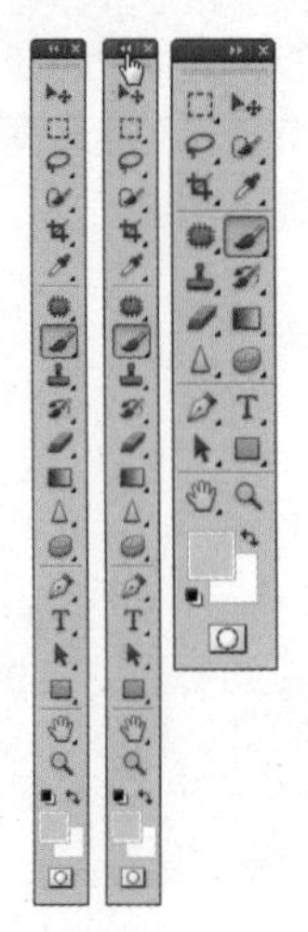
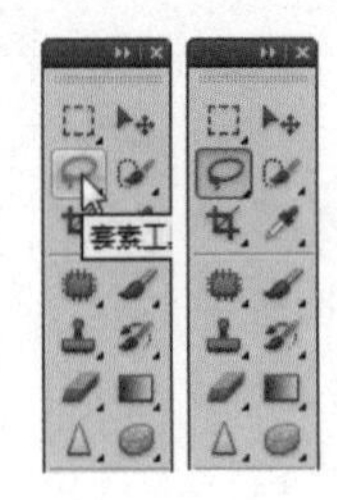

若要选择工具箱中的工具，则在工具箱中的工具图标上右击，使其图标呈按下状态，即可选中该工具，如右图所示。

许多工具的右下角都带有一个小三角图标，表示其为工具组，该工具组中还有被隐藏的工具选项。

按住工具按钮不放或在其上右击，即可完全显示该工具组中的工具，如下图（左）所示。

显示出隐藏的工具后，再将鼠标指针移动到要选择的工具图标上，单击鼠标左键即可将其选中，如下图（右）所示。

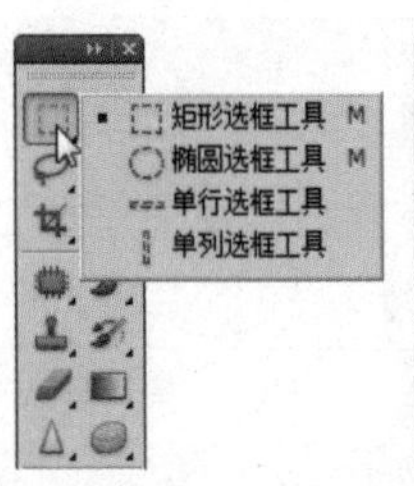

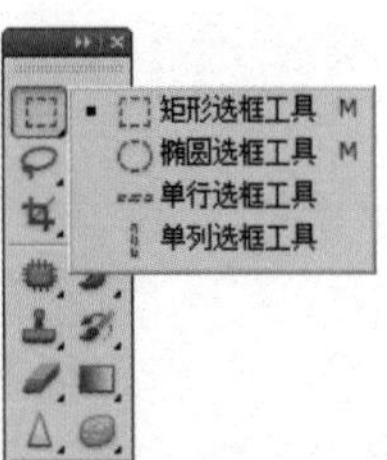

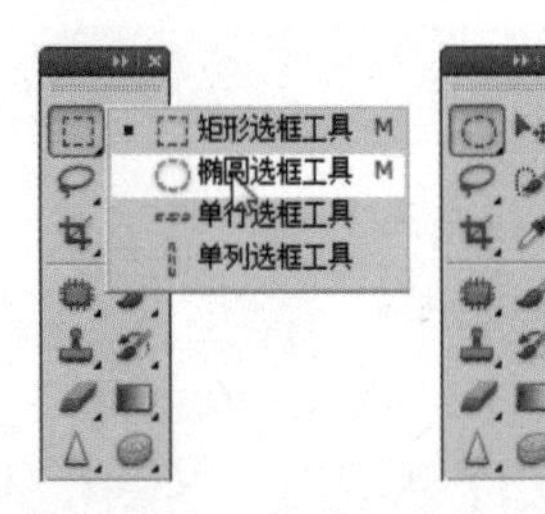

>> 1.3.5 图像窗口

图像窗口位于工作界面的中心，用于显示在 Photoshop CS5 中打开的图像文件。图像窗口是一个标准的 Windows 窗口，可以对其进行移动、调整大小、最大化 / 还原、最小化和关闭等操作。

图像窗口的标题栏除显示有当前图像文档的名称外，还显示图像的显示比例、色彩模式等信息，如下图（左）所示。

在 Photoshop CS5 中可以同时打开多个图像文件，因此程序窗口中可能会包含多个图像窗口，默认的图像窗口显示状态如下图（右）所示。

在工具箱中，有的工具后面提供了一个快捷键，用户也可以通过按该快捷键来选中该工具。

如果用户要改变图像的显示方式，可选择“窗口”|“排列”子菜单中的命令，如下图（左）所示。

如果选择“平铺”命令，则可以使打开的图像在窗口中平铺显示，此时高亮显示的图像即为当前编辑图像，如下图（右）所示。

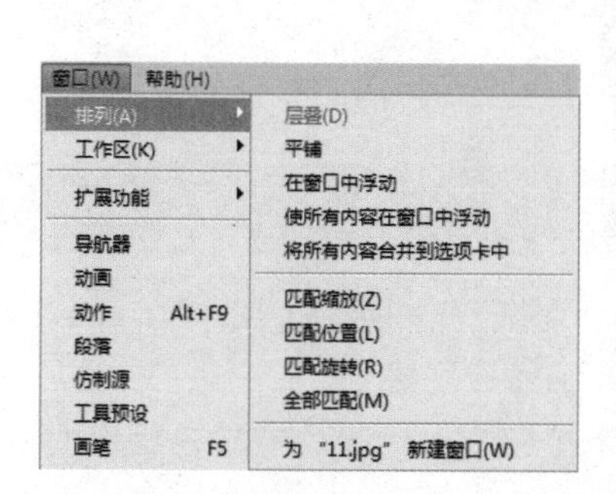

此时如果要选择其他图像进行编辑，只需单击相应的图像即可，如下图（左）所示。

选择“在窗口中浮动”命令，可以使当前图像单独成为浮动窗口，如下图（右）所示。

选择“使所有内容在窗口中浮动”命令，可以使所有图像成为浮动窗口，如下图（左）所示。

选择“将所有内容合并到选项卡中”命令，可以恢复默认显示，即层叠显示，如下图（中）所示。

在 Photoshop 程序窗口的标题栏中单击“排列文档”按钮，利用弹出的下拉菜单即可切换屏窗口排列方式，如下图（右）所示。

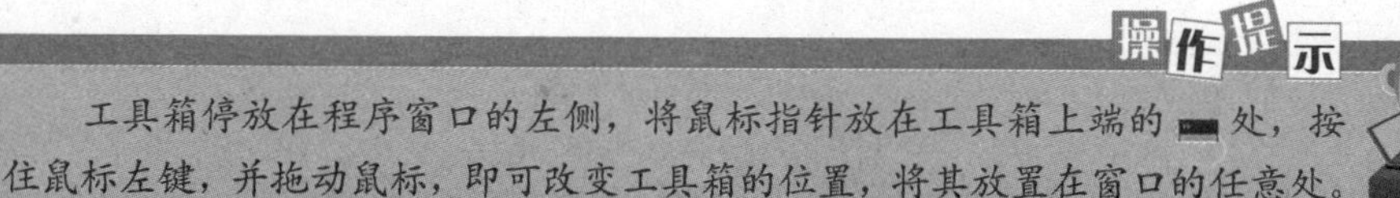

操作提示

工具箱停放在程序窗口的左侧，将鼠标指针放在工具箱上端的处，按住鼠标左键，并拖动鼠标，即可改变工具箱的位置，将其放置在窗口的任意处。

>> 1.3.6 面板

默认情况下，面板位于工作界面的右侧，它是 Photoshop CS5 中的一种非常重要的辅助工具，其主要功能是帮助用户监视和修改图像。

有的面板处于折叠隐藏状态，当需要显示相应的面板时只需单击相应的面板名称即可，如下图（左）所示。

若用户要使用的面板在面板组中没有显示，则可以通过选择“窗口”菜单下的相关命令将其调出来，如下图（右）所示。

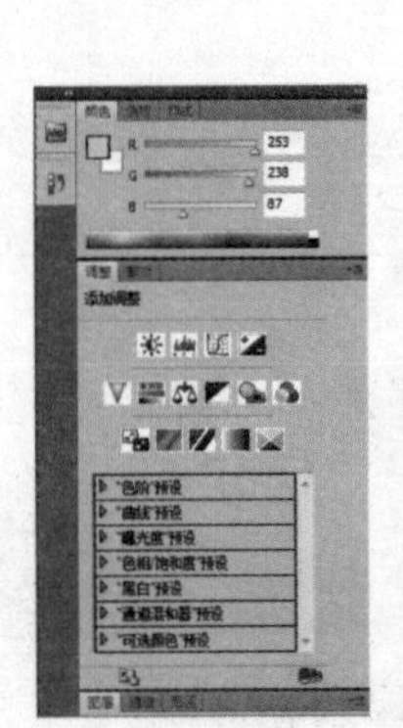
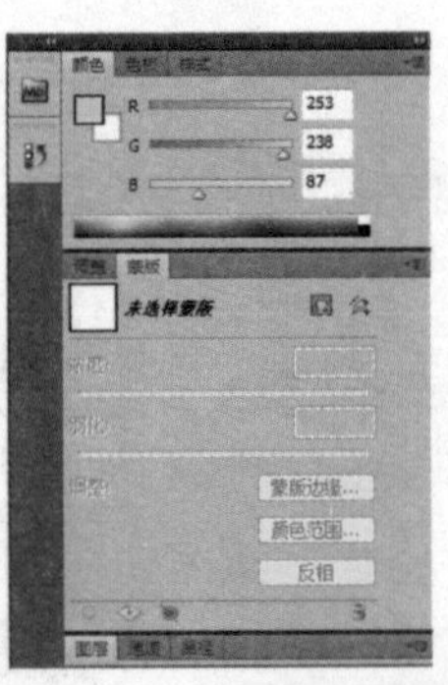

如果不再需要一个面板，可以单击其右上角的“关闭”按钮将其关闭，如右图（左）所示。

单击面板右上角的面板菜单控制按钮，将弹出与该面板相关的面板控制菜单，如右图（右）所示。

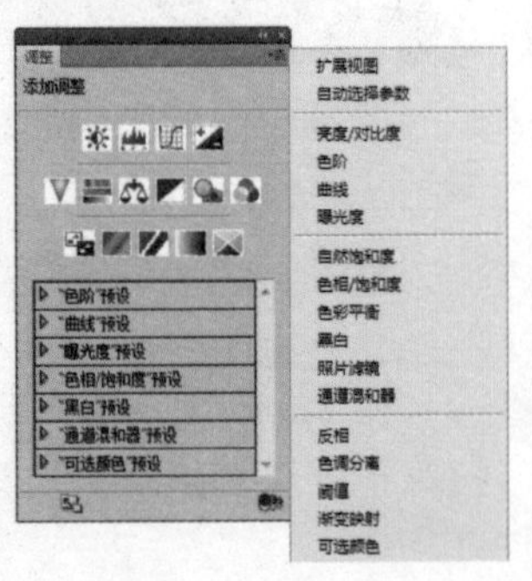

默认情况下，多个面板组合在一起，组成面板组。将鼠标指针移动到某个面板的名称上，按住鼠标左键并将其拖动到窗口的其他位置，可以将该面板从面板组中分离出来，成为浮动面板，如下图所示。

行家提醒

要想将工具箱放回原来的位置，只需在工具箱的 ▬ 处按住鼠标左键，将其拖动到窗口左侧，当出现一条蓝色的停靠线时，释放鼠标即可。

将鼠标指针移动到面板的名称上，按住鼠标左键，将其拖动到另一个面板上，当两个面板的连接处显示为蓝色时，可以将该面板放置在目标面板中，如下图所示。

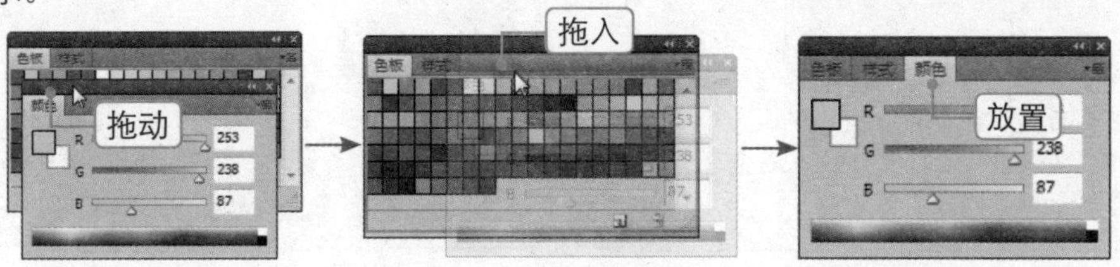

将鼠标指针移动到面板的名称上，按住鼠标左键，将其拖动到另一个面板的下方，当两个面板的连接处显示为蓝色时，松开鼠标即可将两个面板链接到一起，如下图所示。

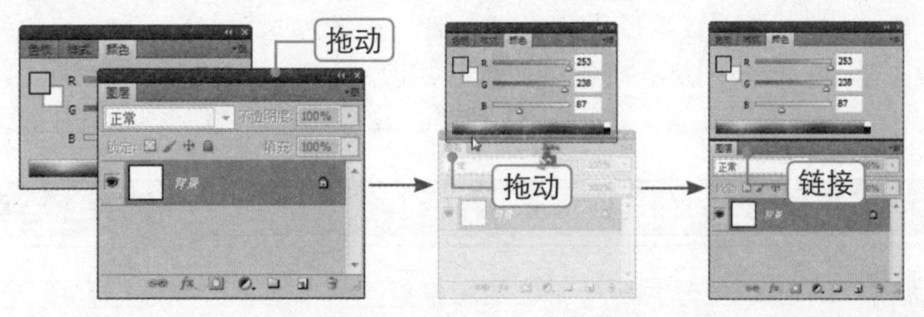

>> 1.3.7 状态栏

状态栏位于图像窗口的最下方，用于显示与当前图像有关的信息，以及一些操作说明和提示信息，如下图所示。

100% 文档:988.5K/988.5K

状态栏由显示比例、文件信息和提示信息三部分组成。状态栏左侧的数值框用于设置图像窗口的显示比例，用户可以在该数值框中输入任意数值，然后按【Enter】键，即可改变图像窗口的显示比例。状态栏右侧的区域用于显示图像文件信息，单击状态栏中的小三角形按钮，可弹出一个显示内容菜单，用于选择文件信息中显示的信息类型，如右图所示。

在某个面板名称右侧的灰色空白处双击，可以在面板最大化和最小化之间进行切换。

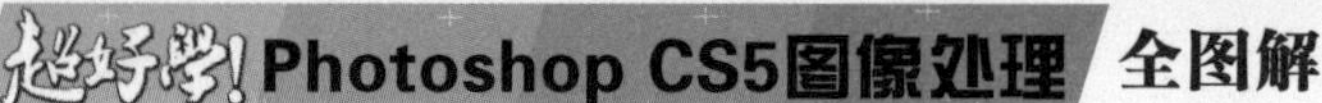

>> 1.3.8 桌面

在图像窗口周围还有一圈灰色的空白区域，一般把这种空白区域称为“桌面”，如下图所示。

高手点拨

桌面快捷操作

在桌面上双击，将弹出“打开”对话框；按住【Alt】键在桌面上双击，将弹出“打开为”对话框；按住【Ctrl】键在桌面上双击，将弹出“新建”对话框；按住【Shift+Alt】组合键在桌面上双击，将弹出“存储为”对话框。

1.4 图像处理基础知识

Photoshop 是一款平面图像处理软件，因此在学习 Photoshop 之前，首先要来学习一些与图像处理有关的基础知识。

>> 1.4.1 位图与矢量图的区别

电脑中的图像类型分为两种：位图和矢量图，下面将分别进行介绍。

1. 位图

位图是由称为像素的点组合而成的，一个点就是一个像素，每个点都有自己的颜色。由于软件在保存位图时存储的是图像中各点的色彩信息，因此这种图像画面细腻。位图与分辨率有着直接的联系，分辨率大的位图清晰度高，其放大倍数也相应增加。但是，当位图的放大倍数超过其最佳分辨率时，就会出现细节丢失，并产生锯齿状边缘的情况，如下图所示。

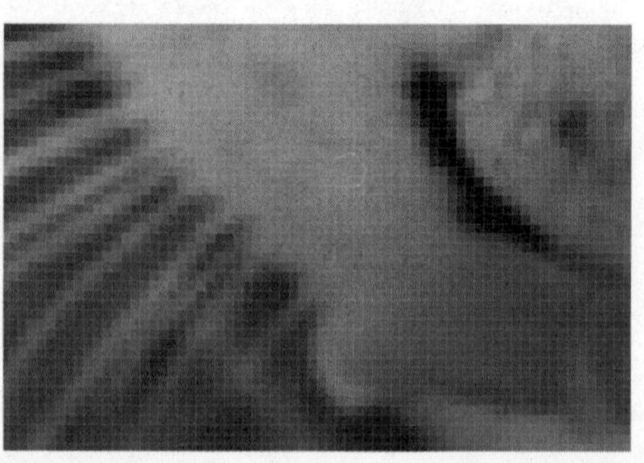

行家提醒

当面板处于折叠状态时，将鼠标指针移动到其中一个面板的图标上，会显示该面板的名字；单击该图标，可以展开该面板。

Photoshop 就是处理位图的软件，其他常用的处理位图的软件还有 Design Painter 和 Corel PHOTO-PAINT 等。

2. 矢量图

矢量图是以数学向量方式记录图像的，其内容以线条和色块为主。矢量图与分辨率无关，它可以任意倍地放大且清晰度不变，也不会出现锯齿状边缘。下图所示为两个矢量图形。

矢量图形最大的优点是无论放大、缩小或旋转等都不会失真，最大的缺点是难以表现色彩层次丰富的逼真图像效果。

矢量图无法通过扫描获得，主要依靠设计软件生成。制作矢量图的软件主要有 FreeHand、Illustrator、CorelDRAW 和 AutoCAD 等。

>> 1.4.2 像素与分辨率

像素和分辨率是 Photoshop 中关于图像文件大小和图像质量的两个基本概念，下面将分别对其进行介绍。

1. 像素

像素是图像的基本单位，水平及垂直方向上的若干个像素组成了图像。像素是一个个有色彩的小方块，每一个像素都有其明确的位置及色彩值。像素的位置及色彩决定了图像的效果。一个图像文件的像素越多，包含的信息量就越大，文件也越大，图像的品质也越好，如下图所示。

若面板在 Photoshop 程序窗口中已经打开，则在“窗口”菜单中对应的菜单项前会显示一个 ☑ 图标。选择带对勾图标的菜单命令，则会关闭该面板。

2. 分辨率

图像分辨率即图像中每单位面积内像素的多少，通常用“像素 / 英寸”（ppi）或“像素 / 厘米”表示。相同打印尺寸的图像，高分辨率比低分辨率包含更多的像素，因而像素点也较小。

例如，72ppi 表示该图像每平方英寸包含 5184 个像素（即 72 像素 / 英寸）；同样大小而分辨率为 300ppi 的图像则包含 90 000 个像素。

>> 1.4.3 图像文件格式

Photoshop 兼容的图像文件格式很多，不同格式的图像文件所包含的图像信息也各不相同，文件大小也不一致。用户可以根据自己的需求选用适当的文件格式。下面将对几种常用的图像格式进行介绍。

1. PSD 和 PDD（*.psd 和 *.pdd）格式

PSD 和 PDD 格式是 Photoshop 软件自身专用的格式，它可以保存 Photoshop 在制作图像时的各种信息，如通道、路径、样式和效果等，文件也相应较大，不过可以通过合并图层来降低文件的大小。该格式是唯一能够支持全部图像颜色模式的格式。

由于保留了所有的原始信息，因此在图像处理中对于尚未制作完成的图像最好选用 PSD 格式保存。

但是，该格式并不为大多数图像处理及排版软件兼容，因此在图像处理完毕后，最好保存为其他兼容性较好的格式。

2. BMP（*.bmp）格式

BMP 格式是一种与硬件设备无关的图像文件格式，使用非常广泛，是 DOS 和 Windows 兼容计算机上的标准 Windows 图像格式。

BMP 格式支持 RGB、索引颜色、灰度和位图颜色模式，但不支持 Alpha 通道。它采用位映射存储格式，除了颜色深度可选以外，不采用其他任何压缩，因此 BMP 文件所占用的空间很大。BMP 文件的颜色深度可选 1 位、4 位、8 位及 24 位。

3. TIFF（*.tif）格式

TIFF 格式即标记图像文件格式，它是一种灵活的位图图像格式，具有跨平台的兼容性，几乎被所有的绘画、图像编辑和页面版面应用程序支持，而且大多数扫描仪都能输出 TIFF 格式的图像文件。

TIFF 格式是一种无损压缩格式，便于在应用程序之间和不同的计算机平台之间进行图像数据交换。

TIFF 格式能够有效地处理多种颜色深度、Alpha 通道和 Photoshop CS5 的

行家提醒

在文档窗口的空白处、在一个对象上或者在面板上右击，可以弹出一个快捷菜单，其中给出了一些与当前对象相关的操作菜单命令，方便操作。

大多数图像格式，支持位图、灰度、索引、RGB、CMYK 和 Lab 等颜色模式。TIFF 文件还可以包含文件信息命令创建的标题。

4. GIF（*.gif）格式

GIF 格式可以使用 LZW 方式进行压缩，文件尺寸较小，支持透明背景，特别适合作为网页图像。GIF 格式只保存 8 位真彩色图像，即只能保存 256 种颜色。

5. PNG（*.png）格式

PNG 格式在 RGB 和灰度颜色模式下支持 Alpha 通道。不同于 GIF 格式的是，它可以保存 24 位真彩色图像，图像文件较大，还可以在不失真的情况下保存压缩图像，但不是所有的浏览器都支持该格式。

6. JPEG（*.jpg）格式

JPEG 格式支持 CMYK、RGB 和灰度颜色模式，不支持 Alpha 通道。这种格式的图像文件一般用于图像浏览和一些 HTML 文档中。

JPEG 是一种有损压缩格式。JPEG 压缩方法会降低图像中细节的清晰度，尤其是包含文字或矢量图形的图像。需要注意的是，每次 JPEG 格式存储图像时都会产生不自然的效果，如波浪形图案或带块状区域，这些不自然的效果可随每次将图像重新存储到同一 JPEG 文件而累积。

因此，应当始终从原图像中存储 JPEG 文件，而不要从以前存储的 JPEG 图像中存储。

7. PDF（*.pdf）格式

PDF 格式是 Adobe 公司推出的专为网上出版而制定的一种格式，可以覆盖矢量式图像和位图图像，并且支持超链接。该格式可以保存多页信息，可以包含图形和文本，因此在网络下载中经常使用此文件格式。

PDF 格式支持 RGB、索引、CMYK、灰度、位图和 Lab 等颜色模式，但不支持 Alpha 通道。

1.5 实战演练——自定义工作区

Photoshop 预置了一些常用的工作区模式，可以先选择“窗口”|“工作区”命令，然后在弹出的子菜单中进行选择。不同的工作区有不同的特点，选择适合自己的工具区可以让 Photoshop 更好地服务。在操作过程中，可以创建适合自己操作习惯的工作区，以满足具体的操作需求。

操作提示

选择“窗口”|“工具”命令，可以在显示和隐藏工具箱之间进行切换。隐藏工具箱可以得到更大的操作空间。

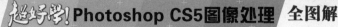

>> 1.5.1 本例操作思路

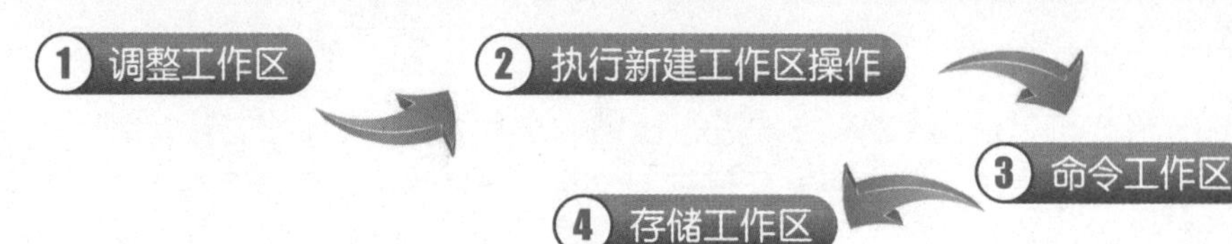

>> 1.5.2 本例实战操作

1 调整工作区

根据自己的需要调整出合适的工作区，如下图所示。

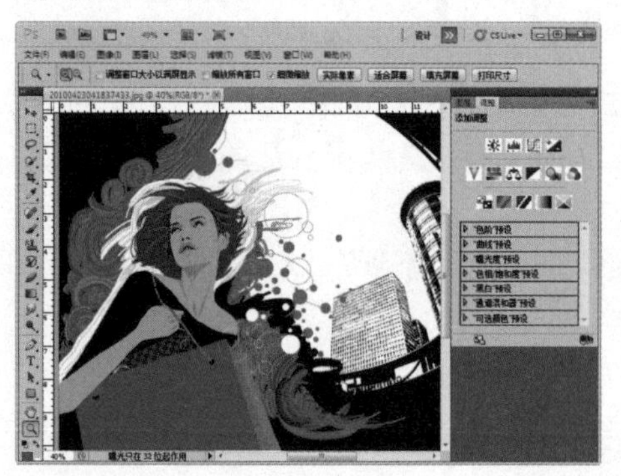

2 执行新建工作区操作

选择“窗口”|“工作区”|“新建工作区”命令，如下图所示。

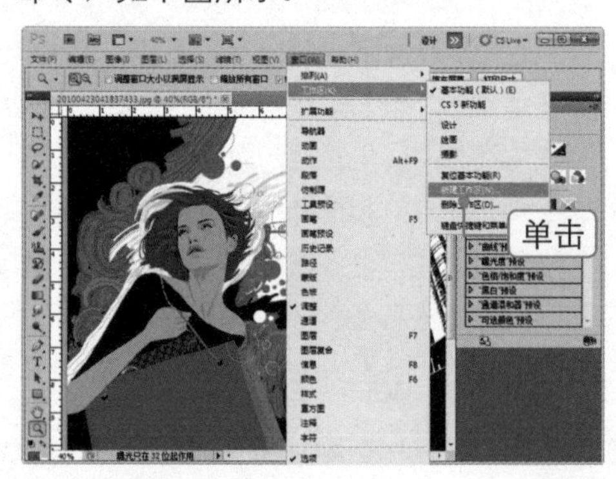

3 命名工作区

弹出“新建工作区”对话框，在“名称”文本框中为工作区命名，如“调色”，如下图所示。单击“存储”按钮，即可存储工作区，如下图所示。

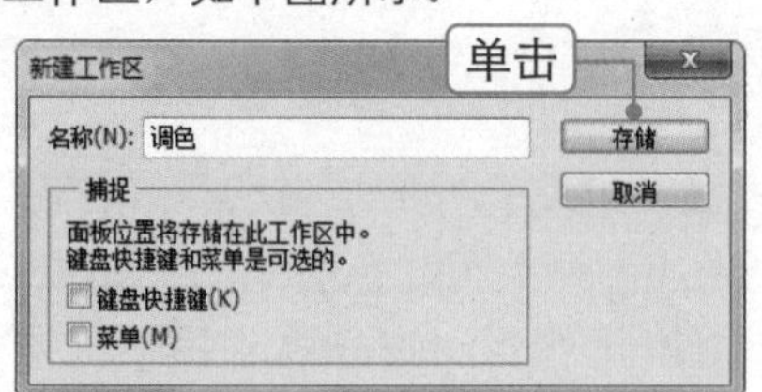

4 查看工作区

选择“窗口”|“工作区”命令，在弹出的子菜单中即可看到存储的工作区的名称，如下图所示。

行家提醒

在 Photoshop 中，所谓工作区，指的是文档窗口、工具箱、菜单栏和面板的排列方式。为了适应不同的工作需求，用户可以选择不同的工作区。

新手有问必答

① 有的菜单后面标有一些字母键，它们的作用是什么？

如果菜单命令后面标注有字母键，表示按该字母键即可快速执行该命令。例如，只要按【Ctrl+ O】组合键，即可执行打开操作。有的菜单后面只提供了一个字母，则表示可以按【Alt】键加主菜单后面的字母键，打开该主菜单，然后按子菜单命令后提示的字母键，即可执行该命令。

② 工具箱中有的工具后面标有字母键，它们怎么使用？

按住【Shift】键的同时按工具后面标的字母键，可以在一组隐藏工具中循环地选择各个工具。例如，按【Shift+M】组合键，可以在矩形选框工具和椭圆选框工具之间进行切换。

③ 如果工作过程中将工作区弄得很乱，是否可以恢复？

当选择了一种工作区后，操作过程中难免对当前工具区进行调整，即改变了文档窗口、工具箱、菜单栏或面板的位置，此时可以使用菜单中的复位工作区命令将工作区恢复到初始状态。例如，当前选择的是“设计”工作区，操作工程中对工作区进行了变动，此时使用菜单中的“复位设计”命令复位工具区即可。

操作提示

在程序窗口的标题栏中单击 » 按钮，在弹出的下拉菜单中，也可以进行工作区的切换和编辑操作。

Chapter 02 图像的基本编辑方法

要想使用Photoshop创作作品，首先要学会有关图像编辑的一些基本操作，如新建、打开与保存文件，设置前景色和背景色，调整图像的显示比例，以及Photoshop CS5中辅助工具的使用等。掌握这些基础操作，将为后面的学习打下坚实的基础。

本章重点知识

◎ 图像文件的基本操作
◎ 更改图像的显示
◎ 修改像素尺寸和画布大小
◎ 裁剪图像
◎ 灵活使用辅助工具
◎ 操作的撤销和恢复
◎ 实战演练——使用参考线

2.1 图像文件的基本操作

图像文件的基本操作包括文件的新建、保存、打开和关闭、置入、导出等，下面将对这些操作进行详细介绍。

>> 2.1.1 新建文件

启动 Photoshop CS5 后，如果要创作一个平面作品，首先要新建一个空白的图像文件。新建空白文件的具体操作方法如下：

1 设置文件选项

选择“文件”|“新建”命令，在弹出的对话框中输入文件名，设置文档高度、宽度和分辨率等，单击“确定”按钮，如下图所示。

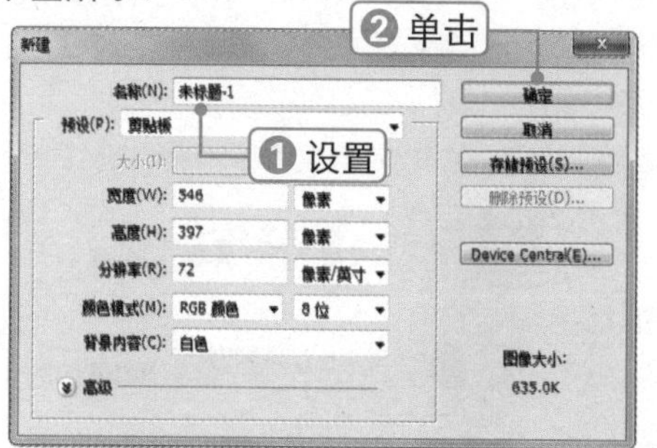

2 新建图像文件

此时，即可新建一个图像文件，显示空白文件的窗口，如下图所示。

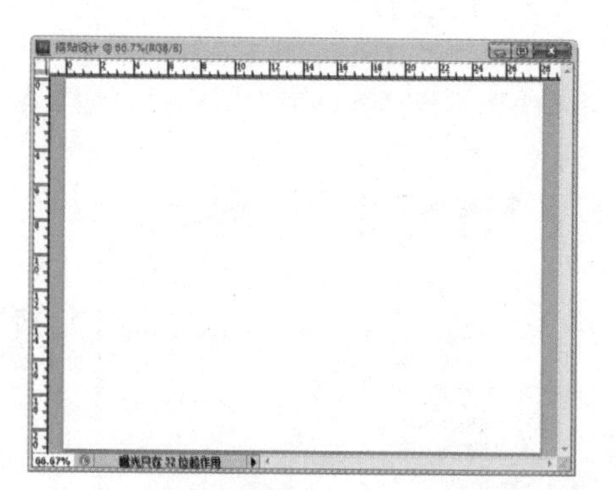

在“新建”对话框中，各参数的含义如下：

◎ 名称：用于设置新文件的名称。

◎ 预设：用于设置文件大小，其中系统自带了 9 种设置，可以快速创建具有专业水准的空白文件，如右图所示。

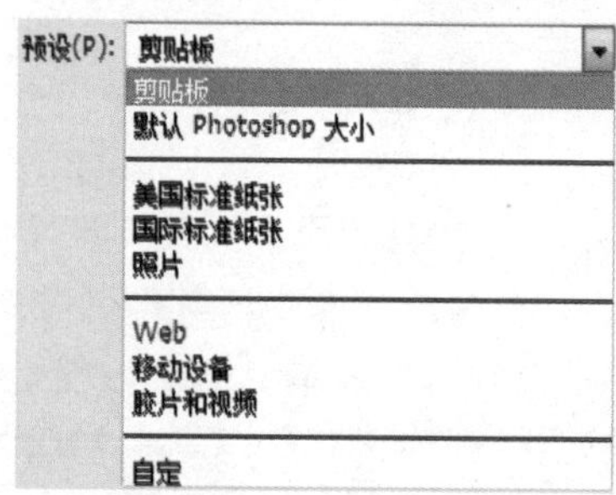

◎ 大小：在“预设”下拉列表中选择一个预设后，在“大小”下拉列表中可以选择图像的大小，如右图所示。

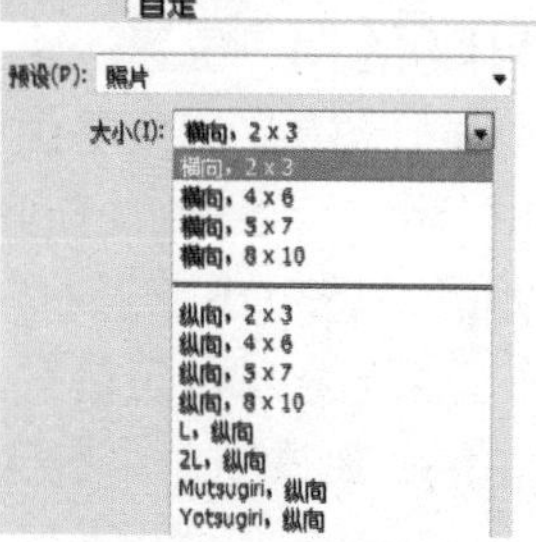

◎ 宽度和高度：用于设置图像的宽度和高度。

◎ 分辨率：用于设置图像的分辨率大小。在文件的宽度和高度不变的情况下，分辨率越高，图像就越清晰。

按【Ctrl+N】组合键，也可以打开“新建”对话框。对于一些较常用的文档参数，可以将其保存为预设，以方便使用。

◎ 颜色模式：用于设置图像的色彩组合方式。

◎ 背景内容：用于设置新建图像后文档窗口中的填充颜色。

◎ 存储预设：可以把一些设定的参数保存下来，下次可以直接从预设列表中找到，从而避免重复输入。

>> 2.1.2 保存文件

在图像处理的过程中应该及时保存文件，以避免因为意外情况而导致文件丢失。下面将介绍在 Photoshop 中如何保存文档。

1. 使用“存储为”命令

如果是一个新建的文档、从未保存过的文档，则要使用“存储为”命令进行存储，具体操作方法如下：

1 选择“存储为”命令

选择“文件”|“存储为”命令，如下图所示。按【Shift+Ctrl+S】组合键，也可以快速打开“存储为”对话框，如下图所示。

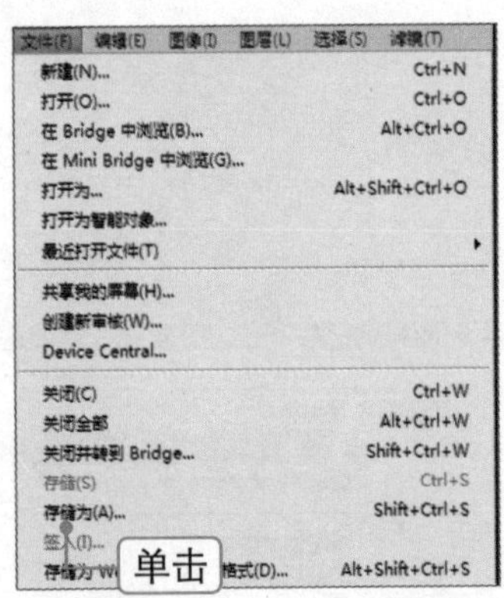

2 设置存储参数

在弹出的对话框中“选择保存该文件的路径，输入文件名称，选择文件类型，然后单击“保存”按钮即可保存该文件，如下图所示。

在该对话框中，其他选项的含义如下：

◎ 作为副本：选中该复选框，可保存一个副本文件作为备份，当前文件仍然为打开的状态。以副本方式保存图像文件后，仍可继续编辑原文件。副本文件与原文件保存在同一位置。

◎ Alpha 通道：如果图像中包含 Alpha 通道，该复选框将变为可选状态。选中该复选框后，可以保存 Alpha 通道；取消选择该复选框，则删除 Alpha 通道。

◎ 图层：选中该复选框，可以保存图像的所有图层；取消选择该复选框，复选框的底部会显示警告信息，并将所有的图层合并保存。

◎ 注释：如果图像中包含注释，该复选框将变为可选状态。选中该复选框，

行家提醒

新建的文档一般使用“存储为”命令保存，如果文档已经保存过，想将其保存为另一个名字，或者保存在其他位置，也可以使用“存储为”命令。

可以保存注释。

◎ 专色：如果图像中包含专色通道，该复选框将变为可选状态。选中该复选框，可以保存专色通道。

◎ 使用校样设置：如果文件的保存格式为 PDF 或 EPS 格式，该复选框为可选状态。选中该复选框后，可以保存打印用的校样设置。

◎ ICC 配置文件：选中该复选框，可保存 ICC Profile（ICC 概貌）信息，以使图像在不同显示器中所显示的颜色相一致。该设置仅对 PSD、PDF、JPEG 格式的图像文件有效。

◎ 缩览图：选中该复选框后，可以为保存的图像创建缩览图。此后再打开该图像时，可以在“打开”对话框中预览图像。

◎ 使用小写扩展名：选中该复选框，可以将文件的扩展名设置为小写。

2. 使用“存储”命令

如果是打开一个已经保存过的文件进行编辑，想保存这次进行的操作，可以选择“文件”|“存储”命令，此时将直接保存所做的修改，而不再弹出对话框。按【Ctrl+S】组合键，也可以快速执行存储命令。

>> 2.1.3 打开文件

在编辑图像文件之前，文件必须处于打开状态。下面将介绍几种常用的打开文件的方法。

1. 使用“打开”命令

使用“打开”命令可以选择一个或多个文件进行打开，具体操作方法如下：

1 选择“打开”命令

选择“文件”|“打开”命令，在弹出的对话框中选择要打开的文件，单击“打开”按钮，如下图所示。

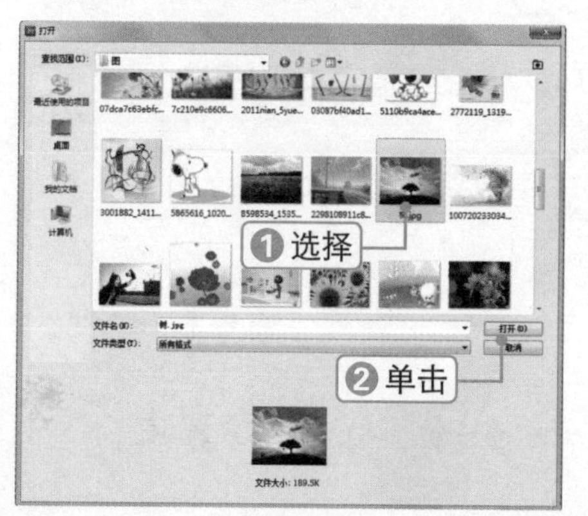

2 打开图像文件

此时，在 Photoshop CS5 中即可打开选择的图像文件，效果如下图所示。

操作提示

如果文档已经保存过，想将其保存为另一个名称或保存在其他位置，也可以使用“存储为”命令。

如果用户需要一次性打开多张图像文件，可以在“打开”对话框中按住【Ctrl】键的同时选择多个需要打开的图像文件，然后单击“打开”按钮，选择的多个图像文件将同时打开，如下图所示。

高手点拨

框选打开多个文件

按住鼠标左键并拖动鼠标框选文件，也可以同时选中多个文件将其打开。

2. 使用“打开为”命令

选择“文件”|“打开为”命令，弹出“打开为”对话框。“打开为”对话框和“打开”对话框类似，区别是“打开”对话框可以打开所有 Photoshop 支持的文件，而“打开为”命令只能打开与“打开为”对话框的“打开为”下拉列表框中选择的文件格式一致的文件，如下图所示。

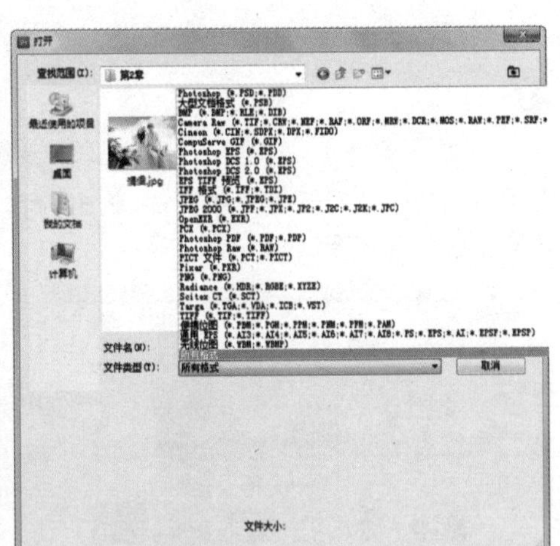

3. 使用“最近打开文件”命令

如果用户想打开最近打开过而又关闭的图像文件，可以使用“最近打开文件”命令进行打开，具体操作方法如下：

行家提醒

在程序窗口空白处双击，也可以快速打开“打开”对话框。

1 选择“最近打开文件”命令

选择“文件”|“最近打开文件”命令，在弹出的子菜单中列出了最近使用过的 10 个图像文件，如下图所示。

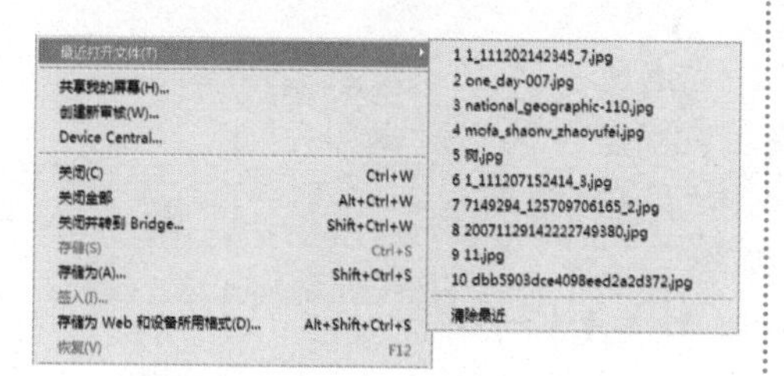

2 打开文件

选择需要的文件，即可将其打开，效果如下图所示。

4．使用拖动方式打开图像

在文件夹中选择要打开的图像文件，直接拖动到 Photoshop 图像窗口中也可打开图像，具体操作方法如下：

1 选择图像文件

打开要打开图像文件所在的文件夹，选中需要打开的图像，如下图所示。

2 拖动文件到程序图标上

按住鼠标左键，将图像拖到任务栏中 Photoshop CS5 的最小化图标上，如下图所示。

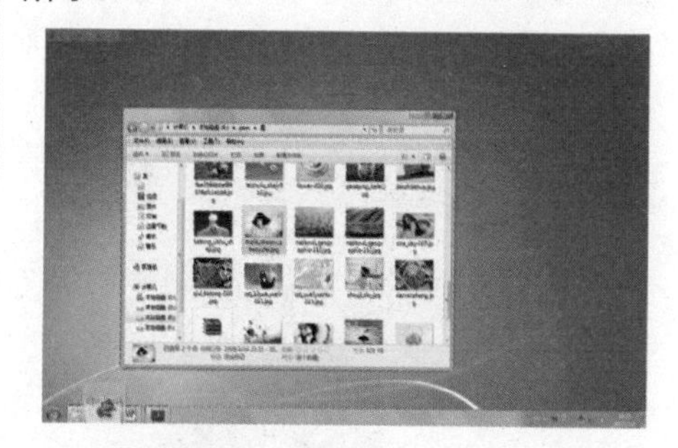

3 拖动图像到程序窗口

系统将自动切换至 Photoshop CS5 窗口，再将图像文件拖到图像窗口中，如下图所示。

4 打开图像文件

松开鼠标，即可打开所选择的图像文件，效果如下图所示。

选择“文件”|“最近打开文件”|“清除最近”命令，可以清除菜单中显示的文件名列表。

>> 2.1.4 关闭文件

完成对图像的编辑操作后，可以采用以下方法关闭文件：

选择“文件”|“关闭”命令，可以将打开的文件关闭，如右图所示。

如果对打开的图像进行编辑操作后，当选择“文件”|“关闭”命令时，将弹出提示信息框询问是否保存已经修改的图像，如下图（左）所示。单击“是”按钮，即可保存修改；单击“否”按钮，则不保存。

如果在 Photoshop CS5 中同时打开了多个文件，并需要将这些文件都关闭，则可以选择“文件”|“全部关闭”命令，如下图（右）所示。

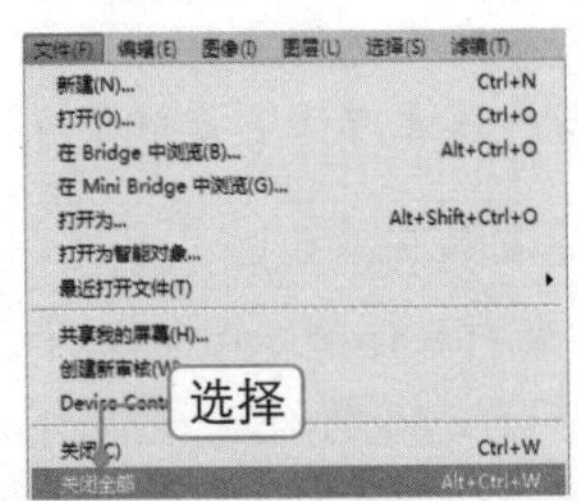

在实际操作中，更常用的关闭文件的方法是单击图像窗口右侧的“关闭”按钮，如下图（左）所示。

单击程序窗口右侧的“关闭”按钮，则可以退出 Photoshop 应用程序，如下图（右）所示。

2.2 更改图像的显示

在 Photoshop CS5 中，软件提供了用于切换屏幕模式的工具，以及缩放工具、抓手工具等，以方便用户更好地观察和处理图像。

行家提醒

按【Ctrl+F4】组合键或【Ctrl+W】组合键，可快速关闭图像文件。按【Alt+Ctrl+W】组合键，则可以快速关闭所有打开的图像文件。

>> 2.2.1 更改屏幕显示方式

单击 Photoshop CS5 工作界面上方的“屏幕模式”按钮，弹出一组用于切换屏幕模式的命令，其中包括标准屏幕模式、带有菜单栏的全屏模式和全屏模式，如下图所示。

屏幕模式切换命令

标准屏幕模式

带有菜单栏的全屏模式

全屏模式

在全屏模式下，按【F】或【Esc】键，可以返回标准屏幕模式；连续按【F】键，可以在三种屏幕模式之间切换；按【Shift+Tab】组合键，可以在显示和隐藏面板之间切换；按【Tab】键，可以在显示和隐藏除图像窗口之外的所有组件之间切换。

>> 2.2.2 排列文档

打开多个图像文件后，可以单击程序工作界面上方的“排列文档”按钮，在弹出的下拉菜单中选择一种排列方式，包括双联、三联、四联、全部网格拼贴等，以便查看多个图像，如右图所示。

其中：

◎“全部合并”按钮：默认打开多个文件时为该显示模式，图像窗口中只会显示一个图像文件，如下图（左）所示。

操作提示

在菜单栏中选择“视图”|“屏幕模式”命令，利用弹出的子菜单可以切换屏幕显示模式。

◎“全部按网格拼贴”按钮▦：单击该按钮，可将打开的所有文件只显示一部分，以方便用户查找所需的文件，如下图（右）所示。

◎“全部垂直拼贴”按钮▥：单击该按钮，可以显示所有文件的左侧部分，如下图（左）所示。

◎“全部水平拼贴”按钮▤：单击该按钮，可以显示所有文件的上侧部分，如下图（右）所示。

◎“双联”按钮◫和⊟：就是将两张图片双排显示。“双联”按钮有两个，分别为垂直双联和水平双联，如下图所示。

垂直双联

水平双联

行家提醒

当打开了多个图像窗口时，工作界面中默认的是“层叠”显示状态。此时“窗口”|“排列”下的“层叠”子菜单呈灰色不可用状态。

◎“三联”按钮、、和：就是在窗口中显示三张图片，如下图所示。后面的四联、五联、六联排列情况依次类推，在此不再赘述。

◎ 使所有内容在窗口中浮动：选择该命令，可将打开文件的窗口都变为浮动窗口，如下图（左）所示。

◎ 新建窗口：选择该命令，可以创建一个新的窗口，其中打开的是当前处于编辑状态的图像，如下图（右）所示。

◎ 匹配缩放：选择该命令，可以匹配其他窗口的缩放比例，使其与当前窗口的缩放比例相同。

◎ 匹配位置：选择该命令，可以匹配其他窗口的图像，使其与当前窗口中

在菜单栏中选择“窗口”|“排列”命令，在弹出的子菜单中可以切换文档排列方式。

的图像显示位置相同。

◎ 匹配和位置缩放：选择该命令，可以匹配其他窗口的缩放比例，使其与当前窗口的缩放比例和显示位置相同。

>> 2.2.3 使用旋转视图工具旋转视图

在进行绘画和修饰图像时，可以使用旋转视图工具旋转视图，以便在任意角度无损地查看图像。打开任意一张图像文件后，选择工具箱中的旋转视图工具，在图像上任意拖动即可随意平稳地旋转视图，如右图所示。

>> 2.2.4 调整图像显示比例

在处理图像时，可能经常会根据需要放大或缩小图像。下面将详细介绍在Photoshop CS5 中调整图像显示比例的方法。

1. 使用缩放工具调整图像显示比例

放大或缩小画面的功能主要用于制作精细的图像。工具箱中有一个缩放工具，使用它可以方便地调整图像的显示大小。选择缩放工具，单击属性栏中的按钮，然后在图像中单击。每单击一次就会将图像放大到下一个预设百分比，并以单击的点为中心将显示区域居中，如下图所示。

若在属性栏中单击按钮，然后在图像中单击，每单击一次就会将图像缩小到下一个预设百分比，并以单击的点为中心将显示区域居中，如下图所示。

行家提醒

选择缩放工具后，在图像上按下鼠标左键后，向右下方拖动鼠标，可以将图像放大显示；向左上方拖动鼠标，可以将图像缩小显示。

2. 通过功能按钮调整显示比例

除了使用缩放工具外，还可以通过标题栏中的“缩放级别”下拉列表和状态栏中的缩放文本框来设置缩放比例。

打开图像文件后，在标题栏中单击“缩放级别”下拉按钮，在弹出的下拉列表中选择图像的缩放比例，如选择 100%。此时可以看到图像由原来的 33.33% 放大到 100% 的效果，如下图所示。

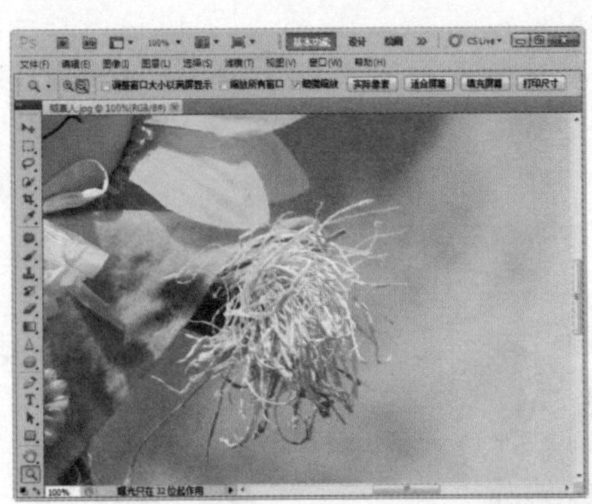

在“缩放级别”下拉列表中只有几个有限的缩放比例，用户可以根据需要在“缩放级别”下拉列表中输入比例值，如输入 60% 后按【Enter】键即可，前后对比效果如下图所示。

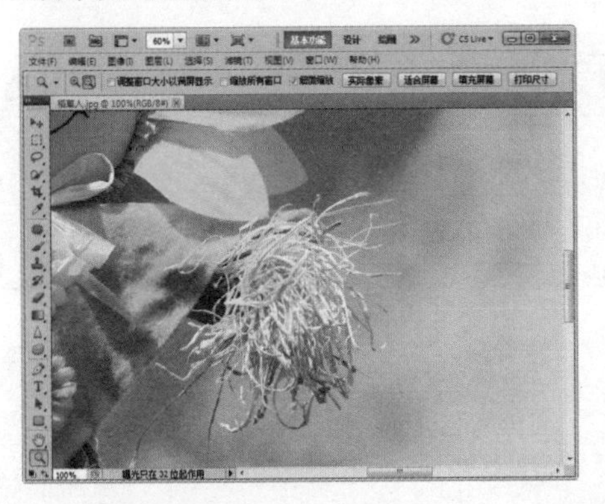

操作提示

按【Ctrl++】组合键，可以放大图像显示比例；按【Ctrl+-】组合键，可以缩小图像显示比例。

在状态栏的文本框中输入图像需要的缩放比例，如输入 55% 后按【Enter】键即可，前后对比效果如下图所示。

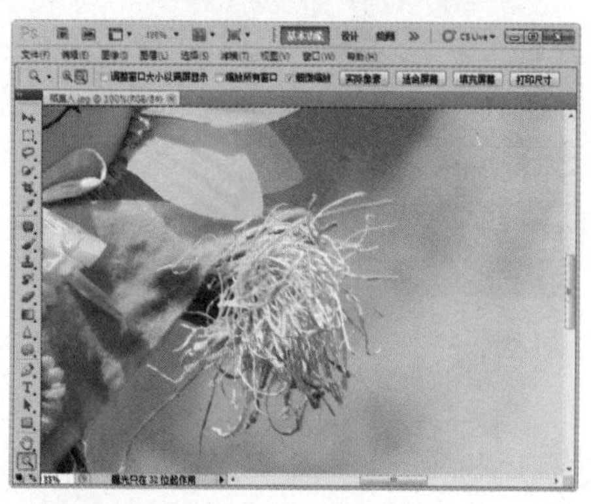

>> 2.2.5 使用抓手工具移动画面

当图像放大显示后，图像的某些部分将超出当前窗口的显示区域，无法在图像窗口中完全显示，此时窗口中将会自动出现垂直或水平的滚动条。

若要查看被放大的图像的其他隐藏区域，可以选择抓手工具，在画面中按住鼠标左键并拖动图像，平移图像在窗口中的显示位置，如下图（左、中）所示。

双击工具箱中的抓手工具，将自动调整图像的大小，以适应屏幕的显示范围，效果如下图（右）所示。

2.3 修改像素尺寸和画布大小

调整图像大小主要包括修改图像的大小和调整画布大小，主要通过“图像”菜单中的命令来完成，下面将分别进行介绍。

>> 2.3.1 使用“图像大小”命令调整图像大小

图像的大小和图像的像素和分辨率有着密切关系。使用“图像大小”命令，

行家提醒

在使用 Photoshop 的其他工具时，如果想临时移动图像的显示区域，可以按住【Space】键快速切换到抓手工具。

可以调整图像的像素大小和分辨率，从而改变图像的大小。选择“图像”|“图像大小”命令，可以打开“图像大小”对话框，如右图所示。

在“图像大小”对话框中，各选项的含义如下：

◎ 像素大小：通过修改“像素大小”选项区域中“宽度”和“高度”的数值，可以设置图像的像素数量。

◎ 文档大小：在该选项区域中，可以设置图像的打印尺寸和打印分辨率。文档大小乘以分辨率的值即为像素的数量。

◎ 缩放样式：选中该复选框，则在调整图像大小的同时，图层添加的图层样式也会相应地发生缩放。只有选中“约束比例”复选框，此选项才变得可用。

◎ 约束比例：选中该复选框，将会限制长宽比，即在“宽度”和“高度”选项的后面出现一个图标，表示改变其中某一选项设置时，另一选项会按比例发生相应的变化。

◎ 重定图像像素：如果希望在改变图像打印尺寸或分辨率时，图像的像素大小发生变化，则应选中该复选框。取消选择该复选框，在“像素大小”选项区域为固定值，不会再发生变化。

◎ 两次立方（适用于平滑渐变）：在该下拉列表中可以选择插值的方法，基于现有像素的颜色值为新像素值分配颜色值，从而重定图像像素。

下面将通过实例介绍“图像大小”命令的使用方法，具体操作方法如下：

素材文件 光盘：素材文件\第2章\情侣.jpg

1 打开素材文件

双击 Photoshop CS5 窗口空白处，弹出“打开”对话框，打开素材文件“情侣.jpg”，如下图所示。

2 100%显示图像

双击工具箱中的缩放工具，将图像以 100% 的比例显示。可以看到 100% 显示状态下图像窗口不能全部显示该图像，如下图所示。

操作提示

按【Ctrl+0】组合键，可以自动调整图像的大小，使其完整地显示在屏幕中。按【Alt+Ctrl+0】组合键，可按实际大小缩放，使图像以 100% 比例显示。

3 查看图像大小

选择“图像”|“图像大小”命令，弹出对话框。在“像素大小”选项区域可以查看图像像素数量；在“文档大小”选项区域可以查看图像文档大小和分辨率，如下图所示。

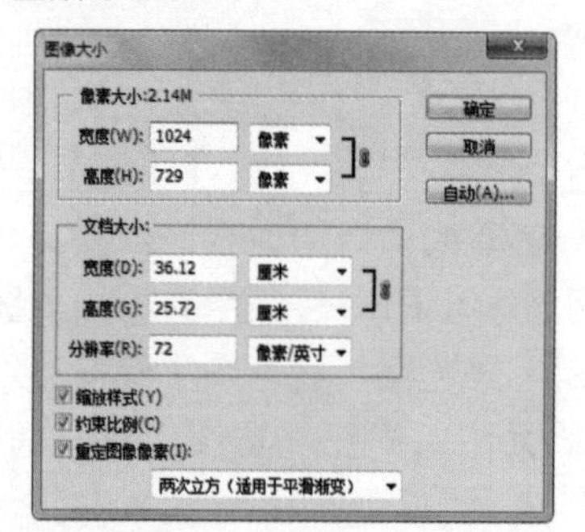

4 修改像素值

在“像素大小”选项区域的“宽度”文本框中输入500，此时其余数值也会发生相应的变化，单击“确定”按钮，如下图所示。

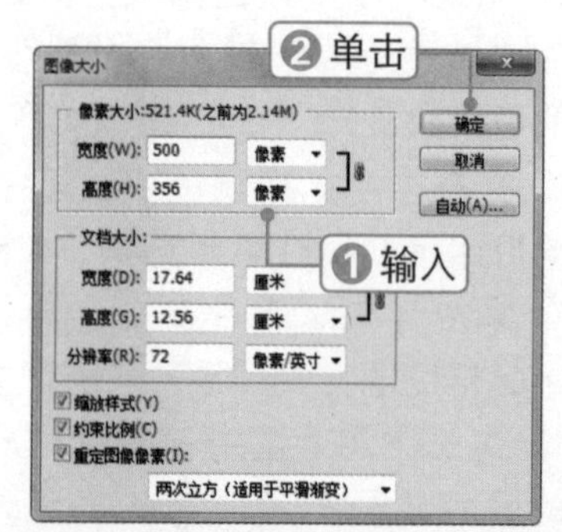

5 查看缩放后的图像

此时，可以看到该图像的大小和尺寸都已经明显缩小了，效果如右图所示。

高手点拨

像素大小的影响

修改像素大小不仅会影响图像在屏幕的显示效果，还会影响图像的质量和打印效果，也决定了文件占用的存储空间。

同时打开原有图像和修改后的图像并进行比较。

照片大小：36.12cm×25.72cm
分辨率：72像素/英寸
像素大小：1024像素×729像素
格式：jpg
容量：2.14MB

照片大小：17.64cm×12.56cm
分辨率：72像素/英寸
像素大小：500像素×356像素
格式：jpg
容量：521.5KB

行家提醒

如果将“像素大小”选项区域中的“宽度”和“高度”数值设置得比原值大，则会出现图像模糊失真的现象。

高手点拨

分辨率的设置

在 Photoshop 中编辑图像之前，必须首先设置图像的大小和合适的分辨率。一般来说，印刷用的图像采用 300 像素 / 英寸的分辨率；而普通的图像则采用 72 像素 / 英寸的分辨率。

>> 2.3.2 使用“画布大小”命令调整画布大小

所谓画布，指的是绘制和编辑图像的工作区域。如果希望调整画布的尺寸，可以使用“画布大小”命令进行调整。选择“图像”|“画布大小”命令，将弹出“画布大小”对话框，如右图所示。

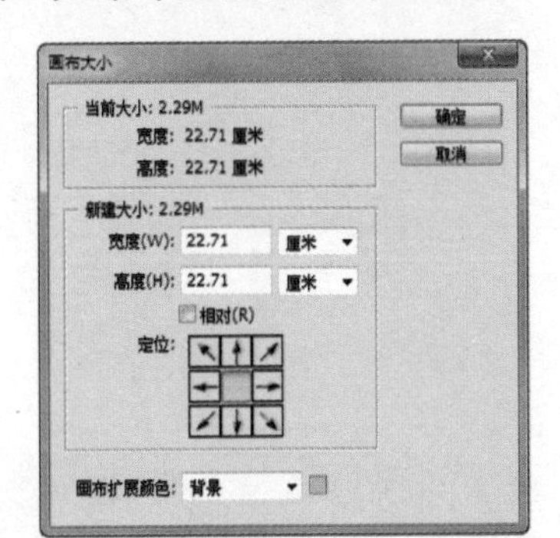

在“画布大小”对话框中，各选项的含义如下：

◎ 当前大小：显示的是当前画布的大小。

◎ 新建大小：用于设置新画布的大小。

◎ 相对：选中该复选框，则在指定新画布的大小尺寸时，是在现有的画布大小上进行增减操作。输入的数值为正，则增加画布大小；输入的数值为负，则减小画布大小。

◎ 定位：在确定更改画布大小后，单击该选项区域的方形按钮，可以设置原图像在新画布中的位置。

◎ 画布扩展颜色：在该下拉列表中可以选择画布扩展部分的填充色，也可以直接单击其右侧的颜色块，在弹出的“选择画布扩展颜色”对话框中设置填充的颜色。

下面将通过实例介绍“画布大小”命令的使用方法，具体操作方法如下：

素材文件 光盘：素材文件\第2章\油画.jpg

1 打开素材文件

打开素材文件“油画.jpg”，如下图所示。

2 执行“画布大小”命令

选择“图像”|“画布大小”命令，弹出“画布大小”对话框，如下图所示。

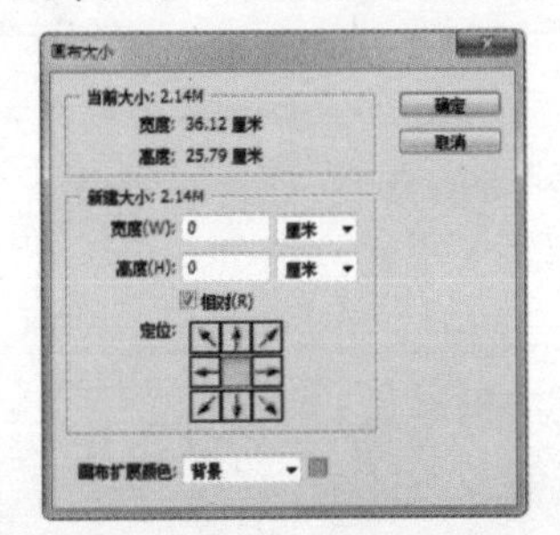

操作提示

选择“图像”|“画布大小”命令或按【Alt+Ctrl+C】组合键，均可弹出“画布大小”对话框，修改画布大小。

3 修改画布大小

在“新建大小”选项区域设置宽度为2厘米，高度为2厘米，并设置“画布扩展颜色”为“黑色”，单击“确定”按钮，如下图所示。

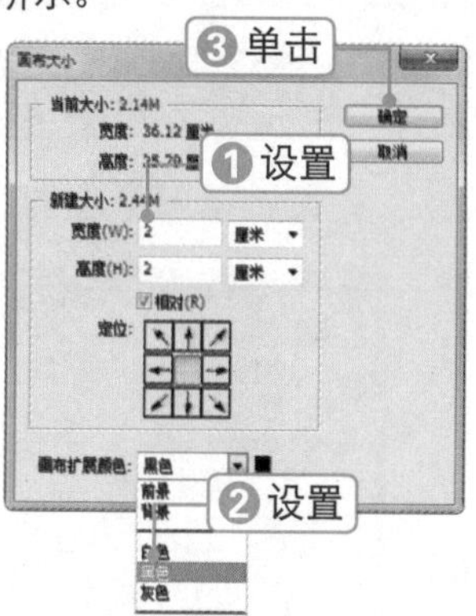

4 查看画布更改效果

此时，即可查看更改画布后的图像效果，如下图所示。

2.4 裁剪图像

在处理数码照片时，往往需要进行图像裁剪处理，以便删除图像多余的部分。下面将详细介绍在 Photoshop CS5 中裁剪图像的方法与技巧。

>> 2.4.1 使用裁剪工具裁剪图像

在 Photoshop CS5 中，使用裁剪工具裁剪图像是最常用、最简便的方法。选择工具箱中的裁剪工具，其工具选项栏如下图所示。

宽度： 高度： 分辨率： 像素/... 前面的图像 清除

在该工具栏中，各选项的含义如下：

◎ 宽度： 高度：：在“宽度”和“高度”数值框中输入所需的数值，可创建固定比例的裁剪框。单击按钮，可实现宽度和高度数值的互换。

◎ 分辨率： 像素/...：在该数值框中可输入裁剪后的图像分辨率，单位有“像素/英寸”和“像素/厘米”两种。

◎ 前面的图像：单击该按钮，“宽度”、“高度”和“分辨率”数值框中会显示原图像的大小和分辨率。

◎ 清除：单击该按钮，可清除工具选项栏中“宽度”、“高度”和“分辨率”数值框中的数值。

创建裁剪区域以后，裁剪工具选项栏会有所变化，如下图所示。

行家提醒

按键盘中的【C】键，可以快速选中裁剪工具。按【Shift+C】组合键，可以在该工具组中的不同工具间进行切换。

裁剪区域: ◎删除 ◎隐藏 裁剪参考线叠加: 三等分 ☑屏蔽 颜色: 不透明度: 75% □透视

◎ ☑屏蔽：用于屏蔽裁剪区域。选中该复选框，“颜色”色块和“不透明度”数值框为可用状态，即可设置裁剪区域外阴影的颜色和不透明度；取消选择该复选框，“颜色”色块和“不透明度”数值框不可用，裁剪区域外阴影的颜色和不透明度与原图像一致，不发生任何变化。

◎ 颜色：用于调整裁剪区域外阴影的颜色。

◎ 不透明度: 75%：用于调整裁剪区域外阴影的不透明度。

◎ □透视：选中该复选框后，可对裁剪区域进行透视变化，从而得到不规则的图像。

选择裁剪工具后，将鼠标指针移到图像中，按住鼠标左键并拖动，此时图像中将出现一个带有八个控制柄的裁剪框，在裁剪框内双击鼠标左键或直接按键盘上的【Enter】键，即可完成裁剪操作，如下图所示。

创建裁剪框后，将鼠标指针移到裁剪框的控制点上，当指针变成↕、↔或↘形状时，按住鼠标左键并拖动，可以调整裁剪框的范围大小，如下图所示。

移动鼠标指针到裁剪框内，当指针呈黑色箭头形状时拖动鼠标，可以移动裁剪框的位置，如下图所示。

操作提示

在调整裁剪框时，如果裁剪框比较接近图像边界而无法精确裁剪图像时，可以按住【Ctrl】键进行调整。

移动鼠标指针到裁剪框外，将鼠标指针放在裁剪框的控制点上，当指针呈↻形状时拖动鼠标，即可旋转裁剪框，如下图所示。

高手点拨

创建裁剪框

在按住鼠标左键并拖动的过程中，若按住【Shift】键，可以创建正方形裁剪框。按住【Alt】键拖动鼠标，将以鼠标按下点处为中心，创建裁剪框。按住【Shift+Alt】组合键拖动鼠标，则可以创建以鼠标按下点处为中心的正方形裁剪框。

>> 2.4.2 使用“裁剪”命令裁剪图像

除了使用裁剪工具裁剪图像外，还可以使用菜单栏中的“裁剪”命令裁剪图像。在使用“裁剪”命令之前，要先在图像中创建一个选区，选区内即为要保留的图像部分。此时，选择“图像”|“裁剪”命令，就可以根据选区的上、下、左、右的界限来裁剪图像。无论创建的选区是什么形状，裁剪后的图像均为矩形，如下图所示。

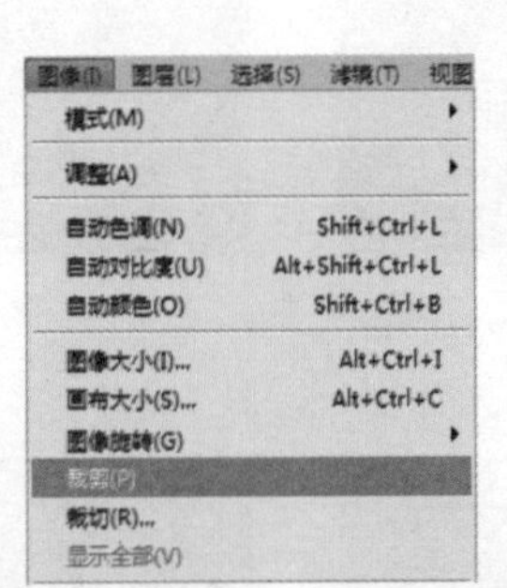

>> 2.4.3 使用“裁切”命令裁剪图像

在 Photoshop CS5 中，使用“裁切”命令可以将图像四周的空白内容直接裁剪，如下图所示。

行家提醒

拖动放大裁剪框，使其超出当前图像区域，最后按【Enter】键可以增加画布区域，增加的画布区域会自动填充背景颜色。

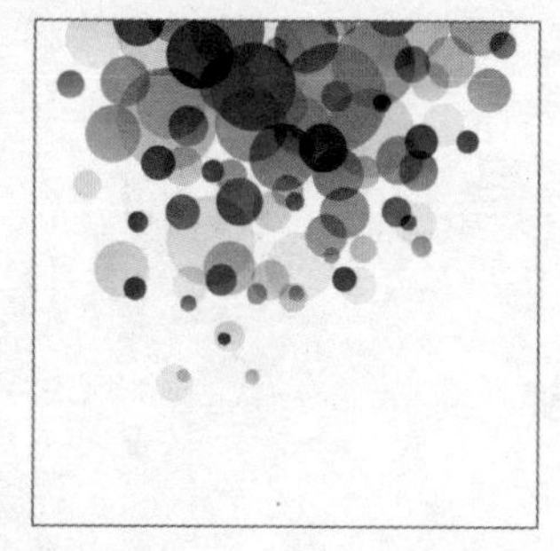

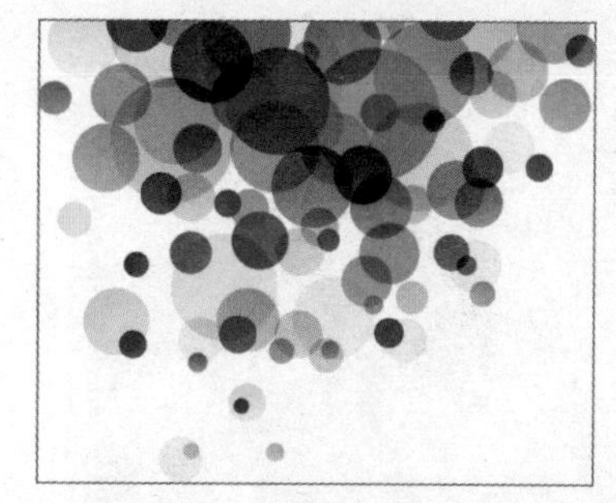

选择“图像”|“裁切”命令，将弹出“裁切”对话框，如右图所示。“裁切”对话框中各选项含义如下：

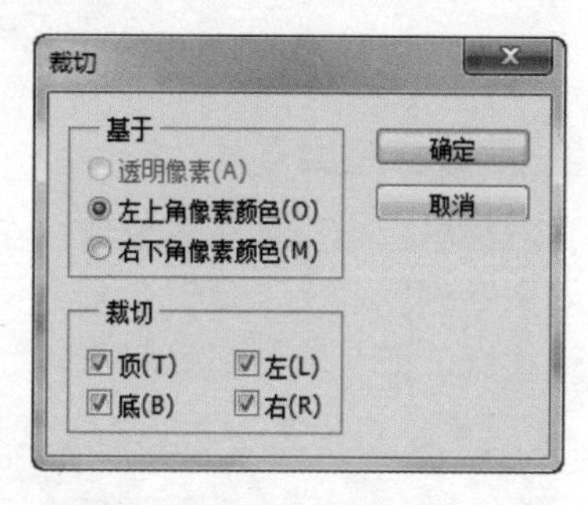

◎ 基于：在选项区域可以选择一种裁剪方式，基于颜色进行裁剪。若选中“透明像素”单选按钮，则修整掉图像边缘的透明区域，留下包含非透明像素的图像；若选中“左上角像素颜色”单选按钮，则从图像中移去左上角像素颜色的区域；若选中“右下角像素颜色”单选按钮，则从图像中移去右下角像素颜色的区域。

◎ 裁切：在选项区域中可以选择要裁切的区域，包括“顶”、“底”、“左”和“右”4个复选框。如果选中所有的复选框，则会裁剪图像四周的空白区域。

2.5 灵活使用辅助工具

在 Photoshop CS5 中编辑图像时，需要借用一些辅助工具，以保证图像处理得更加准确和快捷。在图像处理过程中，经常使用的辅助工具主要包括：标尺、网格和参考线，下面将分别对其进行详细介绍。

>> 2.5.1 标尺的应用

在 Photoshop CS5 中，为了便于在处理图像时能够精确定位鼠标指针的位置和对图像进行选择，可以使用标尺来协助完成相关操作。

1. 显示和隐藏标尺

隐藏标尺有以下两种方法：

方法一：选择“视图”|“标尺”命令。

方法二：按【Ctrl+R】组合键。

使用以上任意一种方法，均可显示或隐藏标尺，如下图所示。

操作提示

如果在图像中创建的是非矩形选区，如圆形或多边形选区，则裁剪后的图像仍然为矩形，这也是使用该方法裁剪图像的局限性。

2. 更改标尺原点

将鼠标指针放在图像窗口左上角标尺的交叉点处，按住鼠标左键沿对角线方向拖动到图像上，此时会看到一组十字线。拖至横坐标为 16、纵坐标为 14 时松开鼠标，即可看到新的原点，如下图所示。

3. 标尺的设置

选择“编辑”|“首选项”|“单位与标尺”命令，或在图像窗口中的标尺上双击鼠标左键，均可弹出“首选项”对话框。在此对话框中可以设置标尺的相关参数，如右图所示。

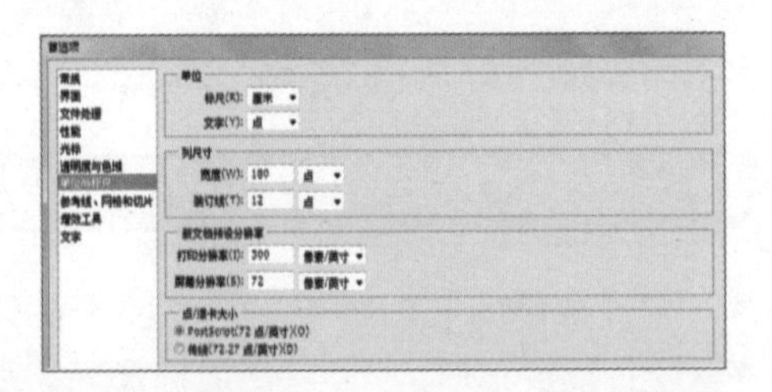

>> 2.5.2 网格线的应用

网格线同标尺的作用一样，也是为了便于用户精确地确定图像或元素的位置。下面将介绍网格线的使用方法。

1. 显示网格线

使用网格线，可以沿着网格线的位置确定选取范围，以及移动和对齐对象，

行家提醒

在图像编辑窗口左上角的标尺交叉点处双击鼠标左键，即可将标尺还原到默认位置。

常用于标识。

显示网格线有以下两种方法：

方法一：选择“视图”|“显示”|“网格”命令。

方法二：按【Ctrl+"】组合键。

使用以上任意一种方法，均可显示网格线，如下图所示。

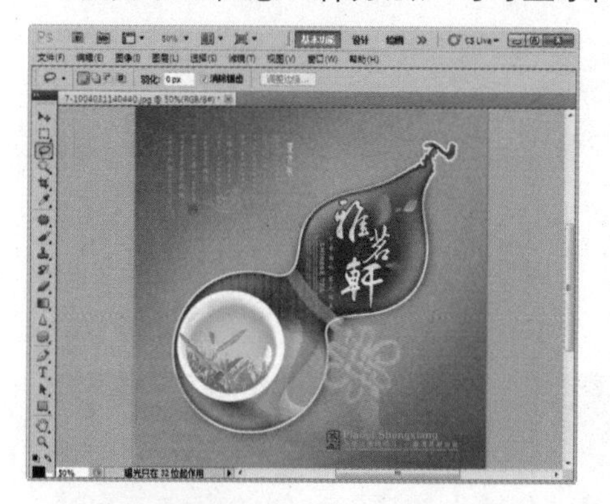

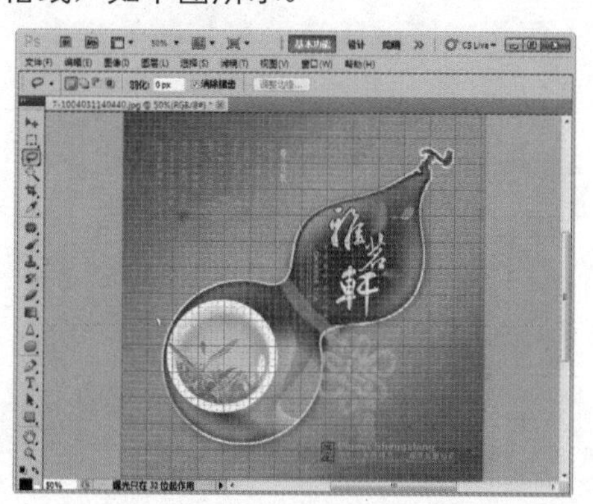

2. **隐藏网格线**

隐藏网格线主要有以下两种方法：

方法一：再次选择“视图”|“显示”|“网格”命令，即可隐藏网格线。

方法二：当不需要显示网格线时，再次按【Ctrl+"】组合键，即可隐藏网格。

3. **对齐到网格线**

选择“视图”|“对齐到”|“网格”命令，这样当移动对象时就会自动对齐网格线，而且在创建选取区域时会自动贴紧网格线进行选取。

4. **网格线的设置**

选择“编辑”|“首选项”|“参考线、网格和切片”命令，弹出“首选项”对话框。在“网格”选项区域中可以设置网格线的颜色、样式、网格线间隔以及子网格的数目，如右图所示。

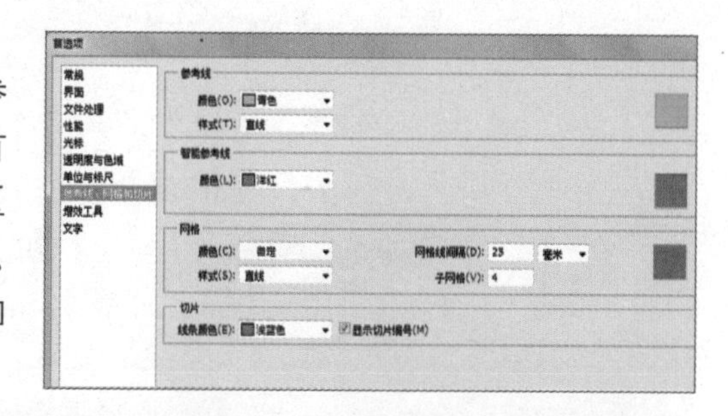

>> 2.5.3 显示或隐藏额外内容

额外内容是指打印不出来的参考线、网格线、目标路径、选区边缘、切片、图像映射、文本边界、文本基线、文本选区和注释等，使用它们有利于用户选择、移动或编辑图像和对象。

在打开或关闭一项额外内容或额外内容的任意组合时，对图像没有任何影响。

操作提示

在标尺上方右击，在弹出的快捷菜单中可以自由地更改标尺的单位。

用户可以选择“视图”|“显示额外内容”命令来显示或隐藏额外内容。

1. 显示或隐藏额外内容

选择“视图”|“显示”命令，该子菜单中额外内容的左侧显示“√”标记，表示当前的内容为显示状态；若没有该标记，表示当前的内容为隐藏状态。

2. 显示或隐藏所有的可用额外内容

显示或隐藏所有的可用额外内容的方法有以下三种：

方法一：如果要显示所有的可用额外内容，可选择“视图”|“显示”|“全部”命令；要关闭并隐藏所有的额外内容，可选择“视图”|“显示”|“无”命令。

方法二：选择“视图”|“显示额外内容”命令。

方法三：按【Ctrl+H】组合键。

2.6 操作的撤销和恢复

在编辑图像的过程中，难免会出现一些错误的或不理想的操作，此时就需要进行操作的撤销或状态的还原。

>> 2.6.1 使用菜单命令进行还原

选择“编辑”|“还原”命令，可以撤销最近一次对图像所做的操作。撤销之后，选择“编辑”|“重做”命令，可以重做刚刚还原的操作。需要注意的是，随着操作的不同，菜单栏中“还原”和“重做”命令的显示略有不同，如下图所示。

编辑(E) 图像(I) 图层(L) 选择(S)	
还原渐变(O)	Ctrl+Z
前进一步(W)	Shift+Ctrl+Z
后退一步(K)	Alt+Ctrl+Z

编辑(E) 图像(I) 图层(L) 选择(S)	
重做渐变(O)	Ctrl+Z
前进一步(W)	Shift+Ctrl+Z
后退一步(K)	Alt+Ctrl+Z

执行渐变填充后的菜单

编辑(E) 图像(I) 图层(L) 选择(S)	
还原橡皮擦(O)	Ctrl+Z
前进一步(W)	Shift+Ctrl+Z
后退一步(K)	Alt+Ctrl+Z

编辑(E) 图像(I) 图层(L) 选择(S)	
还原橡皮擦(O)	Ctrl+Z
前进一步(W)	Shift+Ctrl+Z
后退一步(K)	Alt+Ctrl+Z

执行橡皮擦后的菜单

如果要还原和重做多步操作，可以使用菜单中的“前进一步”和“后退一步”命令，如右图所示。按【Ctrl+Shfit+Z】组合键，可以执行前进一步操作；按【Ctrl+Alt+Z】组合键，可以执行后退一步操作。

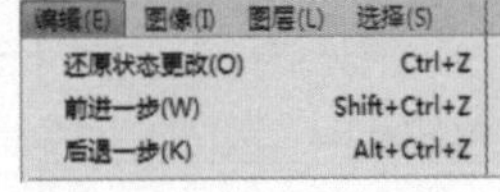

行家提醒

按【Ctrl+Z】组合键，可以在“还原”和“重做”之间进行切换。

>> 2.6.2 使用“历史记录”面板进行还原

“历史记录”面板主要用于记录操作方法，一个图像从打开后开始，对图像进行的任何操作都会记录在“历史记录”面板中。使用“历史记录”面板可以帮助使用者恢复到之前所操作的任意一个步骤。

选择“窗口”|“历史记录”命令，即可打开“历史记录”面板，如下图所示。

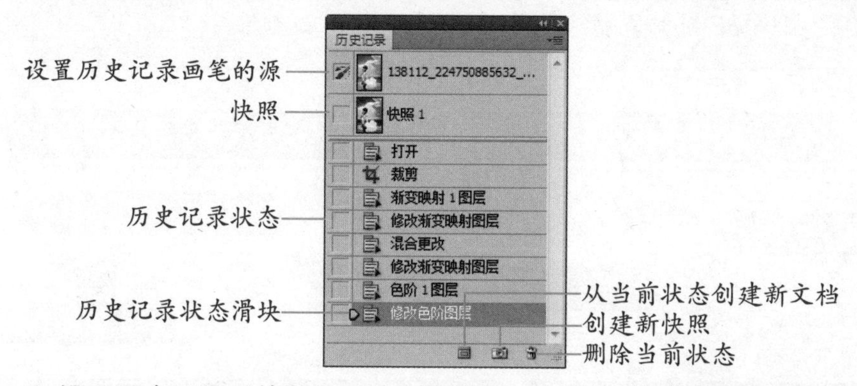

◎ 设置历史记录画笔的源：单击该按钮，当其变为形状时，表示其右侧的状态或快照将成为使用历史记录的工具或命令的源，如右图所示。

◎ 快照：快照的作用是无论以后进行了多少步操作，只要单击创建的快照，即可将图像恢复到快照状态。

◎ 历史记录状态：其中记录了从打开图像开始，用户对图像所做的每一步操作。单击某个历史记录，即可将图像恢复到该状态。

◎“从当前状态创建新文档”按钮：单击该按钮，将会从当前选择的操作方法的图像状态复制一个新文档，新建文档的名称以当前的步骤名称来命名。

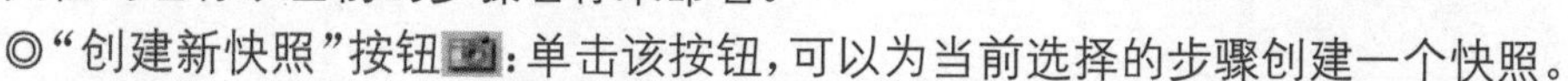

◎“创建新快照”按钮：单击该按钮，可以为当前选择的步骤创建一个快照。

◎“删除当前状态”按钮：单击该按钮，可以将当前选中的操作及其以后的所有操作都删除。

“历史记录”面板中保存的操作方法是有数量限制的，默认为 20 步，超过 20 步时，之前的操作将自动删除。当一些操作需要很多步骤才能完成时，就无法通过“历史记录”面板还原了，此时就可以使用“快照”功能还原。

>> 2.6.3 恢复文件

对图像进行保存后，如果又对其进行了其他处理操作，而想将图像还原为当

快照虽然可以建立多个，并且一直保留在整个编辑过程中，但一旦关闭图像，快照也会像历史记录一样全部被清除，不能随图像一起保存。

初保存时的状态，可以选择“文件”|“恢复”命令或按【F12】键，即可让系统从磁盘上将图像恢复到当初保存的状态。

2.7 实战演练——使用参考线

参考线是浮在整个图像上不可打印的线，用于对图像进行精确定位和对齐。用户可以移动或删除参考线，也可以锁定参考线。

>> 2.7.1 本例操作思路

>> 2.7.2 本例实战操作

1. 创建参考线

选择“视图”|“新建参考线”命令,弹出“新建参考线”对话框。选中“水平”或“垂直”单选按钮，在“位置”数值框中输入数值，单击“确定”按钮，即可在当前图像中的指定位置添加参考线。

下面将通过实例介绍如何创建参考线，具体操作方法如下：

素材文件　光盘：素材文件\第2章\网页.jpg

1 打开素材文件

双击 Photoshop CS5 窗口空白处，弹出“打开”对话框，打开素材文件“网页.jpg”，如下图所示。

2 设置参考线参数

选择“视图”“|“新建参考线”命令，弹出对话框。选中“垂直”单选按钮,在“位置”文本框中输入新建垂直参考线的位置，单击“确定”按钮，如下图所示。

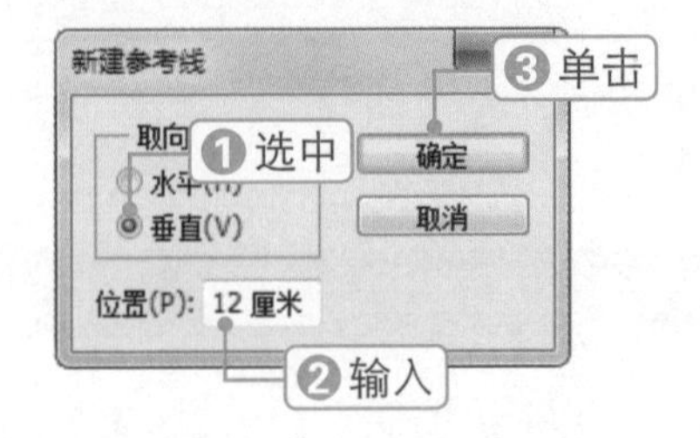

行家提醒

创建快照后，用户可以修改其名字。在“历史记录”面板中双击快照的名字，在显示的文本框中输入名字即可。

3 新建参考线

此时，在图像窗口中即可看到创建的参考线，如下图所示。

4 新建参考线

若要创建水平参考线，则在“新建参考线”对话框中选中“水平”单选按钮即可，效果如下图所示。

2．显示与隐藏参考线

显示与隐藏参考线有以下两种方法：

方法一：选择“视图”|“显示”|“参考线”命令。

方法二：按【Ctrl+；】组合键，即可显示或隐藏参考线。

3．移动与删除参考线

选取工具箱中的移动工具，移动鼠标指针至图像编辑窗口中的参考线上，此时指针呈或双向箭头形状，按住鼠标左键并拖动，即可移动参考线，如下图所示。

当需要删除参考线时，可以使用鼠标将参考线拖至图像窗口外；当要删除全部参考线时，可以选择“视图”|“清除参考线”命令。

4．对齐到参考线

选择“视图”|“对齐到”|“参考线”命令，可将移动的图像自动对齐到参考线，或在选取区域时自动沿参考线进行选取。

操作提示

按住【Alt】键的同时拖动参考线，可将参考线从水平方向改为垂直方向，或从垂直方向改为水平方向。

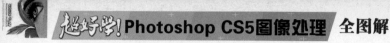

新手有问必答

① 创建新文档后，是否可以再修改它的参数？

新建文档只是建立一个初步的工作界面，在工作过程中也可以随时更改其文档属性。选择“图像”|“画布大小”命令，在弹出的对话框中进行修改即可。

② 如何修改显示的最近打开文档的数目？

如果想更改显示的最近使用文件的数目，可以选择“编辑”|“首选项”|“常规”命令，弹出“首选项”对话框。在左窗格中选择“文件处理”选项，在右窗格“近期文件列表包含”文本框中输入需要显示的最近使用文档的数目，如5，然后单击“确定”按钮即可，如右图所示。

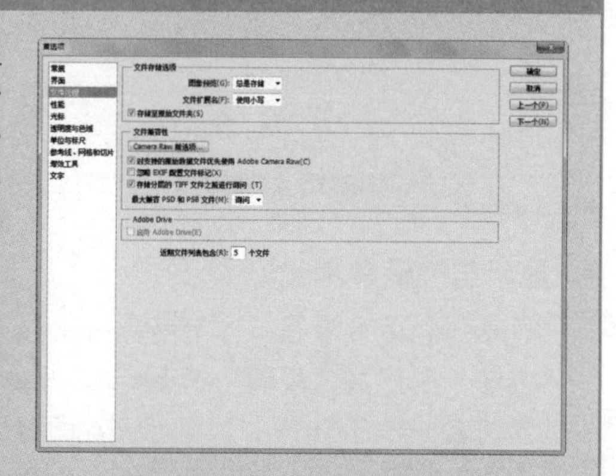

③ 如何修改“历史记录”面板记录的操作步骤数目？

如果想要记录更多的操作方法，可选择“编辑”|“首选项”|“性能”命令，在弹出的“首选项”对话框中设置“历史记录状态”选项的数值即可。

行家提醒

在图像窗口中拖动鼠标创建参考线时，按住【Shift】键可以将参考线精确对齐到标尺上的刻度。

Chapter 03

选区的创建与编辑

选区是Photoshop中不可缺少的操作对象。创建选区后，所做的操作将只作用于选区内的区域，选区外的区域将受到保护。如果制作出的选区不够精确，则处理出来的图像就不能达到理想的效果。本章将详细介绍创建选区的常用工具，以及创建选区、编辑选区的方法。

本章重点知识

- ◎ 认识选区
- ◎ 使用选框工具创建选区
- ◎ 使用套索工具创建选区
- ◎ 使用魔棒工具创建选区
- ◎ 使用菜单创建选区
- ◎ 编辑与修改选区
- ◎ 编辑与修改选区内的图像
- ◎ 实战演练——创建选区合成图像

3.1 认识选区

创建选区后，将出现一个由黑白色浮动线条组成的区域，所有的操作将限定在这个范围内，起到定界的作用。下图所示为调整选区内图像前后的对比效果。

可见，对于原图中的花朵创建选区后，再执行调整图像颜色的操作，则只选区内花朵的颜色发生变化，其他图像没有变化。

如果不创建任何选区，则整个图像都将发生变化，如下图所示。

3.2 使用选框工具创建选区

在 Photoshop 图像处理过程中，创建选区大部分都是靠使用选择工具来实现的，常用的选区创建工具如下图所示。

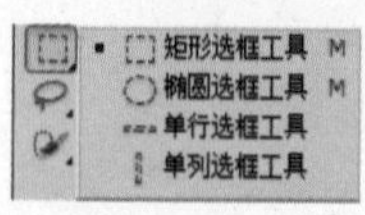

>> 3.2.1 矩形选框工具

在工具箱中选择矩形选框工具，在图像上按住鼠标左键并拖动，即可创建

行家提醒

矩形选框工具是最常用的选框工具，用于创建矩形选区和正方形选区，在设计网页时经常使用。

矩形选区，如下图所示。

用户还可以先在工具属性栏中设置相应的参数，然后使用该工具创建选区。选择矩形选框工具后，其属性栏如下图所示。

1. 选取方式

在图像中已经绘制了选区的情况下，通过属性工具栏中的 4 个按钮按钮可以进行添加或减去选区的操作。其中：

◎ "新选区"按钮：在工具属性栏中单击该按钮，可以使用矩形选框工具在图像中创建新的矩形选区。当在图像中已有一个选区存在的情况下再创建选区，则新选区将替代旧选区，如下图所示。

◎ "添加到选区"按钮：单击该按钮，可以将后建立的选区与原选区相加，如下图所示。

操作提示

单击"添加到选区"按钮后，在鼠标指针下方会显示"+"标记；单击"从选区中减去"按钮后，则在鼠标指针下方会显示"—"标记，以便用户更直观地查看。

◎“从选区中减去”按钮：单击该按钮，可以在原选区中减去新选区，如下图所示。

◎“与选区交叉”按钮：单击该按钮，可以保留新选区与原选区的相交部分，如下图所示。

2. 羽化

羽化主要是对图像的边缘进行柔化或过渡处理，取值范围在 0 ～ 255 之间。羽化数值越大，被羽化的距离就越大；羽化数值越小，图像的过渡或柔化效果就越不明显，如下图所示。

选区未带羽化的删除效果

选区带羽化的删除效果

3. 样式

在“样式”下拉列表中有三种类型可供选择，分别为“正常”、“固定长宽比”和“固定大小”。

行家提醒

按键盘中的【M】键，可以快速选中矩形选框工具。按【Shift+M】组合键，可以在矩形选框工具和椭圆选框工具之间进行切换。

◎ 正常：选择该样式，可任意应用矩形选框工具在图中拖动鼠标创建选区，如下图（左）所示。

◎ 固定比例：选择该样式，可通过在其右侧的“宽度”和“高度”数值框中输入所需的数值来决定选区宽度和高度的比值，如下图（中）所示。

◎ 固定大小：选择该选项，可通过在其右侧的“宽度”和“高度”数值框中输入所需要的数值来创建固定大小的选区，如下图（右）所示。

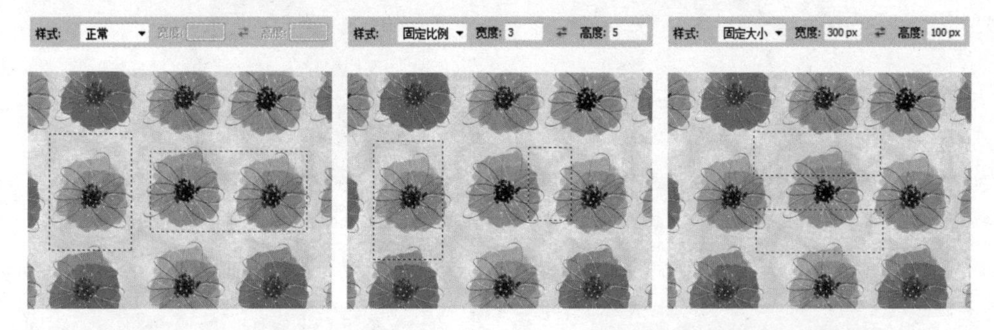

4．调整边缘

单击“调整边缘”按钮，将弹出“调整边缘”对话框，在其中可以对选区进一步进行设置，如右图所示。

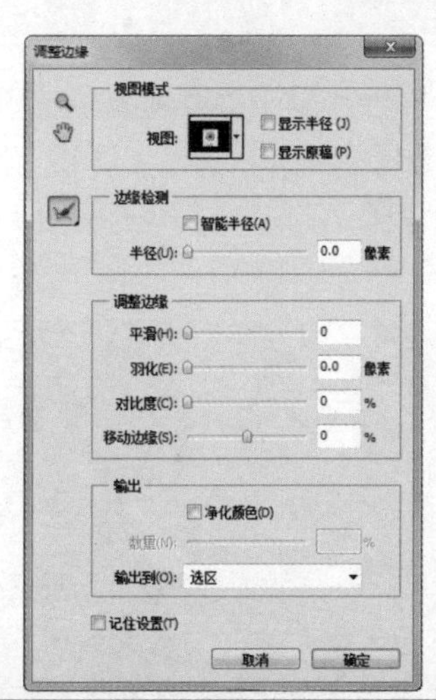

高手点拨

使用快捷键创建选区

在工具栏中设置了选区的固定大小和固定比例后，单击该⇄按钮，则可以将设定的宽高值互换。

>> 3.2.2 椭圆选框工具

在工具箱中选择椭圆选框工具◯，在图像上按住鼠标左键并拖动，可以创建椭圆形选区，如右图所示。

椭圆选框工具◯与矩形选框工具⬚属性栏中的参数相同，只是多了一个“消除锯齿”复选框，如下图所示。

羽化: 0 px ☑消除锯齿 样式: 正常 宽度: 高度: 调整边缘...

在样式工具栏中单击该⇄按钮，可以将设定的宽高值互换。

由于位图图像是由方形像素构成的，所以在斜边（或弧形边）上，如果不加处理就会出现锯齿（放大时会更明显），选中“消除锯齿”复选框后，选取的图像边缘会更光滑一些，如下图所示。

取消选择“消除锯齿”复选框

选中“消除锯齿”复选框

>> 3.2.3 单行选框工具和单列选框工具

选择单行选框工具，在图像上单击一下鼠标左键，可以选择一行像素，如下图（左）所示。

选择单列选框工具，在图像上单击一下鼠标左键，可以选择一列像素，如下图（右）所示。

3.3 使用套索工具创建选区

套索工具组中包含三种工具，分别为套索工具、多边形套索工具和磁性套索工具，可用于创建不规则选区。

>> 3.3.1 套索工具

使用套索工具可以绘制任意的选区。选择该工具后，在图像中按住鼠标左

行家提醒

单行选框工具和单列选框工具，只能创建单行选区和单列选区，选区的宽度分别为1像素，常用来制作网格。

键并拖动，松开鼠标后选区创建完成，如右图所示。套索工具不能精确选区，只适用于选择大致范围的情况。

高手点拨

取消选区

在未松开鼠标之前，按一下【Esc】键，可以取消对刚才选区的选定。

>> 3.3.2 多边形套索工具

多边形套索工具用于建立直线形的多边形选择区域。选择该工具后，在对象的各个点上单击，当回到起始点时，单击鼠标左键即可创建选区，如右图所示。

使用多边形套索工具绘制选区时，按【Delete】键可以删除最近选取的一条线段。连续按【Delete】键，则可以不断地删除线段。在绘制过程中双击鼠标左键，则会将双击点与起点之间连接成一条直线来封闭选区。

如果在选取的同时按住【Shift】键，则可以按水平、垂直或45°方向进行选取。

>> 3.3.3 磁性套索工具

磁性套索工具适用于快速选择边缘与背景对比强烈且边缘复杂的对象。选择磁性套索工具，在要选取的图像边缘单击确定起始点，然后沿图像的轮廓移动鼠标，此时可产生一条套索线并自动附着在图像的周围，且每隔一段距离产生一个锚点，当鼠标指针到达起点时，单击即可完成选区的创建，如下图所示。

操作提示

使用套索工具在图像中拖动时，要按住鼠标左键进行拖动，中途不能松开鼠标。

当所选区域的边界不太明显，磁性套索工具无法精确分辨选区边界时，可通过单击来手工设置定位锚点。

选择磁性套索工具后，其工具选项栏如下图所示。

羽化: 0 px ☑消除锯齿 宽度: 10 px 对比度: 10% 频率: 57 调整边缘...

相对于其他选择工具，其中有几个不同的参数，其含义如下：

◎ 宽度：设置磁性套索工具在选取时鼠标指针两侧的检测宽度，取值范围在 0 ～ 256 像素之间。数值越小，检测的范围就越小，选取也就越精确，但鼠标也就更不容易控制。

◎ 对比度：用于控制磁性套索工具在选取时的敏感度，范围在 1% ～ 100% 之间。数值越大，磁性套索工具对颜色反差的敏感程度越低。

◎ 频率：用于设置自动插入的节点数，取值范围在 0 ～ 100 之间。数值越大，生成的节点数就越多。

3.4 使用魔棒工具创建选区

魔棒工具组中包含两种工具，分别为快速选择工具和魔棒工具。这两种工具都是根据图像的色彩差异来获取选区的。

>> 3.4.1 魔棒工具

使用魔棒工具组可以选择颜色相似的区域，而不必追踪其轮廓。在工具箱中选择魔棒工具后，单击图像中的某点时，该点附近与其颜色相同或相近的像素点都成为选区，如下图所示。

选择工具箱中的魔棒工具，其工具选项栏如下图所示。

容差: 3 ☑消除锯齿 ☐连续 ☐对所有图层取样 调整边缘...

◎ 容差：设置颜色的选取范围，其值可在 0 ～ 255 之间进行设置。它决定

行家提醒

使用套索工具创建选区时，若鼠标指针没有回到起始位置，释放鼠标后，选区会自动闭合完成选区的创建。

了选定像素的相似点差异。如果数值较低，则会选择与选择点像素非常相似的少数几种颜色；如果数值较高，就可以选择范围更广的颜色。

◎ 连续：选中该复选框，则只选择与鼠标落点处颜色相近且相连的部分。

◎ 对所有图层取样：选中该复选框，可选择所有可见图层上颜色相近的区域；取消选择该复选框，仅选择当前图层上颜色相近的区域。

>> 3.4.2 快速选择工具

快速选择工具是魔棒工具的升级，同时又结合了画笔工具的特点，其默认选择光标周围与光标范围内的颜色类似且连续的图像区域，因此光标的大小决定着选取范围的大小。选择工具箱中的快速选择工具，在工具选项栏中调整工具笔尖大小，然后在图像中按住鼠标左键并拖动，松开鼠标即可创建选区，选区会向外扩展并自动查找和跟随图像中定义的边缘，如下图所示。

选择工具箱中的快速选择工具，其工具选项栏如下图所示。其中：

对所有图层取样 自动增强 调整边缘...

◎ ：在快速选择工具属性栏中单击按钮，在图像中拖动鼠标，可以创建选区；单击按钮，在图像中拖动鼠标，可以在已有选区的基础上增加选区的范围；单击按钮，在图像中拖动鼠标，可以在已有选区的基础上减少选区的范围。

◎ 13：单击右侧下拉按钮，在弹出的下拉面板中可以设置画笔参数。“快速选择工具”是基于画笔的选区工具，创建较大的选区时可以将画笔直径设置得大一些，而创建比较精确的选区时则可以将画笔直径设置得小一些。

◎ 自动增强：选中该复选框，将减少选区边缘的粗糙度和块效应。

3.5 使用菜单创建选区

除了利用工具箱中的工具创建选区外，也可以使用菜单栏中的菜单命令来创建选区，下面将进行详细介绍。

操作提示

魔棒工具适用于颜色对比比较单一的图像，颜色越单一，选取的对象就越精确。

>> 3.5.1 使用“色彩范围”命令创建选区

利用“色彩范围”命令可以根据图像的颜色范围创建选区，这与魔棒工具类似，但“色彩范围”命令提供了更多的控制选项，使选区的选取更为精确。

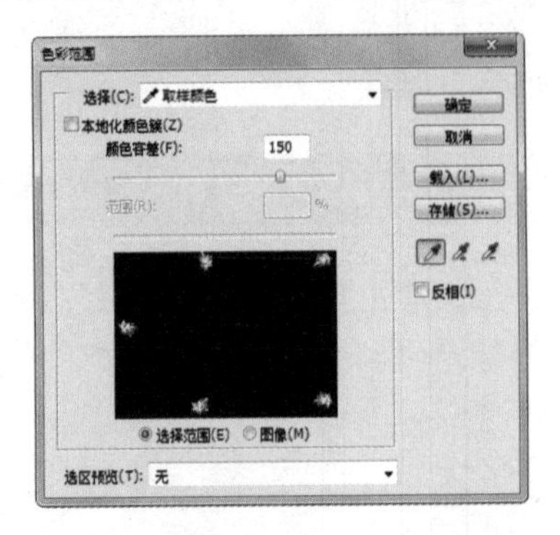

选择“选择”|“色彩范围”命令，弹出“色彩范围”对话框，如右图所示。

在“色彩范围”对话框中，各选项的含义如下：

◎ 选择：可以选择需要的色彩，包括红色、黄色、绿色、青色、蓝色和洋红等，如右（下）图所示。当选择“取样颜色”选项时，将使用对话框中的吸管工具拾取的颜色为样本创建选区。

◎ 颜色容差：用来控制颜色的范围，该值越高，包含的颜色范围越广。

◎ 范围：选中“选择范围”单选按钮，则在中间的预览区域中，白色代表被选择的部分，黑色代表未被选择的部分，灰色代表被部分选择的部分（带有羽化效果）；选中“图像”单选按钮，则预览区域内会显示彩色图像。

◎ 载入：单击该按钮，可以载入存储的选区预设文件。

◎ 存储：单击该按钮，可以将当前设置状态保存为选区预设。

◎ 反相：选中该复选框，可以反转选区。

◎ 选区预览：用来选择图像编辑窗口中以什么方式显示选区，如右图所示。

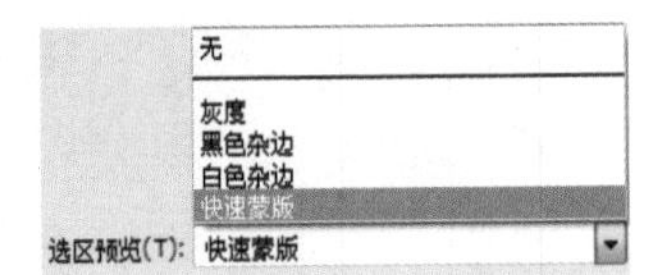

高手点拨

“色彩范围”命令的使用

利用“色彩范围”命令可以创建非常复杂的选区。用户可以通过在图像窗口中指定颜色来定义选区，也可通过指定其他颜色来增加或减少选区。

下面将通过实例介绍“色彩范围”命令的使用方法，具体操作方法如下：

素材文件	光盘：素材文件\第3章\树.jpg

行家提醒

在使用套索工具的过程中，如果按住【Alt】键再单击，可临时切换为多边形套索工具。

1 打开素材文件

单击“文件”|“打开”命令，打开素材文件“树.jpg”，如下图所示。选择“选择”|“色彩范围”命令，弹出“色彩范围”对话框。

2 吸取颜色

此时默认选中了右侧的吸管按钮。将鼠标指针移动到图像中的绿色树上，单击鼠标左键吸取颜色，如下图所示。

3 调整颜色容差

拖动“颜色容差”滑块，将其设置为200，扩大选区范围，单击“确定”按钮，如下图所示。

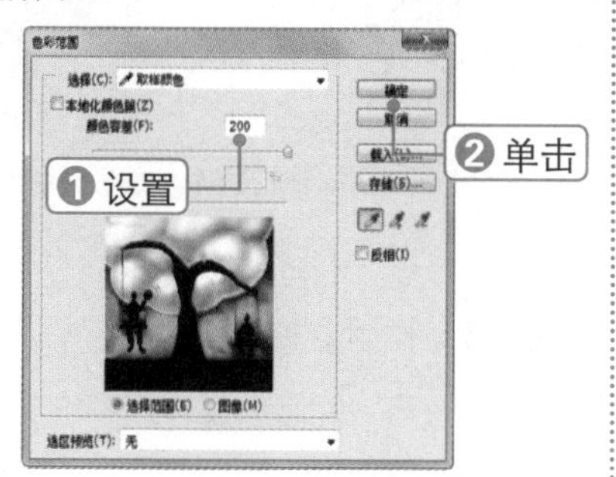

4 查看选区效果

此时，即可得到选择的选区，效果如下图所示。

5 调整

选择“图像”|“调整”|“色相饱和度”命令，在弹出的对话框中设置参数，调整选区内图像颜色，单击“确定”按钮，如下图所示。

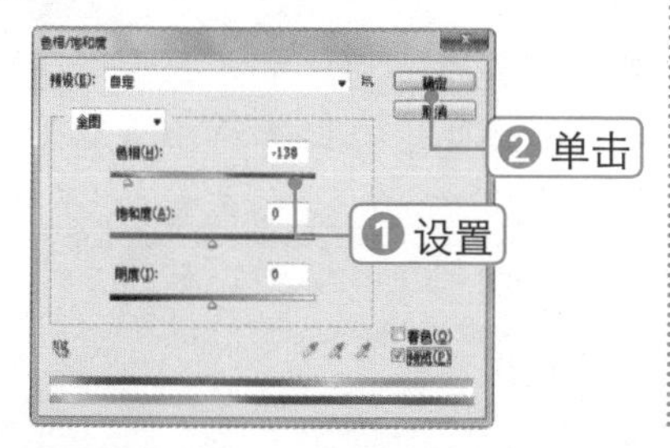

6 查看调整颜色效果

按【Ctrl+D】组合键取消选区，得到调整图像颜色后的效果，如下图所示。

操作提示

使用磁性套索工具绘制选区时，若锚点定位不合适，可按【Delete】键删除最近生成的锚点，将鼠标指针向后退并重新绘制，将不合适的锚点纠正过来。

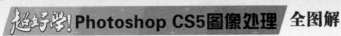

>> 3.5.2 使用“选择”命令创建选区

除了“色彩范围”命令外，“选择”菜单栏中还提供了一些选择命令，如“全部”、“重新选择”、“反向”、“扩大选取”和“选取相似”命令，使用户可以方便地创建选区。

1. 全选与反选

选择“选择”|“全选”命令或按【Ctrl+A】组合键，可以选择画布范围内所有的图像。

在图像中创建一个选区，然后选择“选择”|“反向”命令或按【Ctrl+Shift+I】组合键，可以将选区反选，即取消当前选择的区域，而选择之前未被选择的区域，如下图所示。

2. 取消选择与重新选择

选择“选择”|“取消选择”命令或按【Ctrl+D】组合键，可以取消所有已经创建的选区。如果当前使用的是选择工具（即矩形选区工具等），则单击鼠标左键，也可以取消当前选择的选区。

在取消选区后，选择“选择”|“重新选择”命令或按【Ctrl+Shift+D】组合键，可以重新做上一次的选区。

3. 扩大选取与选取相似

创建选区之后，使用“扩大选取”和“选取相似”命令都可以扩展选区。使用“扩大选取”命令可以在原有选区的基础上扩大选区范围，选择的是与原有选区颜色相近且相邻的区域，扩散的范围由魔棒工具选项栏中的“容差”值决定。

“扩大选取”和“选取相似”命令的使用受魔棒工具属性栏中“容差”大小的影响，容差值越大，选取的范围也就越大。

使用“选取相似”命令也可以在原有选区的基础上扩大选区范围，选择的是与原有选区颜色相近但互不相邻的区域，如下图所示。

行家提醒

如果要选择的对象比较复杂，而其背景图像比较简单且选择方便，则可以先选中背景图像，然后使用“反向”命令进行选择。

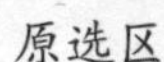

原选区

扩大选取

选取相似

3.6 编辑与修改选区

前面介绍了创建选区的多种方法，但只使用上面介绍的方法创建的选区未必就完全符合设计的要求，还需要对选区进行编辑和修改操作。下面将介绍如何编辑和修改选区。

>> 3.6.1 移动选区

在绘制椭圆或矩形选区时，按下空格键拖动鼠标，即可快速移动选区。选区创建后，选择工具箱中的任意一种选区创建工具，然后将鼠标指针移至选区内，当鼠标指针呈形状时，按住鼠标左键并拖动，即可移动选区。在拖动的过程中，鼠标指针呈形状，如下图所示。

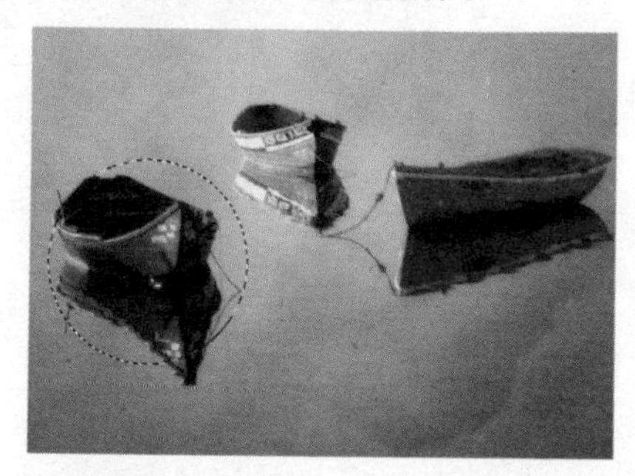

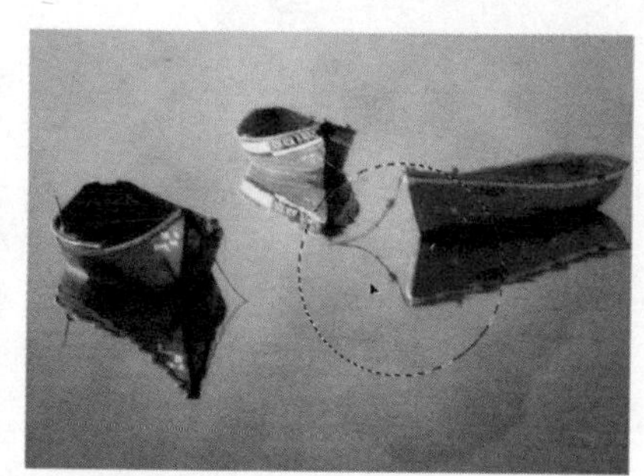

若要轻微移动选区，或要求准确地移动选区时，可以使用键盘上的 4 个方向键以 1 个像素为单位来移动；如果同时按住【Shift】与某个方向键，可以以 10 个像素为单位来移动。

>> 3.6.2 修改选区

创建选区后，利用“选择”|“修改”菜单下的级联菜单可以对选区进行修

移动选区的同时若按住【Shift】键，则可以将选区沿水平、垂直或 45°的方向移动；若同时按住【Ctrl】键，则可以移动选区中的图像。

改操作。下面将详解介绍修改选区的方法。

1. 创建边界

“边界”命令用于给选区增加一条边界，从而使选区呈环形显示。创建选区后，选择“选择”|“修改”|“边界”命令，弹出“边界选区”对话框。

在“宽度”文本框中输入选区扩展的数值，数值越大，创建的边界就越宽，如下图所示。

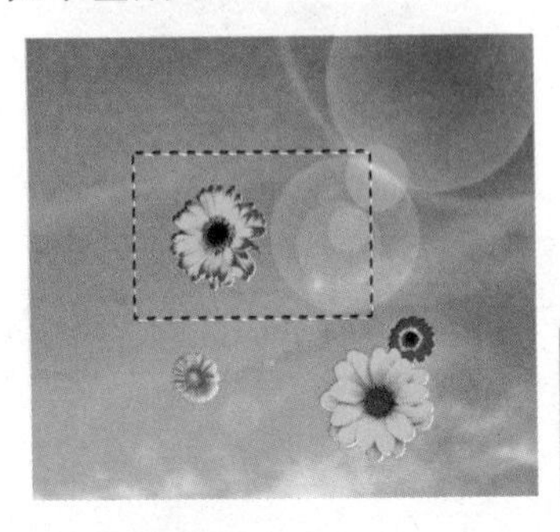
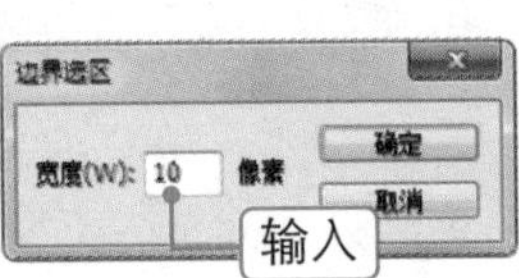

2. 平滑选区

“平滑”命令用于对不规则的选区进行平滑处理，消除选区边缘的锯齿，使选区的边界连续而平滑。选择“选择”|“修改”|“平滑”命令，弹出“平滑选区”对话框。

在“取样半径”文本框中输入选区的平滑数值，数值越大，选区就越平滑，如下图所示。

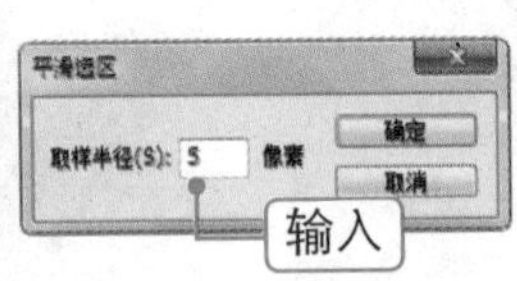

3. 扩展选区

“扩展”命令用于在保持选区原有形状的基础上，将选区以设定的距离向外扩充，从而增加选区的选择范围。选择“选择”|“修改”|“扩展”命令，弹出“扩展选区”对话框。

在“扩展量”文本框中输入选区扩展的数值，数值越大，选区向外扩展的范围也就越大，如下图所示。

行家提醒

增加选区边界后，两条边界之间的距离为“边界选区”对话框中输入的宽度值。

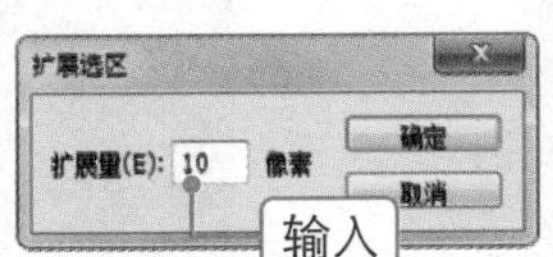

4．收缩选区

使用“收缩”命令，可以收缩当前选区。在“收缩选区”对话框中输入 1 ～ 100 之间的数值，输入的数值越大，选区收缩得就越大，如下图所示。

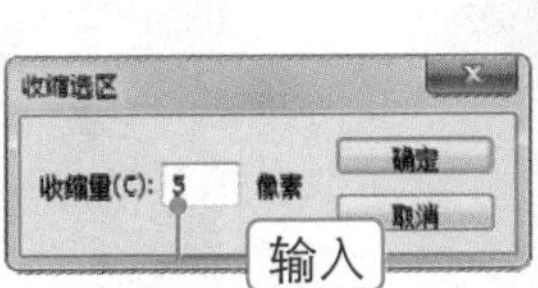

5．羽化选区

“羽化”命令主要是柔化选区的边缘，使其产生一个渐变过渡的效果，避免选区边缘过于生硬。选择“选择”|“修改”|“羽化”命令，弹出“羽化选区”对话框，在“羽化半径”文本框中输入选区羽化数值，数值越大，选区边缘就越柔和，如下图所示。

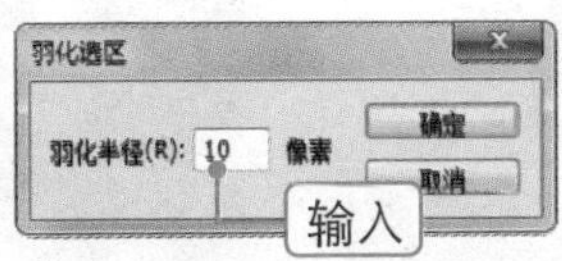

>> 3.6.3 变换选区

变换选区就是对选区的边界进行调整，从而改变选区的选择范围。在图像中创建选区后，选择“选择”|“变换选区”命令，选区边缘会出现变换控制框，将鼠标指针移至变换控制框的内部或外部，当鼠标指针形状发生改变时，按住鼠

操作提示

创建选区后再羽化选区比在创建选区前设置选区羽化值要更适合实际的操作，因为这样既能根据图像需要设置合适的羽化值，又可连续执行多次羽化。

标左键并拖动，即可实现对选区的移动、缩放和旋转等操作，从而改变选区的选择范围，如下图所示。

1. 移动选区

将鼠标指针放在变换控制框内（此时鼠标指针呈▶形状），按住鼠标左键并拖动即可移动选区，如下图所示。

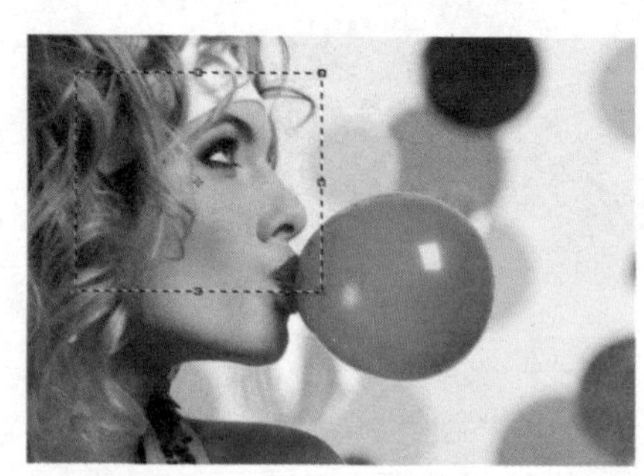

2. 旋转选区

将鼠标指针放在变换控制框四角的方形控制点上（此时指针呈↗、↖、↗或↖形状），按住鼠标左键并拖动即可旋转选区，如下图所示。

3. 缩放选区

将鼠标指针放在变换控制框的方形控制点上（此时鼠标指针呈↕、↔、↘或↗形状），按住鼠标左键并拖动即可缩放选区，如下图所示。

行家提醒

在缩放变换控制框时，按【Shift】键，可以对变换控制框进行等比例缩放。按【Alt+Shift】组合键，可以使变换控制框沿中心点等比例缩放。

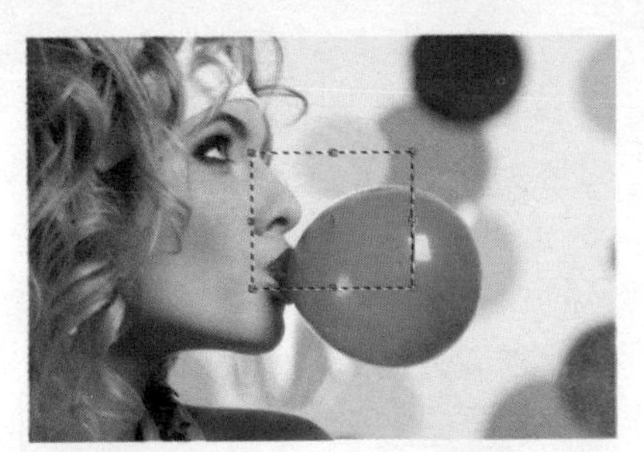

在边框控制框内右击，利用弹出的快捷菜单还可以对选区进行“斜切”、“扭曲”、“透视”、“旋转 180 度”、“水平翻转”和“垂直翻转”等操作，如右图所示。

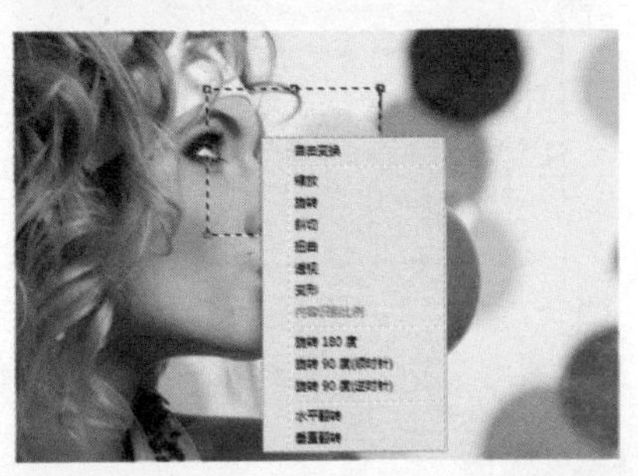

编辑选区至合适状态后，按【Enter】键即可确定选区的变化；按【Esc】键则可以取消选区的变化。

>> 3.6.4 隐藏与取消选区

在编辑选区的过程中，有时需要将其隐藏或取消，下面将分别介绍隐藏与取消选区的方法。

1. 隐藏选区

在编辑图像的过程中，有时选区的存在会影响图像效果的查看，为了方便起见，此时可以将选区隐藏。选择“视图”|“显示”|“选区边缘”命令，按【Ctrl+H】组合键，可以在显示和隐藏选区间进行切换。

2. 取消选区

创建选区后，选择“选择”|“取消选择”命令或按【Ctrl+D】组合键，即可取消选区。

>> 3.6.5 存储选区与载入选区

创建选区之后，为了防止操作失误而造成选区丢失，或以后想重复使用，可以将选区长久保存，在以后使用时可以再次将选区载入。

1. 保存选区

选择“选择”|“存储选区”命令，弹出“存储选区”对话框，即可将选区存储起来，如右图所示。

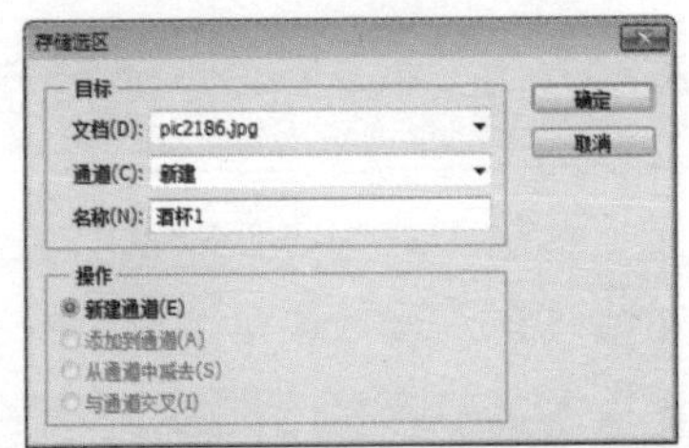

操作提示

选择“选择”|“变换选区”命令，变换的是选区，对选区内的对象没有任何影响。

在“存储选区”对话框中，各选项的含义如下：

◎ 文档：用于选择保存选区的文档。可以选择当前文档、新建文档或当前打开的与当前文档的尺寸大小相同的其他图像，如下图（左）所示。

◎ 通道：选择保存选区的目标通道。Photoshop 默认新建一个 Alpha 通道保存选区，也可从下拉列表中选择其他现有通道，如下图（右）所示。

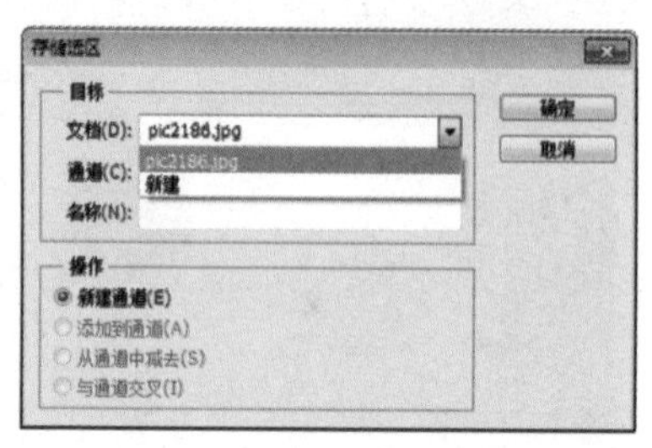

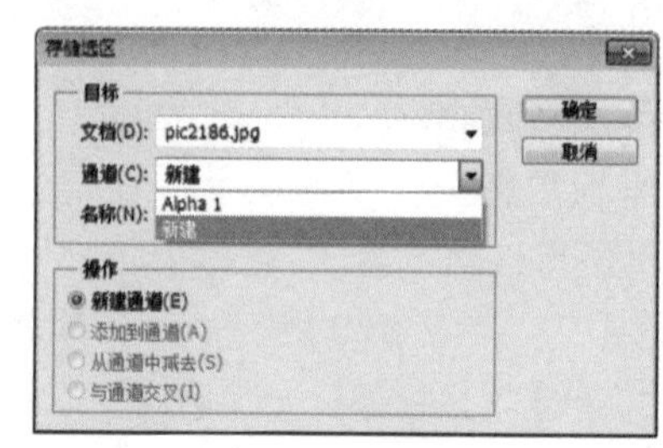

◎ 名称：可以设置新建的 Alpha 通道的名称。

◎ 操作：可以设置保存的选区与原通道中选区的运算方式。

2. 载入选区

存储选区后，选择“选择”|“载入选区”命令，弹出“载入选区”对话框，如右图所示。在该对话框中选择要载入的选区，然后单击“确定”按钮，即可完成选区的载入操作。

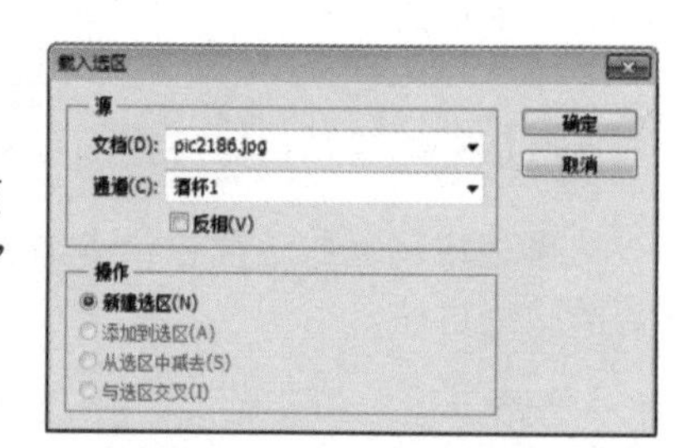

高手点拨

“色彩范围”命令的使用

不同的图像格式对选区的保存有不同的影响，将文件保存为 PSD、PSB、PDF、TIFF 格式，可存储多个选区。

3.7 编辑与修改选区内的图像

创建选区主要是为了编辑图像，下面将详解介绍创建选区后编辑与修改图像选区的方法。

>> 3.7.1 选区内图像的剪切、复制和粘贴

剪切、复制或粘贴选区内的对象是 Photoshop 中最常用的操作，可以使用菜单命令来实现，也可以使用快捷键来实现。其具体操作方法如下：

素材文件　光盘：素材文件\第3章\女孩.jpg

在图像中创建选区后，如果按住【Alt】键，再使用移动工具移动选区内的图像，则可以复制图像。

1 创建选区

选择“文件”|“打开”命令，打开素材文件“女孩.jpg”。选择矩形选框工具，在图像中创建选区，如下图所示。

2 复制图像

选择“编辑”|“复制”命令，将选区内的图像复制到剪贴板中。然后选择“编辑”|“粘贴”命令，将在原位置复制选区内图像。选择移动工具，移动复制图像的位置，即可看到复制的图像，如下图所示。

如果不是单击“编辑”|“复制”命令，而是选择“编辑”|“剪切”命令，则选区内的图像将从原图像中剪除，并以背景色填充，如右图（上）所示。

“选择性粘贴”是 Photoshop CS5 中新增的命令，其子菜单中有“原位粘贴”、“贴入”和“外部粘贴”三个命令，如右图（下）所示。

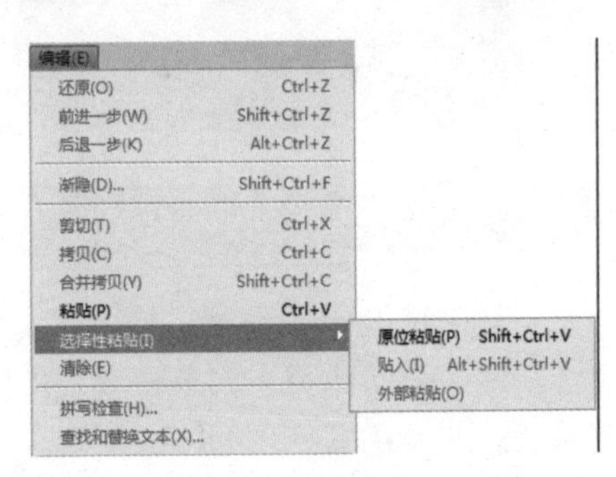

◎ 原位粘贴：执行该命令，将在原位粘贴图像。如果是从其他文件中复制图像，则在相当于原图像中的位置进行粘贴。

◎ 贴入：如果当前的图像中存在选区，则执行该命令，复制的图像将粘贴入选区内。

◎ 外部粘贴：如果当前的图像中存在选区，则执行该命令，复制的图像将粘贴入选区外部。

>> 3.7.2 删除选区内的图像

创建选区后，按【Delete】键可以删除选区内的图像。如果是普通图层，则删除选区内的图像后，选区将变为透明，如下图所示。

按【Ctrl+C】和【Ctrl+V】组合键，可进行复制和粘贴操作；按【Ctrl+X】和【Ctrl+V】组合键，可进行剪切和粘贴操作。

如果是背景图层中选区内的图像被清除，则会弹出“填充”对话框，让用户选择使用不同的填充内容和混合模式，如下图所示。

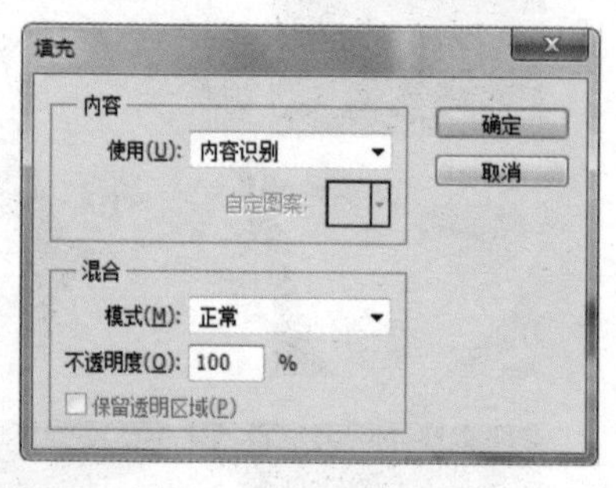

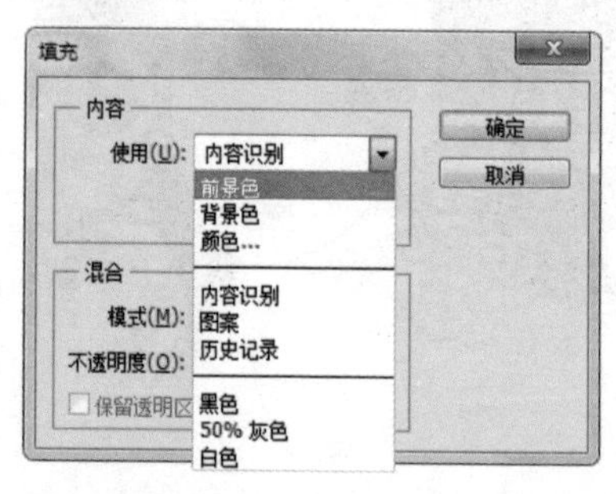

其中的“内容识别”选项是 Photoshop CS5 新增的选项，可以智能地修复图像，删除任何图像细节或对象，删除的内容看上去似乎本来就不存在，功能十分强大，如下图所示。

>> 3.7.3 移动选区内的图像

要移动选区内的图像，则在工具箱中选择移动工具，然后在选区内按住鼠标左键并拖动即可。如果在背景图层上移动选区内的图像，则图像的原位置将使用当前背景色填充，如下图所示。

行家提醒

如果图像内没有选区，则使用移动工具移动的是当前图层内的对象。背景一般都是锁定的，不可移动。

如果在普通图层上移动选区内的图像，则图像的原位置将变为透明，如下图所示。

>> 3.7.4 自由变换图像

自由变换图像就是对选区内的图像执行特殊变形处理，主要包括对图像进行缩放、旋转、斜切、扭曲、透视和变形等变换操作。

使用快速选择工具在图像中创建选区，选择“编辑”|“自由变换”命令，在图像的四周将显示变换控制框，此时可对选区内的图像进行变换操作，如下图所示。

将鼠标指针移至变形框内，当鼠标指针呈▶形状时，按住鼠标左键并拖动即可移动图像，如下图所示。

将鼠标指针移至变形框外侧，当鼠标指针呈↲形状时，按住鼠标左键并拖动即可旋转图像，如下图所示。

操作提示

将一个选区内的图像移动到另一个图像窗口中的方法如下：选取移动工具后，将鼠标指针放在选区内，然后按住鼠标左键向另一个图像窗口中拖动鼠标即可。

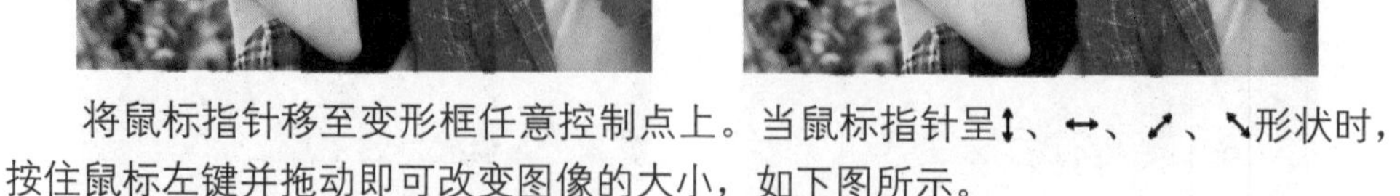

将鼠标指针移至变形框任意控制点上。当鼠标指针呈↕、↔、↗、↘形状时，按住鼠标左键并拖动即可改变图像的大小，如下图所示。

在变换控制框中右击，利用弹出的快捷菜单命令可以进行更多的变换操作，如右图所示。对图像变换完毕后，按【Enter】键或单击工具属性栏中的按钮，即可应用变换；按【Esc】键或单击工具属性栏中的按钮，可取消操作。

3.8 实战演练——创建选区合成图像

下面将运用前面所学的知识进行图像的合成操作，使读者对选区的功能进一步深入了解。

>> 3.8.4 本例操作思路

行家提醒

在旋转选区时，按住【Shift】键，可以将选区按15°的倍数进行旋转。这对于精确旋转图像十分有用。

>> 3.8.2 本例实战操作

素材文件 光盘：素材文件\第3章\模板.jpg、孩子1.jpg

1 打开素材文件

选择“文件”|“打开”命令，打开素材文件“模板.jpg”，如下图所示。

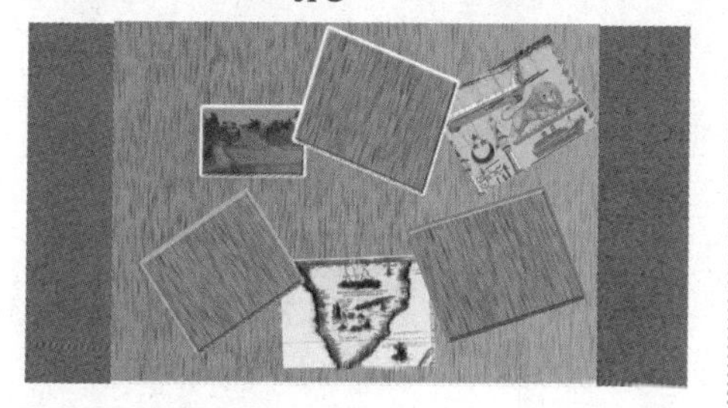

2 创建选区

选择工具箱中的多边形套索工具，在图像中单击创建选区，如下图所示。

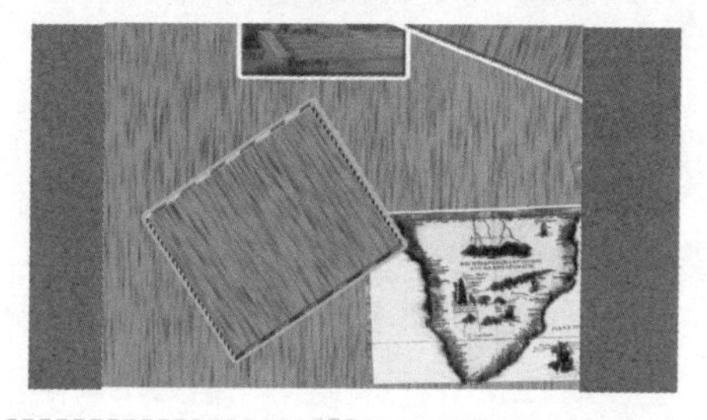

3 打开素材文件

选择“文件”|“打开”命令，打开素材文件“孩子1.jpg”，如下图所示。

4 移动选区

从“模板”文件中将选区拖动到“孩子”文件中，并调整至合适位置，如下图所示。

5 复制选区内图像

按【Ctrl+C】组合键，复制选区内的图像，然后切换到“模板”文件，按【Ctrl+V】组合键粘贴图像，效果如下图所示。

6 处理其他图像

采用同样的方法处理其他两幅图像，最终合成图像的效果如下图所示。

创建选区后，按【Alt+Delete】组合键，可以为选区填充前景色；按【Ctrl+Delete】组合键，可以为选区填充背景色。

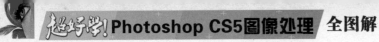

新手有问必答

① 为什么有时移动选区操作无法进行？

要移动选区，一定要确保当前选择的工具是选区创建工具，否则将不能移动选区，而是对选区内的图像进行编辑操作。

② 变换选区和变换图像在操作上有什么不同？

选择“选择”|“变换选区”命令，变换的是选区；选择“编辑”|“自由变换”命令，变换的则是图像。

③ 如何精确地移动选区？

在选择其他工具时（、、等工具除外），可以在按住【Ctrl】键的同时拖动鼠标来移动图像。按住【Ctrl】键的同时，使用键盘中的4个方向键以1个像素为单位移动图像。按住【Shift+Ctrl】组合键的同时，可使用键盘中的四个方向键以10个像素为单位水平移动图像。

读书笔记

行家提醒

若创建好选区后，按【Ctrl+J】组合键，可将选区内的图像复制到新图层中。这样复制的图像与原图像完全重合，需用移动工具进行移动，才可以看到效果。

Chapter 04

图像颜色与色调的调整

在Photoshop CS5中提供了许多色彩和色调调整工具，这对用户处理各种图像极为有用。本章将主要介绍基本的色彩理论，并结合Photoshop的颜色模式、颜色调整命令来介绍如何在图像中调出富有感染力的色彩。

本章重点知识

◎ 图像颜色模式

◎ 调整图像色彩色调

◎ 实战演练——调整照片颜色

4.1 图像颜色模式

所谓颜色模式，就是指用来提供一种将颜色翻译成数字数据的方法，从而能够使颜色在多媒体中得到一致的描述。

Photoshop 支持的颜色模式主要包括 CMYK、RGB、灰度、双色调、Lab、多通道和索引颜色模式，不同的颜色模式有不同的特点和用途。颜色模式不仅影响可显示颜色的数量，还影响图像的通道数和图像的文件大小。

>> 4.1.1 查看颜色模式

查看图像的颜色模式，可以方便用户对图像进行各种操作。要查看一幅图像使用的是什么颜色模式，可以将其在 Photoshop 中打开进行查看。

在 Photoshop 中打开一幅图像，在图像窗口的标题栏中会显示该图像使用的颜色模式，如下图所示。

RGB颜色模式图像

CMYK颜色模式图像

用户可以将图像颜色模式由一种转换为另一种：选择“图像”|“模式”命令，在弹出的子菜单中已经勾选的命令即为当前图像使用的颜色模式。选择另外的菜单项，即可对颜色模式进行转换，如右图所示。

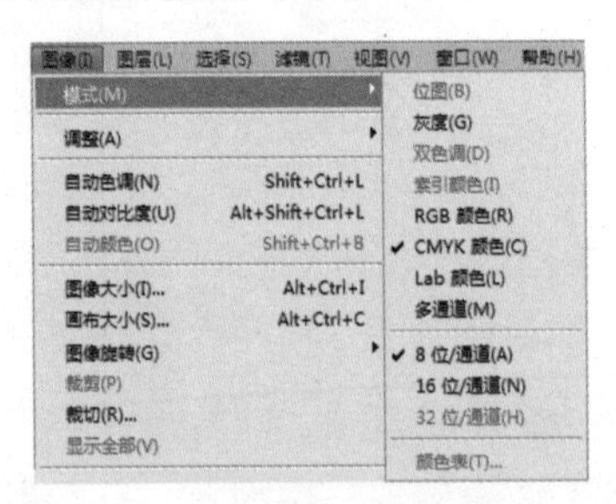

>> 4.1.2 RGB颜色模式

RGB 颜色模式是工业界的一种颜色标准，通过对红（R）、绿（G）、蓝（B）三个颜色通道的变化，以及它们相互之间的叠加来得到各式各样的颜色。RGB

行家提醒

眼睛所感觉的颜色一般可分为两大类：第一类为无彩色，其包含白、灰、黑；第二类为彩色，其包含纯色和其他一般色彩。

即代表红、绿、蓝3个通道的颜色，在这三种颜色的重叠处产生青色、洋红、黄色和白色，如右图所示。

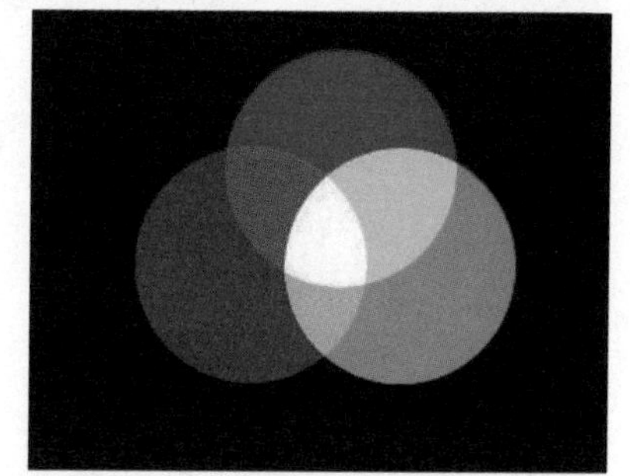

RGB颜色模式适用于在屏幕上观看。在RGB模式下，每种RGB成分都可以使用0（黑色）到255（白色）的值。例如，纯绿色使用R值0、G值255、B值0。当三种成分值相等时，产生灰色阴影；当所有成分的值均为255时，结果是纯白色；当所有成分的值均为0时，结果是纯黑色。

>> 4.1.3 CMYK颜色模式

CMYK颜色模式是工业印刷的标准模式。若要打印输出RGB等其他颜色模式的彩色图像，一定要先将其转换为CMYK模式。CMYK颜色模式下的图像由4种颜色组成，分别为青（C）、洋红（M）、黄（Y）和黑（K），每一种颜色对应于一个通道（即用来生成四色分离的原色），如右图所示。

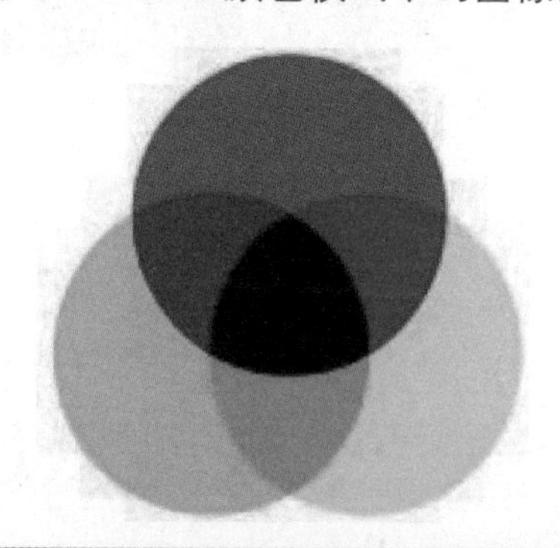

由于C、M、Y三种颜色混合将产生黑色，所以CMYK颜色模式也称为减色模式。但是，混合后的黑色并不是纯黑，为了使印刷品的颜色为纯黑色，便将黑色加入其中，并且可以借此减少其他油墨的使用量。

>> 4.1.4 灰度颜色模式

灰度颜色模式就是用0～255的不同灰度值来表示图像，0表示黑色，255表示白色，其他值代表了黑、白中间过渡的灰色。

灰度模式可以和彩色模式直接转换。彩色图像转换为该模式后，Photoshop将删除原图像中的所有颜色信息，而留下像素的亮度信息。

下图所示为将RGB模式的图像转换为灰度模式图像的效果。

操作提示

色彩有三个属性：色相、饱和度和明度。色相又称为色调，是指色彩的相貌，或是区别色彩的名称或色彩的种类，色相与色彩明暗无关。

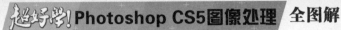

>> 4.1.5 位图颜色模式

位图颜色模式其实就是黑白模式，它只能用黑色和白色来表示图像，适合制作艺术样式，通常用于创作单色图像。只有灰度颜色模式可以转换为位图颜色模式，所以一般的彩色图像需要先转换为灰度颜色模式，然后转换为位图颜色模式。彩色图像转换为该模式后，色相和饱和度信息将被删除，只保留亮度信息，因此适用于一些黑白对比强烈的图像，如下图所示。

选择“图像”|“模式”|“位图”命令，将灰度图像转换为位图颜色模式时，将会弹出“位图”对话框。在该对话框中可以设置输入分辨率和变换位图的方法，如右图所示。

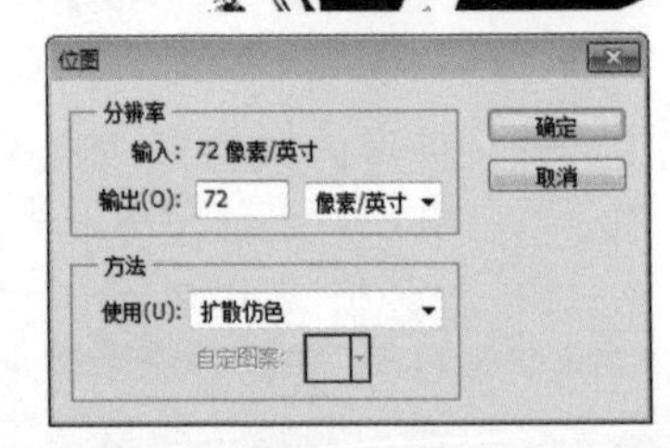

>> 4.1.6 索引颜色模式

索引颜色模式采用一个颜色表存放并索引图像中的颜色（最多有256种颜色），当转换为索引颜色时，Photoshop将构建一个颜色查找表，用于存放并索引图像中的颜色。

如果原图像中的某种颜色没有出现在该表中，则程序将选取现有颜色中最接近的一种，或使用现有颜色模拟该颜色。它只支持单通道图像（8位/像素），因此通过限制调色板、索引颜色减小文件大小，同时保持视觉上的品质不变。

索引颜色模式多用于多媒体动画的应用或网页应用，如下图所示。

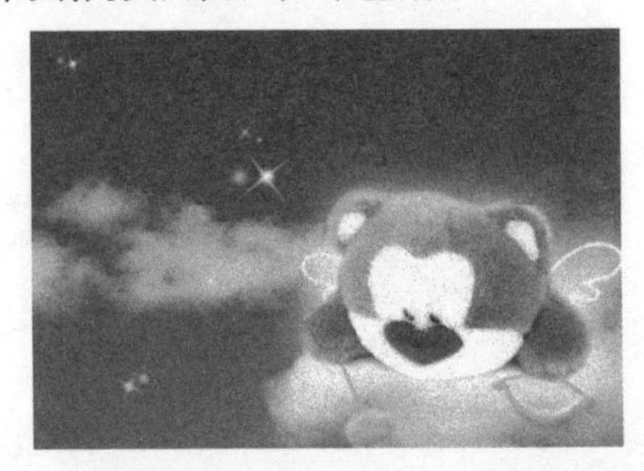

行家提醒

饱和度指色彩的强弱，即色彩纯与不纯的区别。当一种色彩中毫无黑白色混入时，则达到饱和度，称为纯色。

>> 4.1.7 双色调颜色模式

双色调颜色模式是采用 2 ～ 4 种彩色油墨混合其色阶来创建双色调（2 种颜色）、三色调（3 种颜色）、四色调（4 种颜色）的图像，在将灰度图像转换为双色调模式的图像过程中，可以对色调进行编辑，从而产生特殊的效果。

使用双色调的重要用途之一是使用尽量少的颜色表现尽量多的颜色层次，从而减少印刷成本，如下图所示。

>> 4.1.8 Lab颜色模式

Lab 颜色模式是由明度（L）和有关色彩的 a、b 三个元素组成的。L 表示明度，相当于亮度，范围为 0 ～ 100；a 表示从红色到绿色的范围；b 表示从黄色到蓝色的范围，两者的范围都是- 120 ～ +120。如果只需改变图像的亮度而不影响其他颜色值，可以将图像转换为 Lab 颜色模式，然后在 L 通道进行操作。

打开“通道”面板，可以直观地查看 Lab 颜色模式的特点，如下图所示。

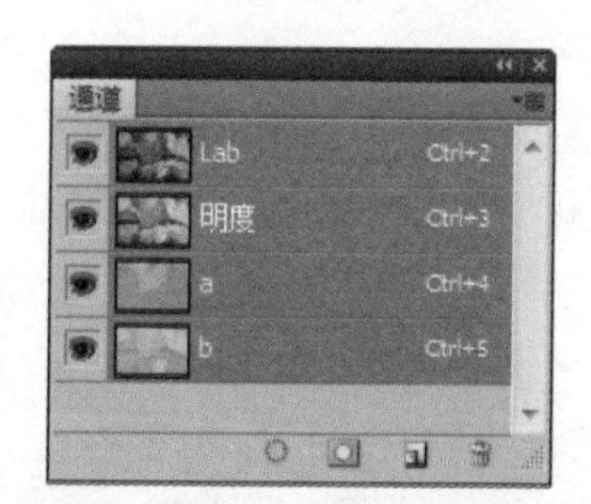

4.2 调整图像色彩色调

在 Photoshop 中经常需要为图像调整颜色，在“图像”|“调整”子菜单中包含了众多调整命令，下面将分别进行介绍。

操作提示

明度是指色彩的明暗程度，明度的高低，要看其接近白色或灰色的程度而定，越接近白色，其明度越高，越接近灰色或黑色，其明度越低。

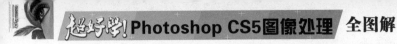

>> 4.2.1 使用“亮度/对比度”命令

“亮度 / 对比度”命令提供的是在调整图像颜色时用于调整亮度和对比度的功能。亮度值越大，构成图像的像素就会越亮；对比度越大，高光和阴影的颜色对比越强烈，图像也就越清晰。

选择“图像”|“调整”|“亮度 / 对比度”命令，弹出“亮度 / 对比度”对话框，如右图所示。

其中，各选项的含义如下：

◎ 亮度：表示图像的明亮程度，参数值越大，图像就越亮，反之就越暗。

◎ 对比度：指图像中高光和阴影之间的对比程度，参数值越大，图像的明暗对比度越大，图像越清晰。

下图所示为使用“亮度 / 对比度”命令调整图像前后的对比效果。

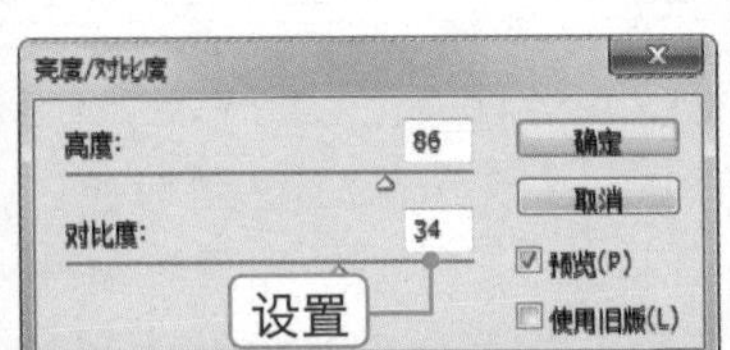

>> 4.2.2 使用“色阶”命令

使用“色阶”命令可以对过亮或过暗的图像进行充分的颜色调整，通过调整图像的阴影、中间调和高光的分布情况，从而校正图像的色调范围和色彩平衡。

选择“图像”|“调整”|“色阶”命令或按【Ctrl+L】组合键，均可弹出“色阶”对话框，通过设置各项参数来调整图像的明暗度，如右图所示。

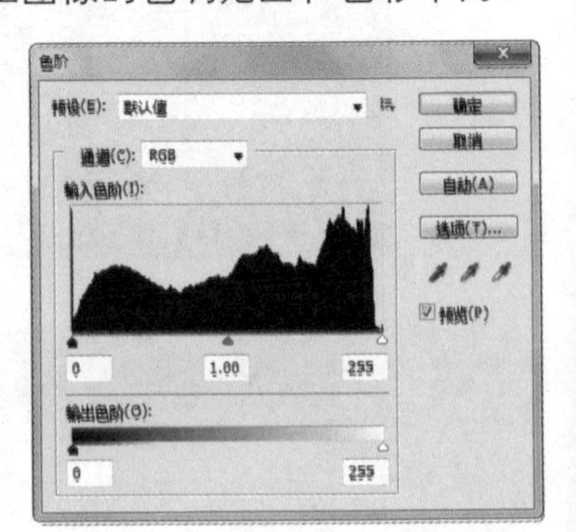

在该对话框中，各选项的含义如下：

(1)“预设”下拉列表

在“预设”下拉列表中，可以选择系统预设的色阶调整效果，十分方便、快捷，如下图（左）所示。

下图（中、右）所示为使用“预设”调整图像的前后对比效果。

行家提醒

“亮度 / 对比度”命令比较简单，功能也有限，如果处理的图像要进行高端输出，不建议使用命令。

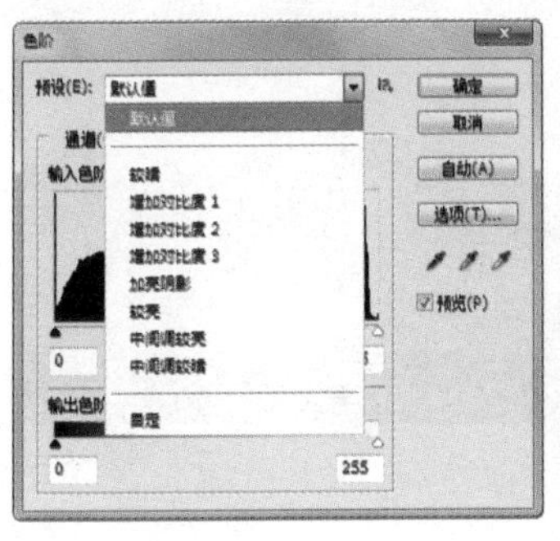

原图像

增减对比度3

（2）通道

用户可以选择要进行色调调整的通道，例如，下面在调整 RGB 模式图像色阶时，选择“绿”通道，就可以对图像中的绿色进行调整，如下图所示。

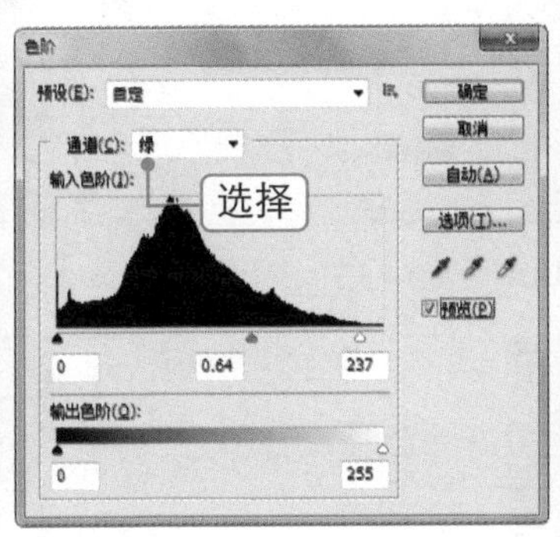

（3）输入色阶

利用“输入色阶”选项区域中的滑块可以调整颜色。左边黑色的滑块代表阴影，中间灰色的滑块代表中间色，右边白色的滑块代表高光。通过拖动这些滑块可以调整图像中最暗处、中间色和最亮处的色调值，从而调整图像的色调和对比度。

◎ 向右拖动黑色滑块，可以使图像变暗，如下图所示。

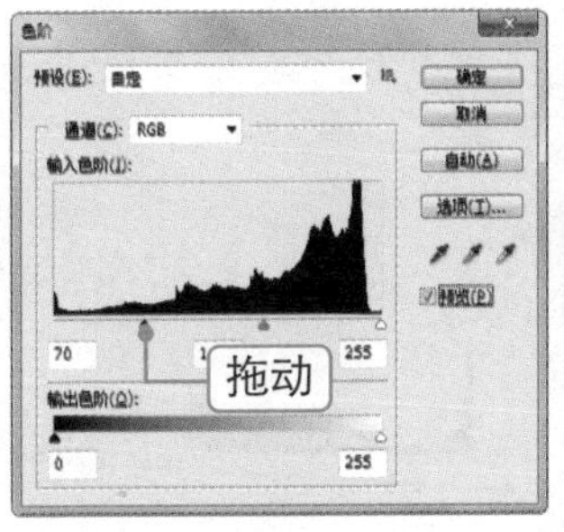

◎ 向左拖动中间色调滑块，中间色部分变亮，图像从整体上变亮，如下图所示。

在索引颜色模式下只能进行有限的图像编辑，如果需要进一步编辑，需转换为 RGB 颜色模式。

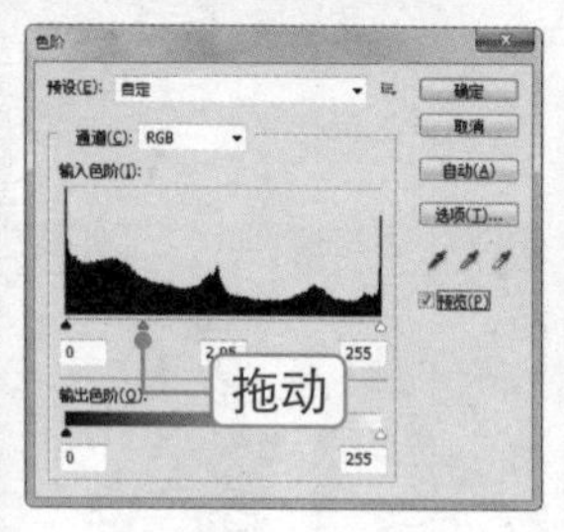

◎ 向右拖动中间色调滑块，中间色部分变暗，图像从整体上变暗，如下图所示。

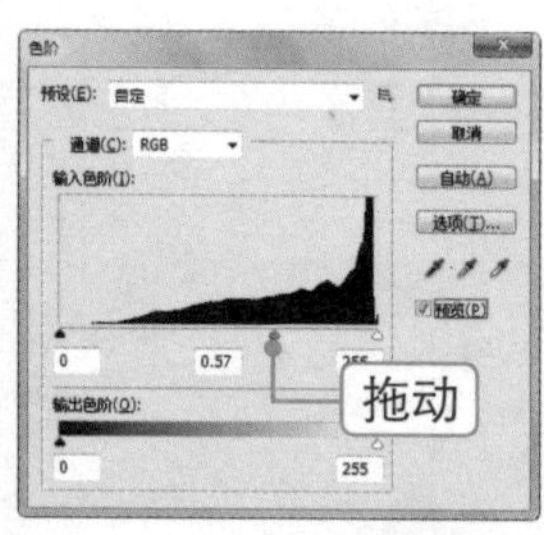

◎ 向左拖动高光滑块，图像中亮的部分会更亮，如下图所示。

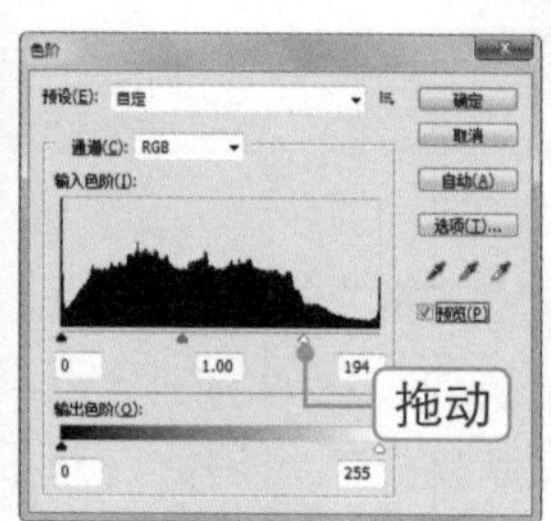

（4）输出色阶

通过“输出色阶”选项区域可以调整图像的亮度。将黑色滑块向右拖动时，图像会变得更亮，如下图所示。

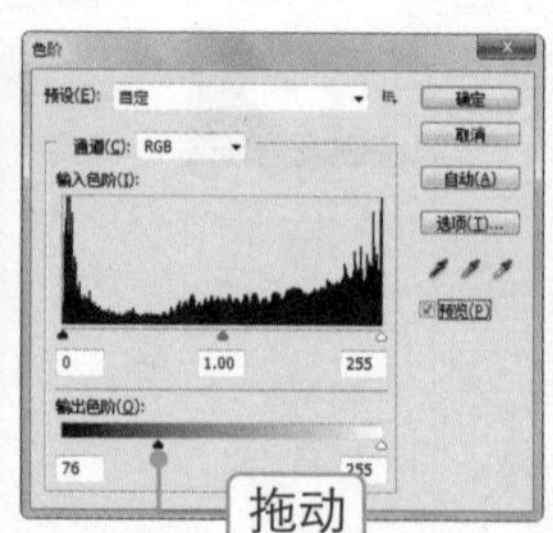

将右侧的白色滑块向左拖动时，可见图像亮度调暗，如下图所示。

行家提醒

由于位图模式图像的编辑选项很少，通常先在灰度模式下编辑图像，再将其转换为位图模式。

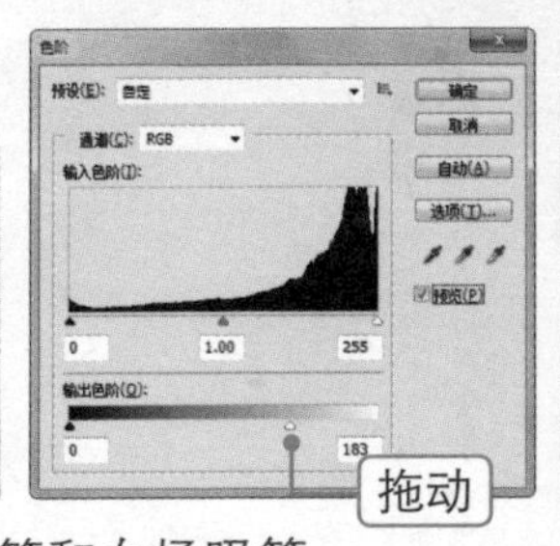

（5）黑场吸管、灰场吸管和白场吸管

在“色阶”对话框右侧有三个按钮，分别为黑场吸管、灰场吸管和白场吸管。其中：

◎黑场吸管：单击该按钮，鼠标指针将变成黑色吸管，用该吸管在图像中单击，单击处的像素就会被定义为黑点，并重新分布图像的像素值，使图像变暗，如右图所示。

◎灰场吸管：单击该按钮，鼠标指针将变成灰色吸管，用该吸管在图像中单击，单击处的颜色就会被消除或减弱，如下图所示。

◎白场吸管：单击该按钮，鼠标指针将变成白色吸管，用该吸管在图像中单击，单击处的像素就会被定义为白点，并重新分布图像的像素值，使图像变亮，如下图所示。

单击“自动”按钮，Photoshop 将自动以 0.5% 的比例调整图像的亮度，将图像中最亮的像素调整为白色，将最暗的像素调整为黑色，使图像中的亮度分

>> 4.2.3 使用“曲线”命令

使用“曲线”命令可以调整各通道的色彩、亮度和对比度。它与“色阶”命令不同的是：“曲线”命令可以调整 0 ～ 255 以内的任意点，而“色阶”命令是对高光、暗调和中间调 3 个变量进行调整。选择“图像”|“调整”|“曲线”命令或按【Ctrl+M】组合键，在弹出的“曲线”对话框中变换曲线的形状，以调整图像的颜色，如右图所示。

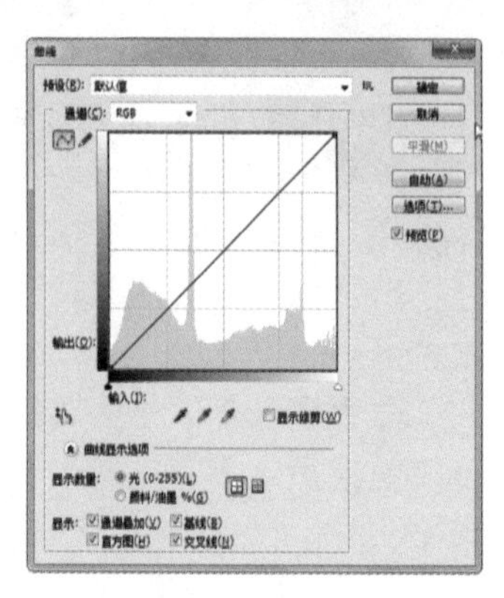

在“曲线”对话框中，水平轴（即输入色阶）代表图像原来的亮度值，垂直轴（即输出色阶）代表图像调整后的颜色值。对于 RGB 颜色模式的图像，曲线显示 0 ～ 255 之间的强度值，暗调位于左边。对于 CMYK 颜色模式的图像，曲线显示 0 ～ 100 之间的百分数，高光位于左边。

对于曝光不足而色调偏暗的 RGB 颜色的图像，可以将曲线调整至上凸的状态，使图像变亮，如下图所示。

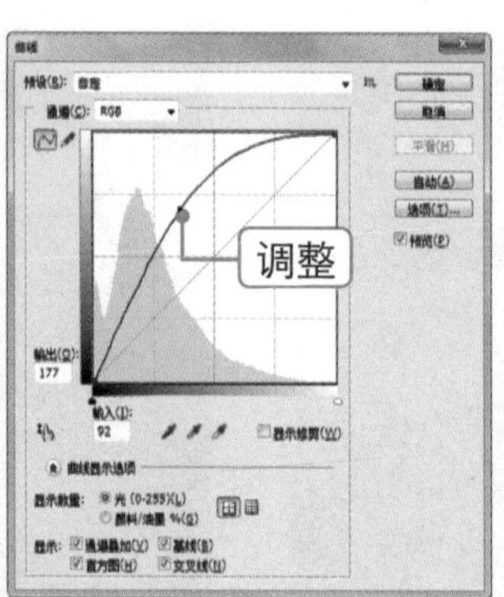

对于曝光过度而色调过亮的 RGB 颜色的图像，可以将曲线调整至下凹的状态，使图像变暗，如下图所示。

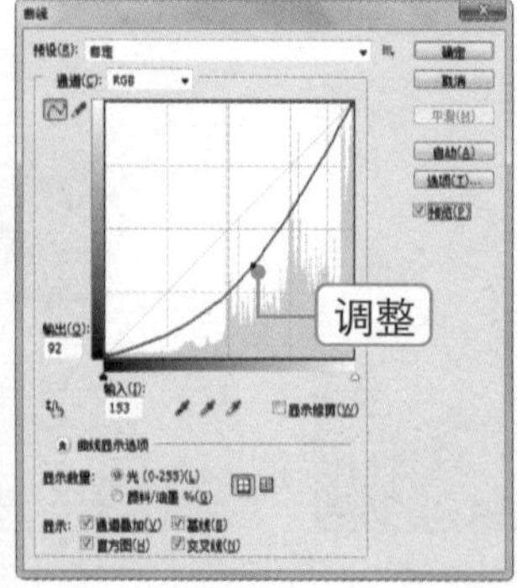

行家提醒

“曲线”命令与“色阶”命令不同的是：“曲线”命令可以调整 0 ～ 255 以内的任意点，而“色阶”命令是对高光、暗调和中间调 3 个变量进行调整。

对于色调对比度不明显的照片，可以调整曲线为 S 形，使图像亮处更亮，暗处更暗，从而增大图像的对比度，如下图所示。

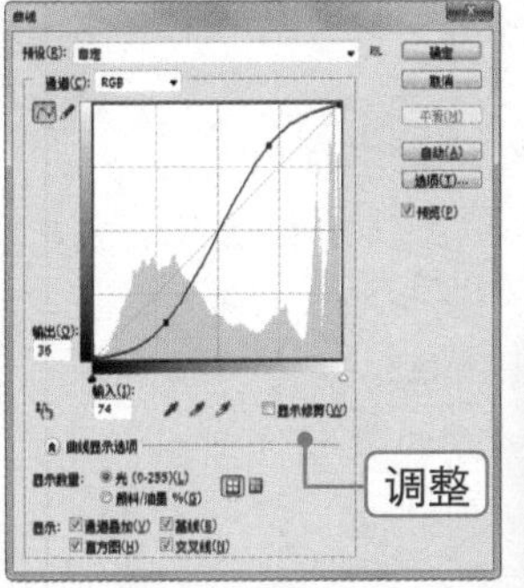

>> 4.2.4 使用“曝光度”命令

在数码照片的拍摄过程中，经常会因为曝光过度而导致图像偏白，或因为曝光不足而导致图像偏暗。使用“曝光度”命令可以将曝光过度和曝光不足的图像调整到常规状态。

选择“图像”|“调整”|“曝光度”命令，将弹出“曝光度”对话框，如右图所示。

在“曝光度”对话框中，各选项的含义如下：

◎ 曝光度：用于控制曝光的强度，数值越大，图像就越亮。

◎ 位移：用于控制光源与图像的距离，取值范围为- 0.5 ～ 0.5。

◎ 灰度系数校正：用于模拟摄影器材中灰度滤镜的效果，可以用来为图像减弱光线强度。

下图所示为使用“曝光度”命令调整图像前后的对比效果。

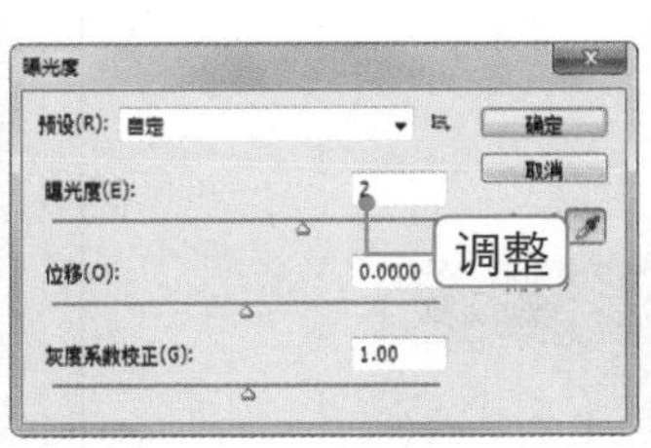

>> 4.2.5 使用“色相/饱和度”命令

“色相 / 饱和度”命令主要用于改变图像的亮度、饱和度及颜色，可以调整

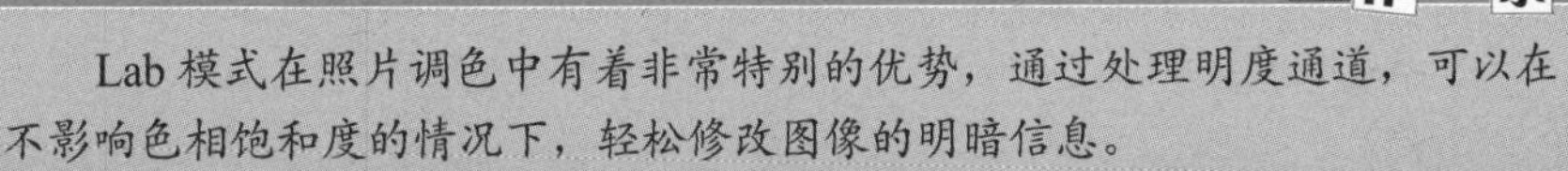

Lab 模式在照片调色中有着非常特别的优势，通过处理明度通道，可以在不影响色相饱和度的情况下，轻松修改图像的明暗信息。

整幅图像，也可以单独调整单个颜色的色相和饱和度。

选择“图像”|“调整”|“色相/饱和度”命令，弹出“色相/饱和度”对话框，通过拖动滑块调整图像的色相、饱和度及明度，如右图所示。

在“色相/饱和度”对话框中，各选项的含义如下：

◎ 全图：该下拉列表用于设置调整范围。其中，选择“全图”选项，可一次性调整所有颜色；选择其他单色，则调整参数时只对所选的颜色起作用。

◎ 色相：用于改变图像的颜色。在“色相”文本框中输入数值，或左右拖动滑块可以调整图像的颜色。

◎ 饱和度：用于改变色彩的鲜艳程度。在“饱和度”文本框中输入数值，或左右拖动滑块可以调整图像的饱和度。

◎ 明度：用于改变图像的明暗程度。在“明度”文本框中输入数值，或左右拖动滑块可以调整图像的亮度。

◎ 着色：选中该复选框，可使灰色或彩色图像变为单一颜色的图像，此时在“全图”下拉列表中默认选中“全图”选项。

◎ 吸管工具：如果在“全图”下拉列表中选择了一种颜色，便可以使用吸管工具拾取颜色。使用吸管工具在图像中单击，可以选择颜色范围；使用添加到取样工具在图像中单击，可以增加颜色范围；使用从取样中减去工具在图像中单击，可以减少颜色范围。设置了颜色范围后，可以拖动滑块来调整颜色的色相、饱和度和明度。

下面将通过实例介绍“色相/饱和度命令”命令的使用方法，具体操作方法如下：

素材文件 光盘：素材文件\第4章\情侣.jpg

1 打开素材文件

选择“文件”|“打开”命令，打开素材文件“情侣.jpg”，如下图所示。

2 选择“色相/饱和度”命令

选择“图像”|“调整”|“色相/饱和度”命令，在弹出的对话框中单击按钮，如下图所示。

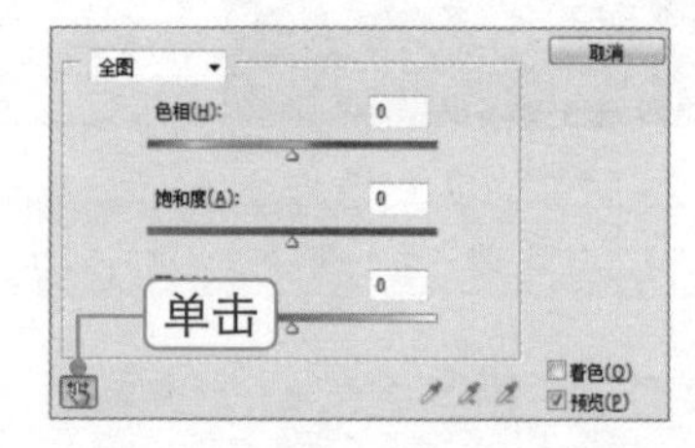

行家提醒

按【Ctrl+U】组合键，可以快速打开“色相/饱和度”对话框。

3 吸取颜色

此时鼠标指针变成形状，在人物红色的衣服上单击，吸取颜色，如下图所示。

4 调整色相

在“色相 / 饱和度”对话框中拖动“色相”滑块调整衣服的颜色，单击“确定”按钮，如下图所示。

5 查看图像效果

此时，即可查看更改衣服颜色后的图像效果，如右图所示。

>> 4.2.6 使用“自然饱和度”命令

“自然饱和度”在调节图像饱和度时会保护已经饱和的像素，即在调整时会大幅增加不饱和像素的饱和度，而对已经饱和的像素只做较少的调整，这样对图片人物的肤色会起到很好的保护作用。

单击“图像”|“调整”|“自然饱和度”命令，弹出“自然饱和度”对话框。在该对话框中设置各项参数，可以调整图像的饱和度，如右图所示。

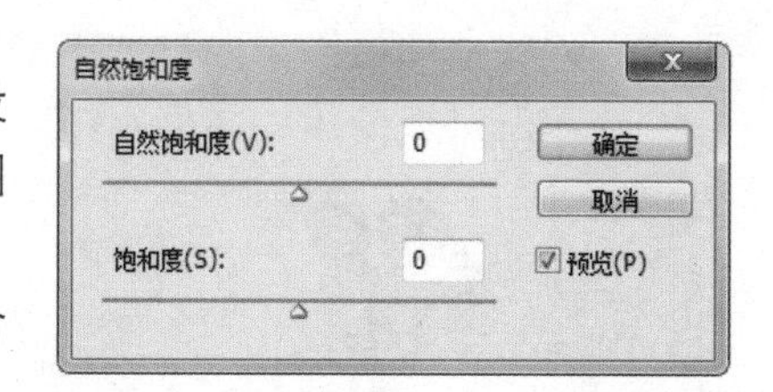

在“自然饱和度”对话框中，各选项的含义如下：

◎ 自然饱和度：可以在颜色接近最大饱和度时最大限度地减少修剪，防止过度饱和。

◎ 饱和度：用于调整所有颜色，而不考虑当前的饱和度。

下图所示为分别使用“自然饱和度”对话框中的“自然饱和度”选项和“饱和度”选项调整图像的效果。

操作提示

单击手指工具，鼠标指针变为吸管形状，在图像上选择需要调整的像素后，按住鼠标左键并左右拖动鼠标，可以调整该像素的饱和度。

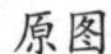

原图　　　　自然饱和度为100　　　　饱和度为100

>> 4.2.7 使用“色彩平衡”命令

“色彩平衡”命令一般用于校正彩色图像的偏色。选择“图像”|“调整”|“色彩平衡”命令，弹出“色彩平衡”对话框，在其中设置各项参数即可调整图像的色彩，如右图所示。

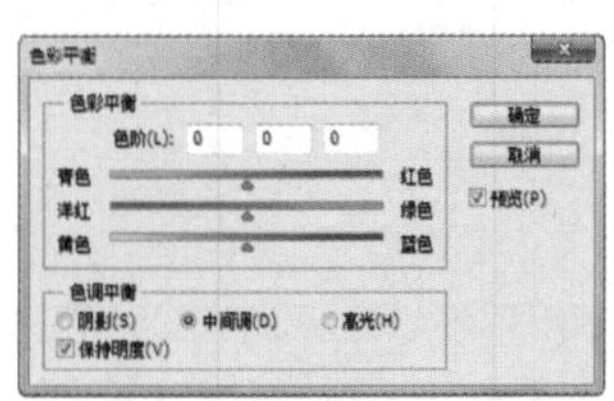

在“色彩平衡”对话框中，各选项的含义如下：

◎ 色彩平衡：该选项区域用于调整颜色，使各种颜色均衡。将滑块向所要增加的颜色方向拖动，即可增加该颜色，减少其互补颜色（也可以在“色阶”文本框中输入数值进行调节）。

◎ 色调平衡：该选项区域用于设置色调范围，主要通过“阴影”、“中间调”和“高光”三个单选按钮进行设置。选中“保持亮度”复选框，可以在调整颜色平衡的过程中保持图像的整体亮度不变。

下图所示为使用“色彩平衡”命令调整图像前后的对比效果。

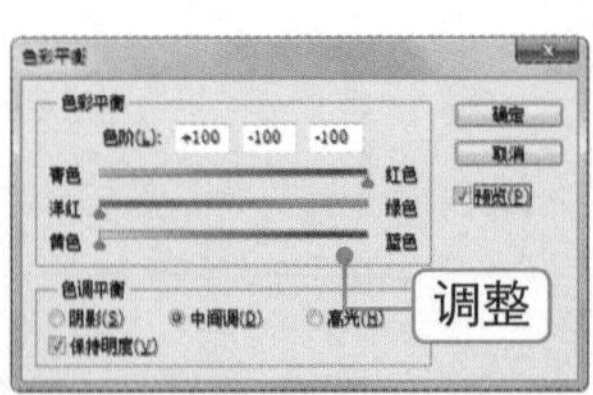

>> 4.2.8 使用“黑白”命令

使用“黑白”命令可以将彩色图像转换为灰度图像，同时保持对各种颜色转

行家提醒

对于要调整的图像，只有在其“通道”面板处于复合通道时，才可以执行“色彩平衡”命令的调整。

换方式的完全控制，可以通过对图像应用色调来为灰度着色。选择“图像”|“调整”|“黑白”命令，即会弹出“黑白”对话框，如下图（左）所示。

在“黑白”对话框中，各选项的含义如下：

◎ 预设：在该下拉列表中可以选择一个预设的调整设置，如下图（右）所示。

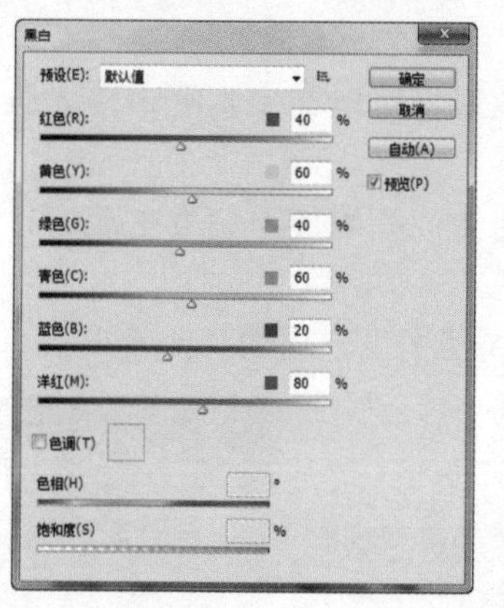

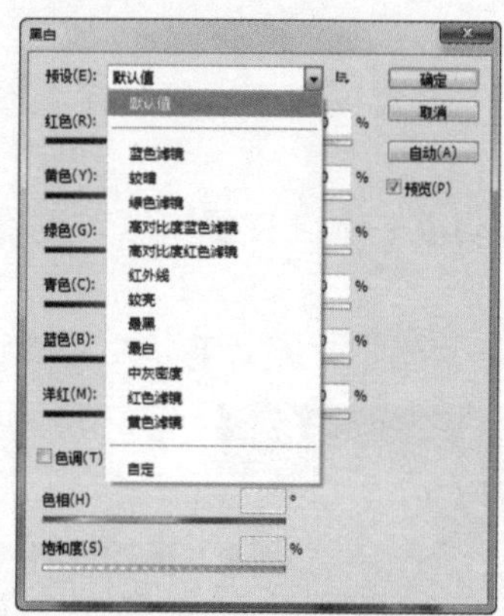

◎ 颜色滑块：拖动滑块，可以调整图像中特定颜色的灰色调。将滑块向左拖动时，可以使图像的原色的灰色调变暗；向右拖动，可以使图像的原色的灰色调变亮。

◎ 色调：如果要对灰度应用色调，可以选中“色调”复选框，然后调整“色相”滑块和“饱和度”滑块。单击色块，可打开拾色器并调整色调颜色。

◎ 自动：单击“自动”按钮，可以设置基于图像颜色值的灰度混合，并使灰度值的分布最大化，自动混合通道常会产生最佳的效果，并可以使用颜色滑块调整灰度的起点。

下图所示为使用“黑白”命令调整图像的效果。

>> 4.2.9 使用“照片滤镜”命令

“照片滤镜”功能相当于传统摄影中的滤光镜的功能，它可以模拟彩色滤镜，调整通过镜头传输的光的色彩平衡和色温，以便达到镜头光线的色温与色彩的平衡。选择“图像”|“调整”|“照片滤镜”命令，将弹出“照片滤镜”对话框，如右图所示。

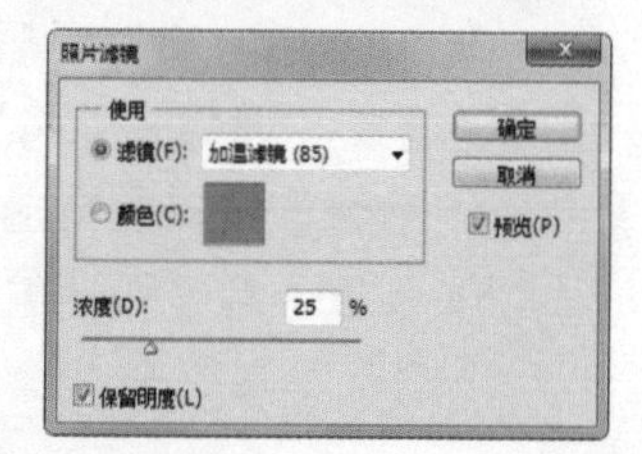

选择“图像”|“调整”|“色彩平衡”命令或按【Ctrl+B】组合键，都可以打开“色彩平衡”对话框。

在“照片滤镜”对话框中，各选项的含义如下：

◎ 滤镜：在该下拉列表框中有 18 个 Photoshop 预设的滤镜，可以根据需要在其中进行选择，从而实现对图像的调整。

◎ 颜色：单击后面的颜色块，在弹出的对话框中可以选择一种颜色作为图像的色调。

◎ 浓度：设置应用于图像的颜色数量，可以在文本框中输入数值或拖动滑块进行调整。

◎ 保留明度：选中该复选框，则图像的亮度值不会发生改变，只对颜色值进行调整。

下图所示为使用“照片滤镜”命令调整图像前后的对比效果。

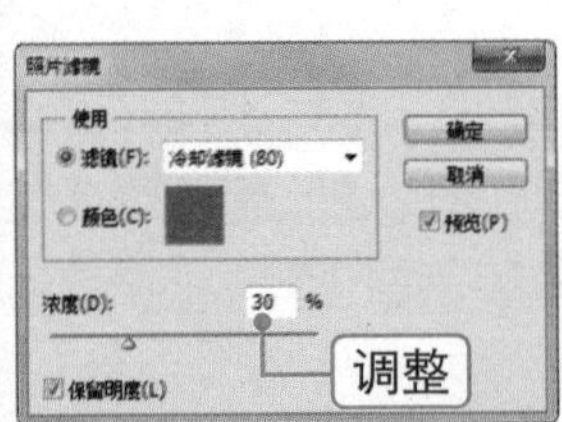

>> 4.2.10 使用“通道混合器”命令

使用“通道混合器”命令可以将图像中某个通道的颜色与其他通道中的颜色进行混合，从而达到改变图像颜色的目的。另外，还可以快速去除图像中的颜色信息，制作出灰度图像。

选择“图像”|“调整”|“通道混合器”命令，弹出“通道混合器”对话框，如右图所示。

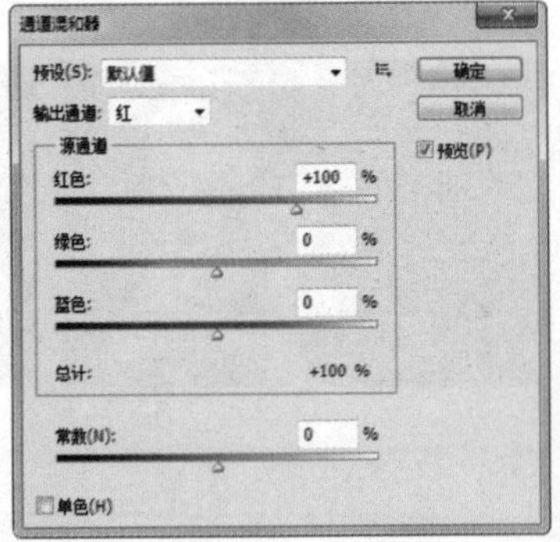

在“通道混合器”对话框中，各选项的含义如下：

◎ 预设：在该下拉列表中包含多个预设的调整参数，可以用来创建各种黑白效果。

◎ 输出通道：在该下拉列表中可以选择要调整的通道。

◎ 源通道：可以设置红、绿、蓝 3 个通道的混合百分比。若调整“红”通道的源通道，调整效果将反映到图像和“通道”面板中对应的“红”通道。

◎ 常数：可以调整输出通道的灰度值。

◎ 单色：选中该选复选框，图像将从彩色转换为单色图像。

下图所示为使用“通道混合器”命令调整图像前后的对比效果。

行家提醒

选择“图像”|“调整”|“黑白”命令或按【Ctrl+Shift+Alt+B】组合键，都可以打开“黑白”对话框。

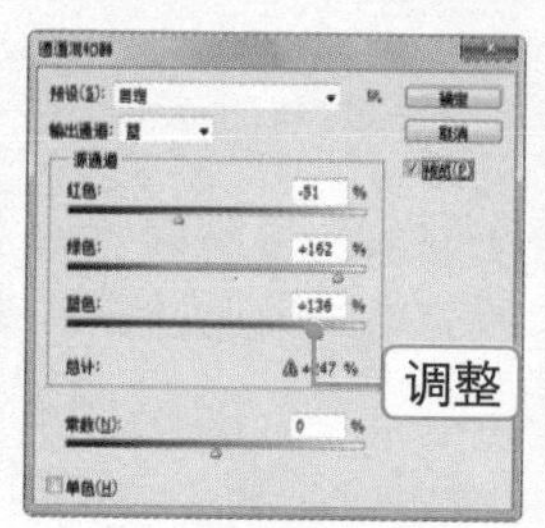

>> 4.2.11 使用“反相”命令

使用“反相”命令可以反转图像中的颜色，也就是让白色变成黑色、黑色变成白色、蓝色变成黄色等。使用该命令可以将一幅黑白正片图像变成负片，或从扫描的黑白负片得到一个正片。选择“图像”|“调整”|“反相”命令或按【Ctrl+I】组合键，均可对图像执行“反相”操作，如下图所示。

>> 4.2.12 使用“色调分离”命令

使用“色调分离”命令可以按照指定的色阶数减少图像的颜色（或灰度图像中的色调），从而简化图像。选择“图像”|“调整”|“色调分离”命令，将弹出“色调分离”对话框，如右图所示。在该对话框中输入 2 ～ 255 之间想要的色阶数或拖动滑块，然后单击“确定”按钮即可。数值越大，色阶数越多，保留的图像细节越多；反之，数值越小，色阶数越小，保留的图像细节也越少。下图所示为使用“色调分离”命令调整图像前后的对比效果。

操作提示

使用“反相”命令，除了可以创建一个负相的外形外，还可以将蒙版反相。使用这种方式，可以对同一图像中的不同部分的颜色进行调整。

>> 4.2.13 使用“阈值”命令

使用“阈值”命令可以将灰度或彩色图像转换为高对比度的黑白图像，用户可以指定某个色阶作为阈值，所有比阈值色阶亮的像素转换为白色，而所有比阈值暗的像素转换为黑色。

选择“图像”|“调整”|“阈值”命令，将弹出“阈值”对话框，其中显示了当前图像像素亮度的直方图，如右图所示。

默认设置是以128为基准，亮于该值的颜色为白色，暗于该值的颜色为黑色。

下图所示为使用“阈值”命令调整图像前后的对比效果。

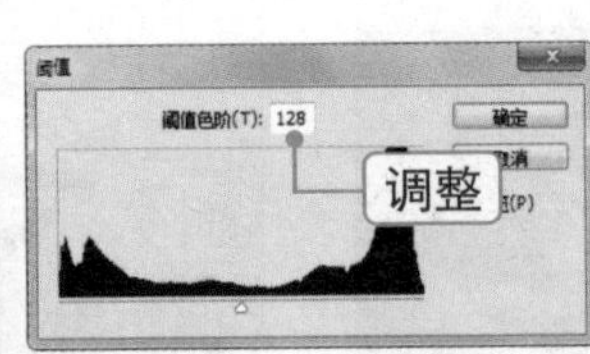

>> 4.2.14 使用“渐变映射”命令

使用“渐变映射”命令可以将相等图像灰度范围映射到指定的渐变填充色，从而产生特殊的效果。选择“图像”|“调整”|“渐变映射”命令，将弹出“渐变映射”对话框，如右图所示。

在“渐变映射”对话框中，各选项的含义如下：

◎ 灰度映射所用的渐变：单击渐变条右侧的下拉按钮，在弹出的下拉面板中可以选择需要的渐变。

◎ 仿色：选中该复选框，可以随机增加杂色，使渐变填充外观产生平滑渐变。

◎ 反向：选中该复选框，可以翻转渐变映射的颜色。

下图所示为应用渐变映射调整图像前后的对比效果。

行家提醒

阈值用于控制当前图像的明度与暗度的对比程度，并且会把图像中所有的彩色信息去除，只剩下黑白色，并可以提取出图像中的高光与阴暗部分。

>> 4.2.15 使用“可选颜色”命令

使用“可选颜色”命令可以对图像按照通道分别进行校色，在修改图像中某种颜色的同时，而不会影响到其他颜色。选择“图像”|“调整”|“可选颜色”命令，在弹出的“可选颜色”对话框中设置各项参数，即可改变图像的颜色，如右图所示。

在“可选颜色”对话框中，各选项的含义如下：

◎ 颜色：在该下拉列表中可以选择要改变的颜色，然后通过下方的青色、洋红、黄色、黑色滑块对所选择的颜色进行调整。

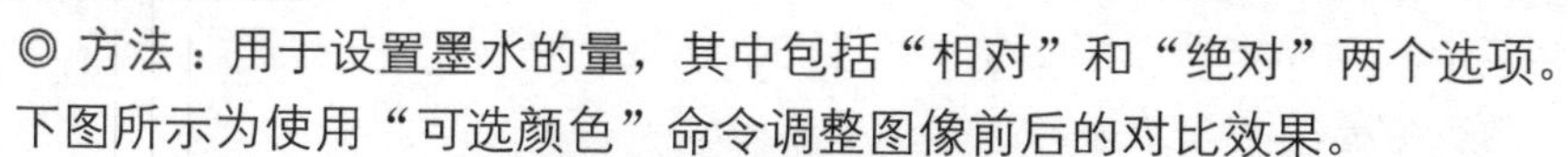

◎ 方法：用于设置墨水的量，其中包括“相对”和“绝对”两个选项。

下图所示为使用“可选颜色”命令调整图像前后的对比效果。

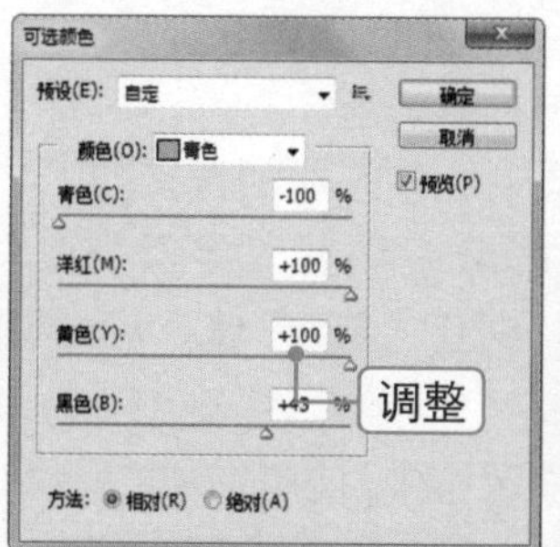

>> 4.2.16 使用“阴影/高光”命令

使用“阴影/高光”命令可以使阴影区域变亮，也可以使高光区域变暗，在修正照片曝光方面起着重要的作用。

该命令不是简单地使图像变亮或变暗，而是基于阴影或高光的周围像素（局部相邻像素）增亮或变暗。因此，阴影和高光都有各自的控制选项，默认设置为具有逆光问题的图像颜色数量。

选择“图像”|“调整”|“阴影/高光”命令，将弹出“阴影/高光”对话框，如右图所示。

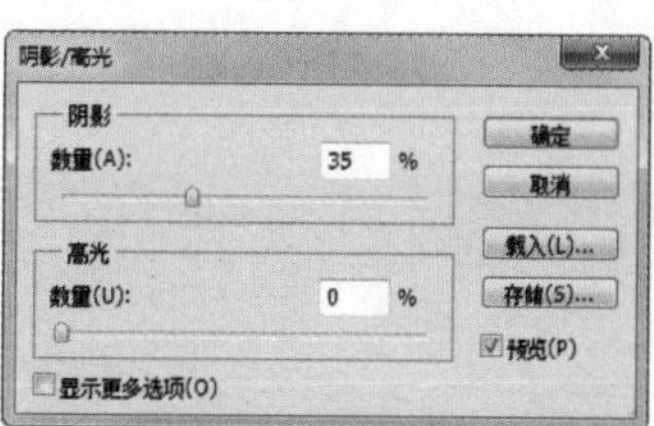

在“阴影/高光”对话框中，向左拖动阴影滑块，图像就会变亮；向右拖动高光滑块，图像就会变暗。

下图所示为使用“阴影/高光”命令调整图像前后的对比效果。

在调整图像阴影/高光的过程中，仅调整阴影和高光的数量即可，在进行精细调整的时候，可选中“显示更多选项”复选框。

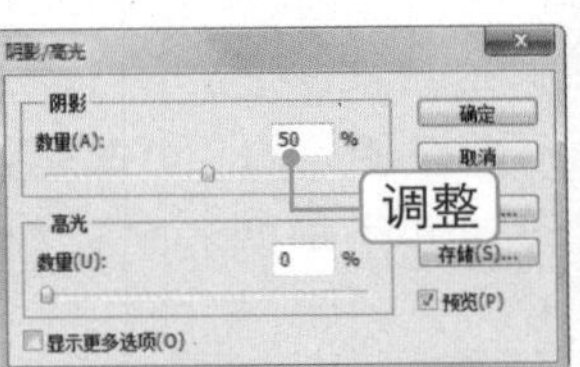

>> 4.2.17 使用“HDR色调”命令

HDR 即高动态范围，在“HDR 色调”的帮助下，用户可以使用超出普通范围的颜色值，因而能渲染出更加真实的 3D 场景，制作出高动态范围的图像效果。

选择“图像”|“调整”|“HDR 色调”命令，弹出“HDR 色调”对话框，如右图所示。

在“HDR 色调”对话框中，各选项的含义如下：

◎ 在“边缘光”选项区域中调整“半径”值，可以调整发光效果的大小。调整“强度”值，可以设置发光效果的对比度。

◎ 在“色调和细节”选项区域中，调整“灰度系数”值，可以增强高光与阴影的对比度；调整“曝光度”值，可以调整图像的整体亮度；调整“细节”值，可以改变图像的细节；调整“阴影”值，可以改变图像的暗部；调整“高光”值，可以改变图像的亮部。

◎ 在“颜色”选项区域中，调整“自然饱和度”和“饱和度”参数，可以改变图像的鲜艳程度。

◎ 在“色调曲线和直方图”选项区域中，通过调整曲线参数可以更精确地控制图像亮度。

下图所示为使用“HDR 色调”命令调整图像前后的对比效果。

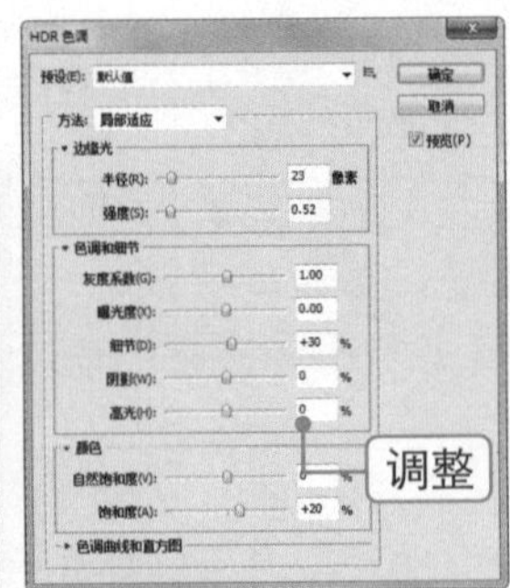

行家提醒

HDR 色调功能提供了一种简单的方式，帮助用户将高动态光照渲染的美感注入 8 位图像中，功能十分强大。

>> 4.2.18 使用“变化”命令

“变化”命令通过显示图像的缩览图，使用户可以调整图像的色彩平衡、对比度及饱和度，对于不需要精确颜色调整的平均色调图像最为有用。

选择“图像”|“调整”|“变化”命令，弹出“变化”对话框，如下图所示。

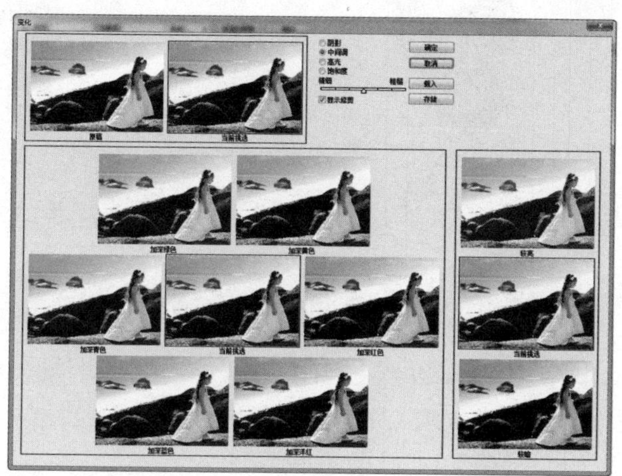

在该对话框中，各选项的含义如下：

◎ 对话框顶部的两个缩览图：显示原始图像和包含当前选定的调整效果的图像（当前挑选）。第一次打开该对话框时，这两个图像是一样的。随着调整的进行，“当前挑选”图像将随之更改，以反映所进行的处理。

◎ 选择图像中要调整的对象：选中“阴影”、“中间调”或“高光”单选按钮，可以调整较暗区域、中间区域或较亮区域；选中“饱和度”单选按钮，可以更改图像中的色相强度。拖动“精细/粗糙”滑块，可以确定每次调整的量，将滑块移动一格可使调整量双倍增加。

◎ 调整颜色和亮度：若要将颜色添加到图像，则单击相应的颜色缩览图即可。若要减去颜色，可单击其相反颜色的缩览图。例如，若要减去青色，可单击“加深红色”缩览图；若要调整亮度，可以单击对话框右侧的缩览图。

需要注意的是，单击缩览图产生的效果是累积的。例如，单击“加深红色”缩略图两次，将应用两次调整。在每单击一个缩览图时，其他缩览图都会更改。三个“当前挑选”缩略图始终反映当前的选择情况。

右图所示为使用“变化”命令调整图像前后的对比效果。

操作提示

在“变化”对话框中，分别选中“阴影”、“中间色调”、“高光”和“饱和度”单选按钮，可对其分别进行调整。

>> 4.2.19 使用“去色”命令

使用“去色”命令可以对图像进行去色操作，将彩色图像转换为灰度效果，但不改变图像的颜色模式。下图所示为使用“去色”命令调整图像前后的对比效果。

>> 4.2.20 使用“匹配颜色”命令

使用“匹配颜色”命令可以将一个图像与另一个图像的颜色相匹配。除了匹配两张不同图像的颜色处，还可以统一同一图像不同图层之间的色彩。

选择“图像”|“调整”|“匹配颜色”命令，将弹出“匹配颜色”对话框，如右图所示。

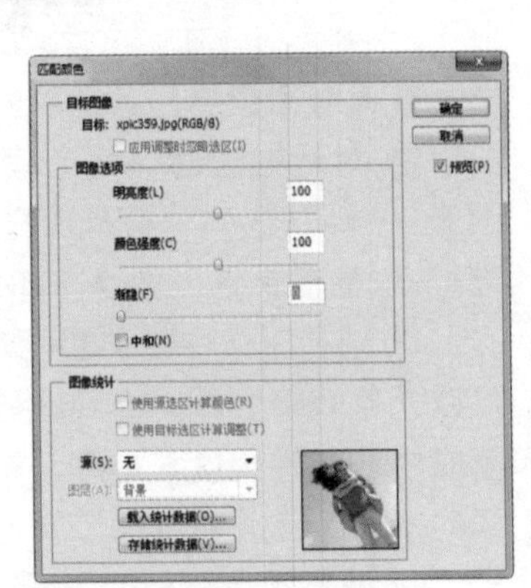

在“匹配颜色”对话框中，各选项的含义如下：

◎ 目标图像：显示被修改图像的名称和颜色模式。

◎ 图像选项：设置目标图像的色调和明度。其中，“明亮度”可以增加或减少图像的亮度；“颜色强度”可以调整色彩的饱和度；“渐隐”可以控制匹配颜色在目标图像中的渐隐程度；选中“中和”复选框，可以消除图像中出现的色偏。

◎ 图像统计：可以定义源图像或目标图像中的选区进行颜色的计算，以及定义源图像和具体对哪个图层进行计算。

下图所示为使用“匹配颜色命令”匹配两张图像的前后对比效果。

原图像

匹配图像

匹配效果

行家提醒

“去色”命令可以对图像进行去色操作，其只对当前图层或图像中的选区进行转化，并不改变图像的颜色模式。

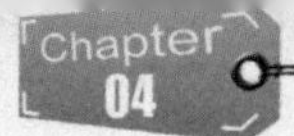

>> 4.2.21 使用"替换颜色"命令

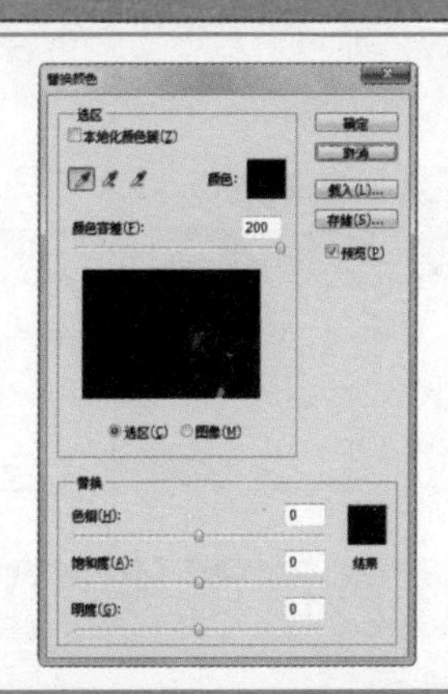

利用"替换颜色"命令可以替换图像中某区域的颜色。选择"图像"|"调整"|"替换颜色"命令，利用弹出的"替换颜色"对话框中的吸管工具在图像中吸取要替换的颜色，然后拖动"色相"、"饱和度"和"明度"选项的滑块调整替换颜色，如右图所示。

下面将通过实例介绍"替换颜色"命令的使用方法，具体操作方法如下：

素材文件　光盘：素材文件\第4章\跳舞.jpg

1 打开素材文件

选择"文件"|"打开"命令，打开素材文件"跳舞.jpg"，如下图所示。

2 选择"替换颜色"命令

选择"图像"|"调整"|"替换颜色"命令，弹出"替换颜色"对话框，如下图所示。

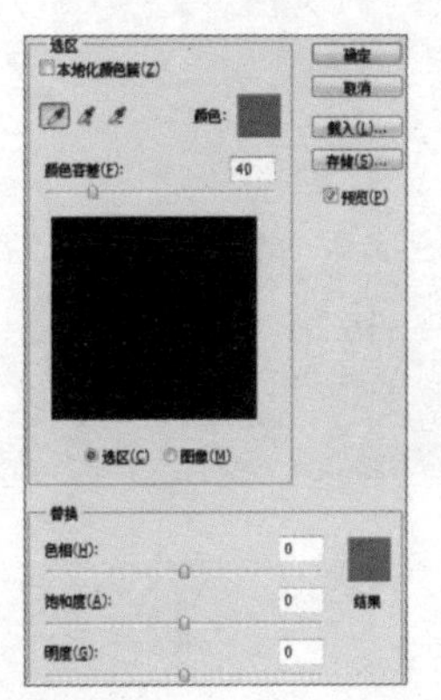

3 吸取颜色

单击对话框中的吸管工具，在图像中青色上单击，并设置容差为200，如下图所示。

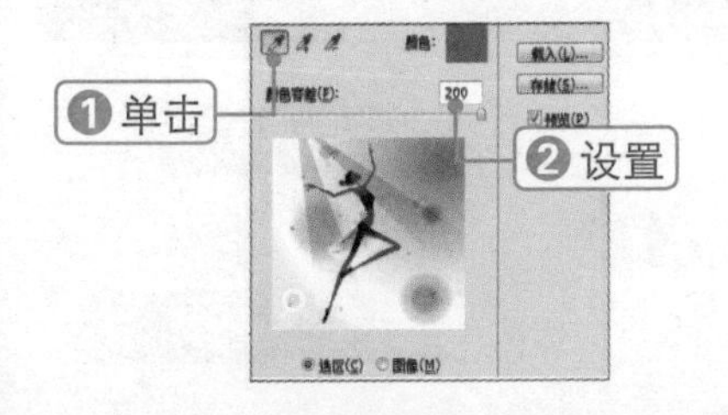

4 设置替换颜色

在"替换"选项区域中设置替换的颜色，然后单击"确定"按钮，如下图所示。

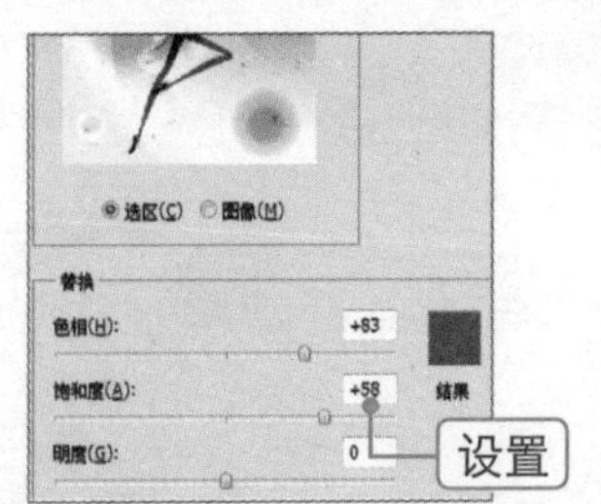

操作提示

如果自己拍摄的数码照片色调不够理想，可以选择其他比较好的图片进行颜色匹配，从而使自己的照片得到专业的效果。

5 查看图像效果

此时，即可查看替换颜色后的图像效果，如右图所示。

高手点拨

添加颜色

如果要替换不同的颜色区域，可以选择一种颜色后，使用添加到取样工具进行添加。

>> 4.2.22 使用“色调均化”命令

在使用“色调均化”命令时，Photoshop会查找复合图像中最亮和最暗的值并重新映射这些值，使最亮的值表示白色，最暗的值表示黑色，然后对亮度进行色调均化处理，即可在整个灰度范围内均匀分布中间像素值。

选择“图像”|“调整”|“色调均化”命令，即可调整图像的色调，前后对比效果如下图所示。

4.3 实战演练——调整照片颜色

对于拍摄的数码照片，不同的色彩就会给人不同的感觉。下面通过一个实例来介绍如何调整照片的颜色，以及一种流行色调的制作。

>> 4.3.1 本例操作思路

行家提醒

“色调均化”命令可自动调整图像的对比度，使亮光看上去更亮，阴影看上去更暗。可改变许多摄影和连续色调的外观效果，但无法改进单调颜色图像的效果。

>> 4.3.2 本例实战操作

素材文件　光盘：素材文件\第4章\照片.jpg

① 打开素材文件

选择“文件”|“打开”命令，打开素材文件“照片.jpg”，如下图所示。

② 转换图像模式

选择“图像”|“模式”|“Lab 颜色”命令，图像转换为 Lab 颜色，如下图所示。

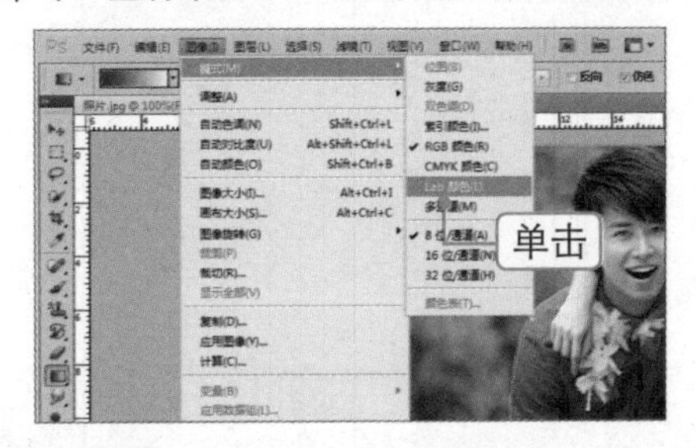

③ 调整曲线形状

按【Ctrl+M】组合键，弹出“曲线”对话框，在“通道”下拉列表框中选择 b 通道，调整曲线形状，单击“确定”按钮，如下图所示。

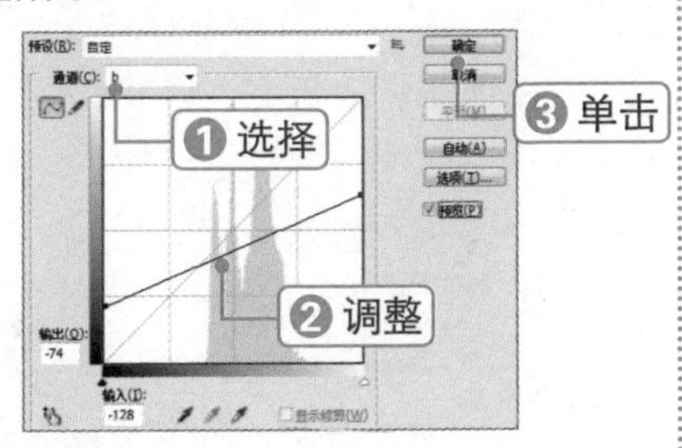

④ 查看曲线效果

此时，即可查看调整曲线后的图像效果，如下图所示。

⑤ 调整饱和度

按【Ctrl+U】组合键，弹出“色相/饱和度”对话框，设置“饱和度”为-20，单击“确定”按钮，如下图所示。

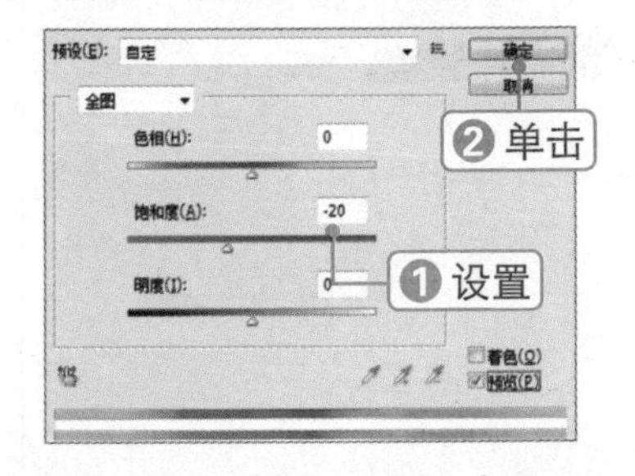

⑥ 查看调整饱和度效果

此时，查看调整图像饱和度后的效果，如下图所示。选择“图像”|“模式”|“RGB 颜色”命令，将图像转换为 RGB 颜色。

在图像编辑过程中，Lab 是避免色彩丢失的最佳方法，在将 Lab 转换为 CMYK 时，不会像 RGB 转 CMYK 时那样丢失色彩。

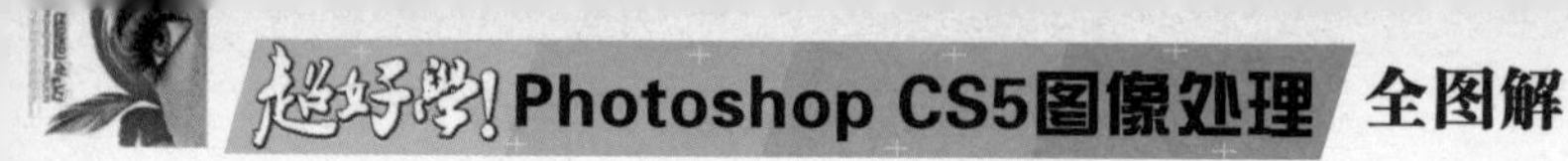

7 调整亮度对比度

选择"图像"|"调整"|"亮度 / 对比度"命令，在弹出的对话框中设置参数，单击"确定"按钮，如下图所示。

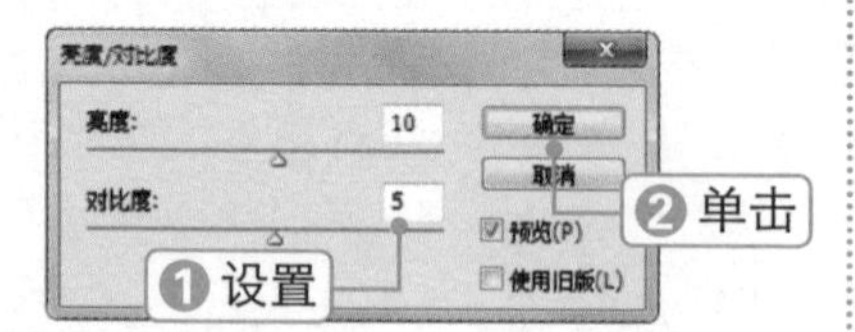

8 查看亮度/对比度效果

此时，即可查看调整图像亮度 / 对比度后的效果，如下图所示。

新手有问必答

① 为什么菜单中的"双色调"命令不可用？

当要将彩色模式转换为双色调模式时，必须首先将其转换为灰度模式。当转换为灰度模式后，"双色调"命令方可用。

② 处理要打印出来的图像时，应该选择什么样的颜色模式？

我们在进行平面设计时一般是在 RGB 模式下进行编辑的，在编辑完成后，印刷之前再转换为 CMYK 模式。

③ 在"色阶"对话框中，如何将调整后的参数恢复为最初状态？

在弹出的"色阶"对话框中，按住【Alt】键，此时"取消"按钮会变为"复位"按钮，单击"复位"按钮，可以将所有参数设置恢复为最初状态，如下图所示。

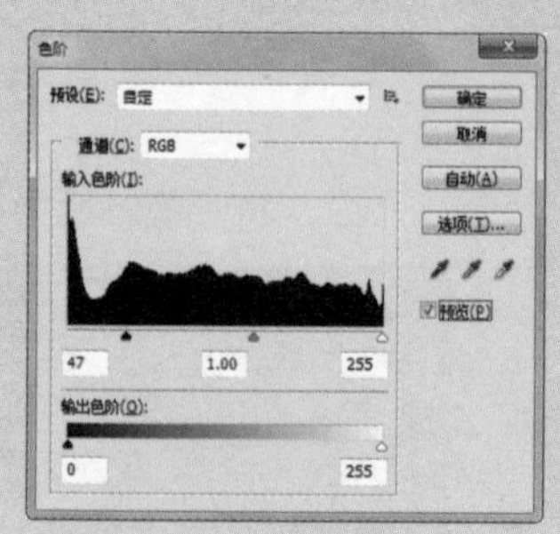

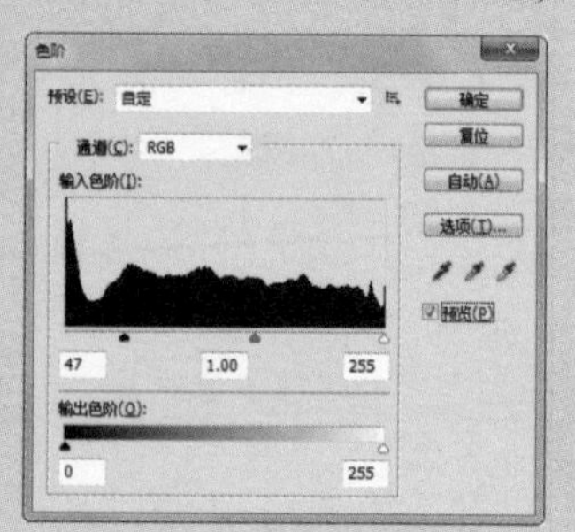

行家提醒

Lab 模式的 L 通道包括了图像所有的明暗细节。利用 Lab 模式转黑白比直接去色、灰度等更细腻，层次更丰富，不受色彩信息的干扰。

Chapter 05

图像的绘制与填充

绘图工具是Photoshop中十分重要的工具，主要包括画笔工具、铅笔工具、渐变工具和油漆桶工具等。使用这些工具，再配合画笔面板、混合模式、图层等其他功能的使用，可以模拟各种笔触效果，绘制出各种各样的图像效果。

本章重点知识

◎ 设置颜色

◎ 使用绘图工具

◎ 填充图像颜色

◎ 实战演练——定义画笔预设

5.1 设置颜色

在 Photoshop 图像处理中，设置前景色和背景色是绘制图像时的基本操作。在工具箱中包含前景色和背景色的设置选项，下面将详细介绍在 Photoshop 中设置颜色的方法。

>> 5.1.1 使用工具箱设置前景色和背景色

设置前景色和背景色最简单的方法就是使用工具箱中的“设置前景色”和“设置背景色”色块进行设置。默认情况下，前景色为黑色，背景色为白色，如右图所示。

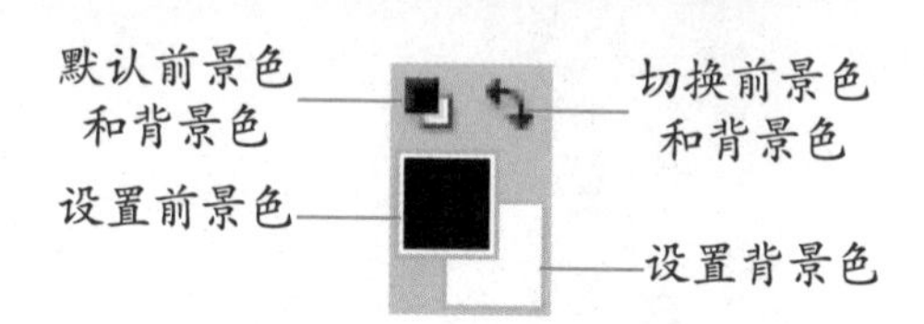

1. 设置前景色和背景色

单击“设置前景色”色块或“设置背景色”色块，将弹出“拾色器”对话框，如下图所示。

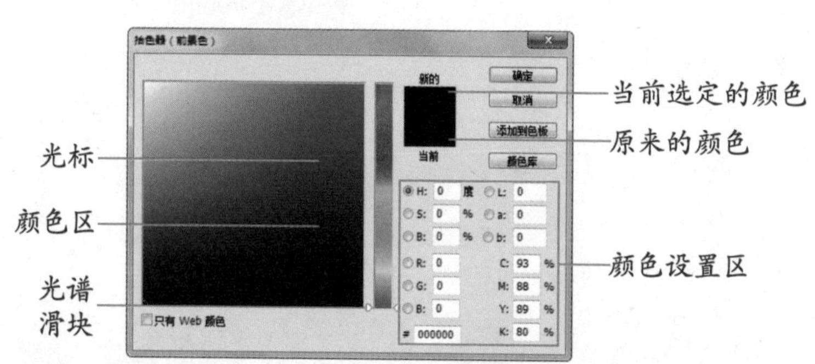

拖动调色板区域的光谱滑块，可以改变当前颜色区中显示的颜色，如右图所示。

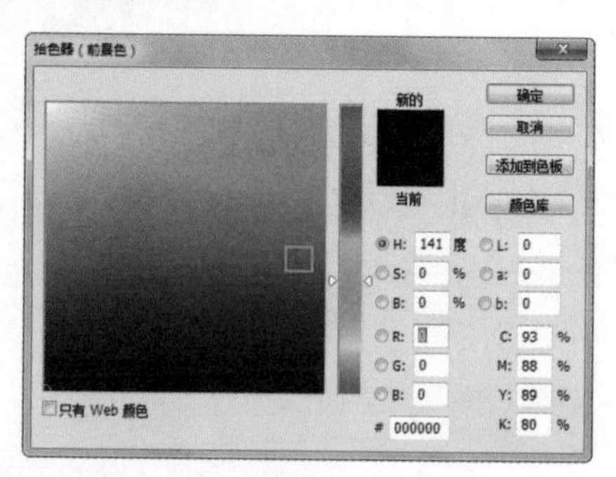

在颜色区中，垂直方向上的变化代表色彩明度的变化，水平方向上的变化代表色彩饱和度的变化。在颜色区中单击，可以将鼠标单击处的颜色设置为新的颜色，同时显示在“新的”色块中，如下图（左）所示。

如果想精确设置颜色，可以在颜色设置区的色彩模式数值框中输入数值，颜色显示区和“新的”色块中将会显示与其相对应的颜色，如下图（右）所示。

行家提醒

单击“颜色库”按钮，弹出“颜色库”对话框，在“色库”下拉列表中可以选择用于印刷的颜色体系。

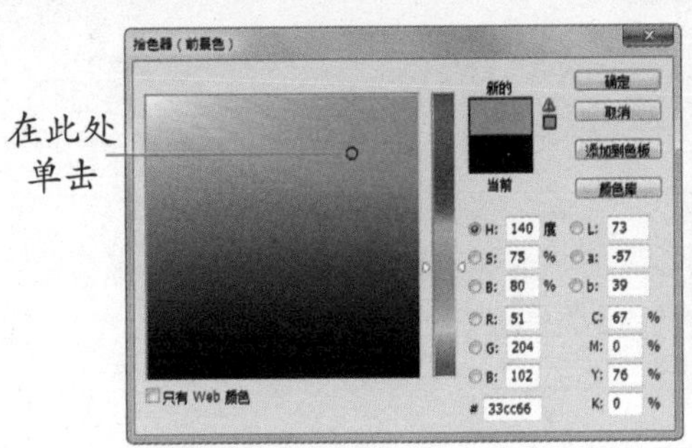

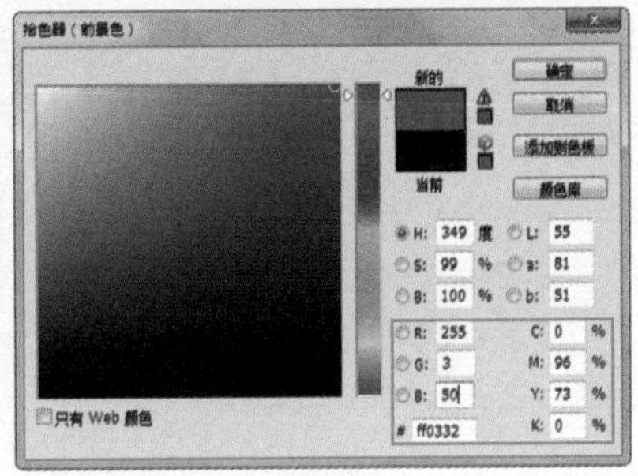

在“拾色器”对话框中设置好各个参数后，单击“确定”按钮，即可设置前景色或背景色。

2. 设置默认前景色和背景色

在工具箱中，无论当前设置的前景色和背景色是什么颜色，只要单击■按钮或按【D】键，即可把前景色和背景色的设置恢复为默认设置，即前景色为黑色，背景色为白色，如下图所示。

3. 切换前景色和背景色

在工具箱中，单击按钮，可以将当前前景色和背景色进行交换，如下图所示。

>> 5.1.2 使用吸管工具选取颜色

在图像处理的过程中，经常需要从图像中获取某处的颜色，这时就需要用到吸管工具。选择工具箱中的吸管工具，将鼠标指针移到图像上并单击，即可拾取单击处的颜色，使其作为前景色；按住【Alt】键并右击，可以看到单击处的颜色拾取为背景色，如下图所示。

操作提示

在“拾色器”对话框的左下角选中“只有Web颜色”复选框，颜色区将显示网页安全色，其提供了256种适合在Web上使用的颜色。

5.2 使用绘图工具

工具箱中的绘图工具组中包括画笔工具、铅笔工具、颜色替换工具、混合器画笔工具、历史记录画笔工具和历史记录艺术画笔工具。利用这6种工具，可以绘制出各种各样的图形图像。

>> 5.2.1 使用画笔工具

选择工具箱中的画笔工具，其工具选项栏如下图所示。

1. 画笔

单击“画笔”后面的按钮，在弹出的下拉面板中可以设置画笔的笔触大小和硬度，也可以在最下方的列表框中选择预设的笔触，如右图所示。

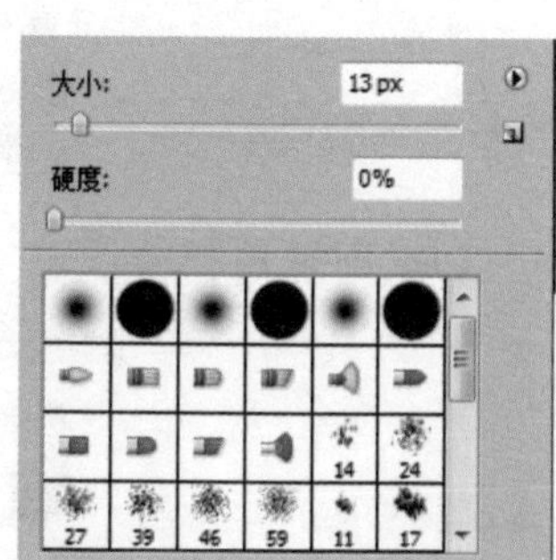

◎ 大小：按照像素单位调整画笔的大小。

◎ 硬度：设置画笔笔尖的硬度。

◎ 从此画笔创建新的预设：单击此按钮，弹出“画笔名称”对话框，在其中输入画笔名称，单击“确定”按钮，直接保存画笔样本，如下图（左）所示。

◎ 单击面板右上角的按钮，将弹出控制菜单，如下图（右）所示。利用该菜单可以进行重命名画笔、删除画笔、复位画笔、载入画笔、存储画笔和替换画笔等操作。

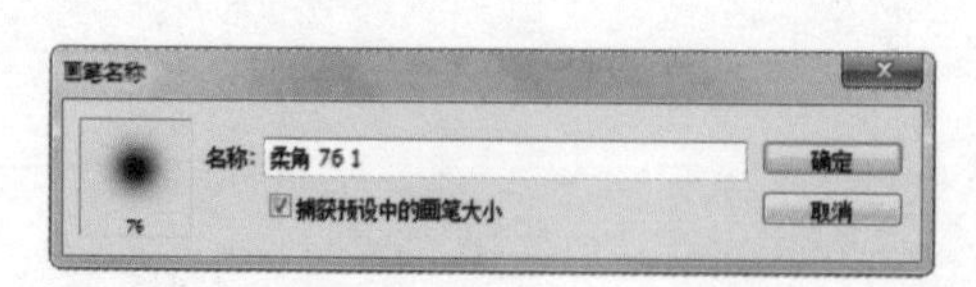

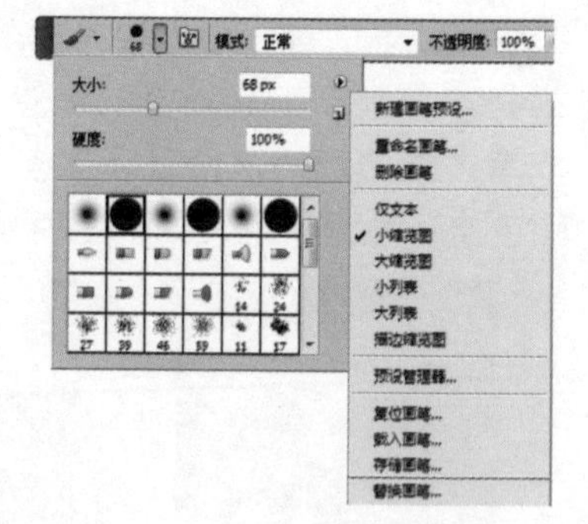

2. 模式

“模式”下拉列表用于设置绘画的颜色与下面现有像素混合的方法，共有29种混合模式可供选择，如下图（右）所示。

行家提醒

按【X】键，即可把前景色和背景色进行互换。

3. 不透明度

在该数值框中设置画笔颜色的不透明度，数值越高，画笔痕迹的透明度就越低。

4. 流量

决定画笔在绘画时的压力大小，数值越大，画出的颜色就越深。

模式: 正常
正常
溶解
背后
清除
变暗
正片叠底
颜色加深
线性加深
深色
变亮
滤色
颜色减淡
线性减淡（添加）
浅色
叠加
柔光
强光
亮光
线性光
点光
实色混合
差值
排除
减去
划分
色相
饱和度
颜色
明度

5. 喷枪

选择画笔工具后，单击工具属性栏中的“喷枪”按钮，可使画笔工具具有喷涂能力。单击按钮，然后在图像中按住鼠标左键不放，可以看到所绘制图像的颜色会随着时间的推移渐渐加深。

下面将通过实例介绍画笔工具的使用方法，具体操作方法如下：

素材文件 光盘：素材文件\第5章\少女.jpg

1 打开素材文件

选择“文件”|“打开”命令，打开素材文件“少女.jpg”，如下图所示。

2 设置前景色

单击工具箱中的“前景色”色块，设置前景色为RGB（228，206，195），如下图所示。

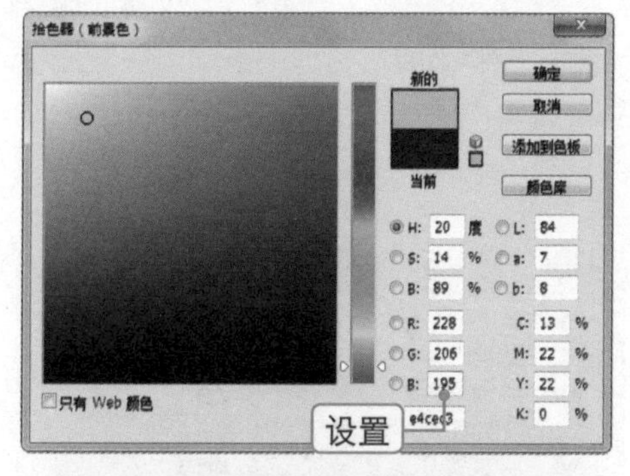

3 美白人物皮肤

选择画笔工具，在属性栏中选择柔边画笔，设置画笔大小为60、模式为“变亮”、不透明度为30%，然后细致地在人物皮肤上涂抹进行美白，如右图所示。

操作提示

在“拾色器”对话框中单击“添加到色板”按钮，可将颜色以色块形式存储到“色板”面板中，以方便下次调用。

4 绘制红唇

设置前景色为RGB（193，67，122），在画笔属性栏中选择柔边画笔，设置画笔大小为60、模式为“叠加”、不透明度为100%，细致地在人物嘴唇上涂抹，如下图所示。

5 绘制眼影

继续采用使用画笔工具绘制嘴唇的方法绘制眼影，绘制的效果如下图所示。

6 调整色彩平衡

选择“图像”|“调整”|“色彩平衡”命令，在弹出的对话框中拖动滑块设置参数，单击“确定”按钮，如下图所示。

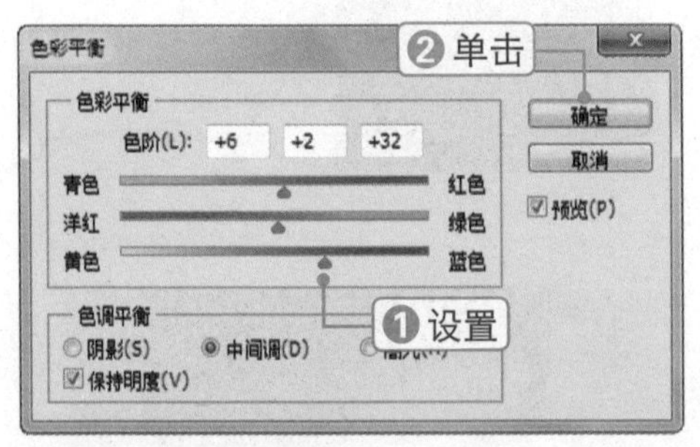

7 查看人物图像效果

此时，人物的皮肤减少了黄色，显得白皙粉红，更加青春、迷人，如下图所示。

高手点拨

画笔的功能

对于Photoshop中的画笔工具，不能简单地理解为是一个绘制图像的工具，其更是一个编辑图像的强大工具，尤其是在细节上对图像进行处理时，更能显示出其强大功能。

行家提醒

使用“吸管工具”可以在图像和“颜色”面板中吸取颜色，同时在“信息”面板中会显示出所选取颜色的色彩信息。

8 调整亮度/对比度

选择“图像”|“调整”|“亮度 / 对比度”命令，在弹出的对话框中拖动滑块设置参数，单击“确定”按钮，如下图所示。

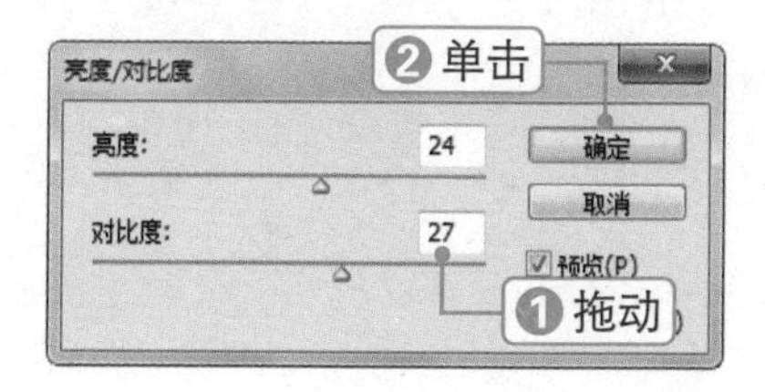

9 查看最终效果

此时，人物的亮度和对比度得到增强。与原图像相比，此时得到的是一幅冷艳的美女效果，如下图所示。

>> 5.2.2 使用铅笔工具

铅笔工具和画笔工具一样，也是使用前景色来绘制线条的。但画笔工具可以绘制带有柔边效果的线条，而铅笔工具只能绘制硬边线条或图形。

下图所示为使用铅笔工具绘制的图形。

选择工具箱中的铅笔工具，其工具选项栏如下图所示。

模式: 正常 不透明度: 100% 自动抹除

铅笔工具选项栏与画笔工具选项栏类似，只是其中多了一个“自动抹除”复选框。这是铅笔工具特有的选项。当选中该复选框时，下笔处如果是前景色，则用背景色进行绘画；下笔处如果是背景色，则用前景色进行绘画。

>> 5.2.3 使用颜色替换工具

利用颜色替换工具可在保持图像纹理和阴影不变的情况下快速改变图像任

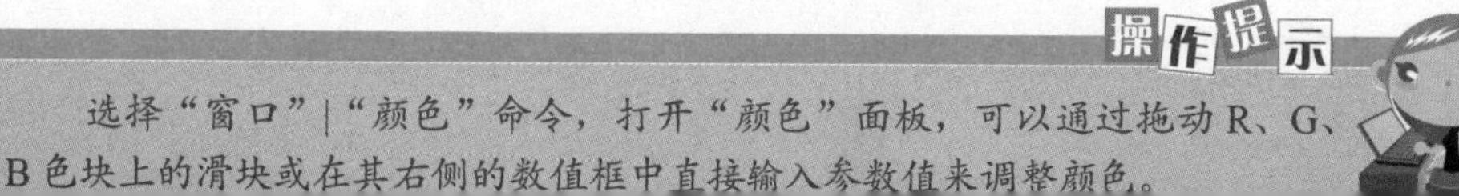

操作提示

选择“窗口”|“颜色”命令，打开“颜色”面板，可以通过拖动 R、G、B 色块上的滑块或在其右侧的数值框中直接输入参数值来调整颜色。

意区域的颜色。要使用该工具，应首先设置合适的前景色，然后在图像指定的区域进行涂抹即可改变颜色，如下图所示。

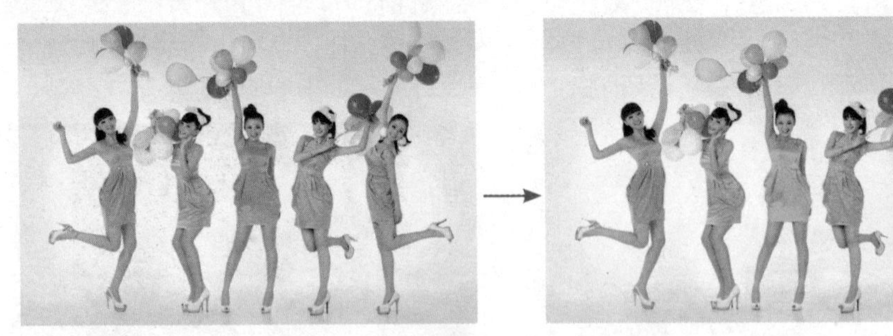

选择工具箱中的颜色替换工具，其工具选项栏如下图所示。

模式: 颜色　限制: 连续　容差: 30%　消除锯齿

◎ 模式: 颜色：包含“色相”、“饱和度”、“颜色”和“明度”4个选项，默认为“颜色”。

◎ ：单击按钮，可在拖动鼠标时连续对颜色取样；单击按钮，只替换包含单击时所在区域的颜色；单击按钮，只替换包含当前背景色区域的颜色。

◎ 限制: 连续：选择“连续”选项，表示将替换鼠标指针所在区域相邻近的颜色；选择“不连续”选项，表示将替换任何位置的样本颜色；选择“查找边缘”选项，表示将替换包含样本颜色的连接区域，更好地保留形状边缘的锐化程度。

◎ 容差: 30%：取值范围为1～100。其数值越大，可替换的颜色范围就越大。

选择颜色替换工具并设置参数后，在图像中拖动鼠标即可进行颜色替换操作。涂抹时，鼠标指针中心的十字线碰到的区域将被替换颜色。

>> 5.2.4 使用混合器画笔工具

混合器画笔工具可以混合像素，创建类似传统画笔绘画时颜料之间相互混合的效果，如下图所示。

在该工具选项栏中，各选项的含义如下：

◎“当前画笔载入”按钮：单击该下拉按钮，利用弹出的下拉菜单可以

行家提醒

单击“窗口”|“色板”命令，将打开“色板”面板，将鼠标指针移动到该面板所需颜色的色块上并单击，即可将所选颜色自动定义为前景色。

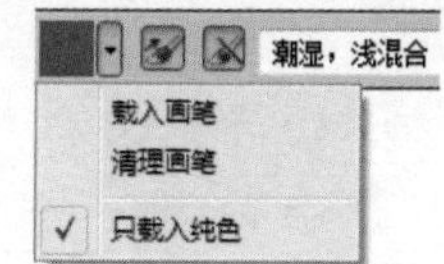

选择重新载入或清除画笔，也可以在此设置一个颜色，让它和用户涂抹的颜色进行混合，具体的混合结果可以通过后面的数值进行调整，如右图所示。

◎“每次描边后载入画笔”和“每次描边后清理画笔”两个按钮：控制每一笔涂抹结束后对画笔是否更新和清理，类似于画家在绘画时一笔过后是否将画笔在水中清洗的选项。

◎“有用的混合画笔组合”下拉列表 潮湿，浅混合 ：在该下拉列表中，软件预先设置好了一些混合画笔。当选择某种混合画笔时，工具选项栏右侧的4个数值框中的数值会自动改变为预设值，如右图所示。

5.3 填充图像颜色

在 Photoshop CS5 中，填充颜色的方法有 3 种，即使用油漆桶工具、渐变工具和“填充”命令来填充，下面将对这 3 种填充方法进行介绍。

>> 5.3.1 渐变工具

使用渐变工具可以快速地填充渐变色。所谓渐变色，就是在图像中的目标区域填充具有多种过渡颜色的混合色。选择工具箱中的渐变工具，显示其工具属性栏，如下图所示。

其中，各选项的含义如下：

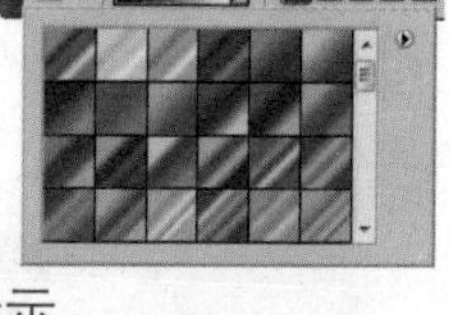

◎ ：单击色块右侧的下拉按钮，在弹出的下拉面板中可以选择系统内置的渐变色，如右图所示。

◎ ：用于设置渐变填充类型，分别是：线性渐变、径向渐变、角度渐变、对称渐变和菱形渐变，如下图所示。

线性渐变

径向渐变

角度渐变

对称渐变

菱形渐变

操作提示

如果用户初期不能熟练地驾驭颜色，可以先从色板中选择一个基本颜色，然后对其进行调整。

◎ 模式：用于选择渐变填充的色彩与底图的混合模式。

◎ 不透明度：用于控制渐变填充的不透明度。

◎ □反向：选中该复选框，可以将渐变图案反向。

◎ □仿色：选中该复选框，可以使渐变图层的色彩过渡得更加柔和、平滑。

◎ □透明区域：选中该复选框，即可启用编辑渐变时设置的透明效果，填充渐变时得到透明效果。

除了可以使用系统提供的渐变选项外，还可以自己设置各种渐变图案，方法如下：

1 单击颜色渐变条

在渐变工具选项栏中单击颜色渐变条 ，打开“渐变编辑器”窗口，如下图所示。

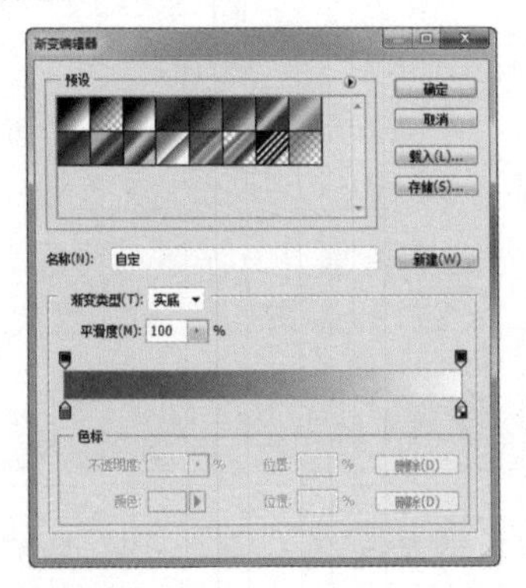

2 增加色标

将鼠标指针移至渐变颜色条的下方，当鼠标指针变成形状后，单击即可增加色标，如下图所示。

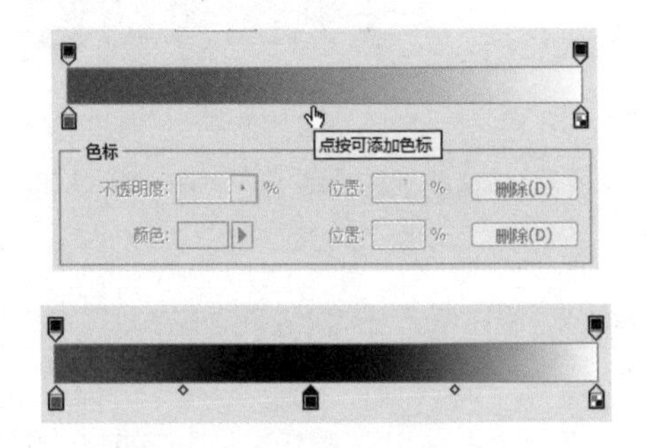

3 删除色标

如果想删除某个色标，只需将该色标拖出对话框，或单击选中某个色标，然后单击“渐变编辑器”窗口下方的“删除”按钮即可，如下图所示。

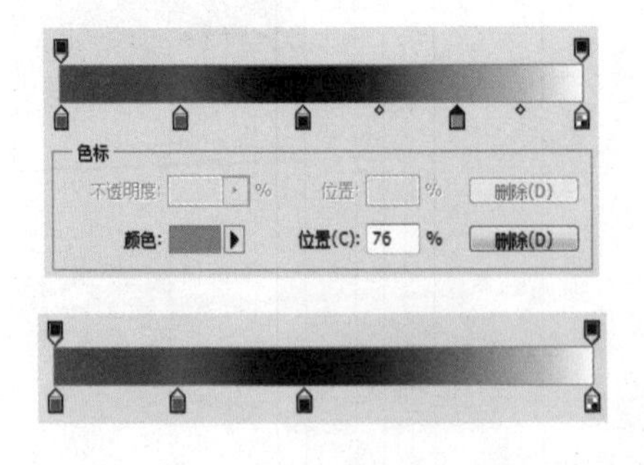

4 选择色标颜色

双击添加的色标，将弹出“选择色标颜色”对话框，可以设置色标的颜色，如下图所示。

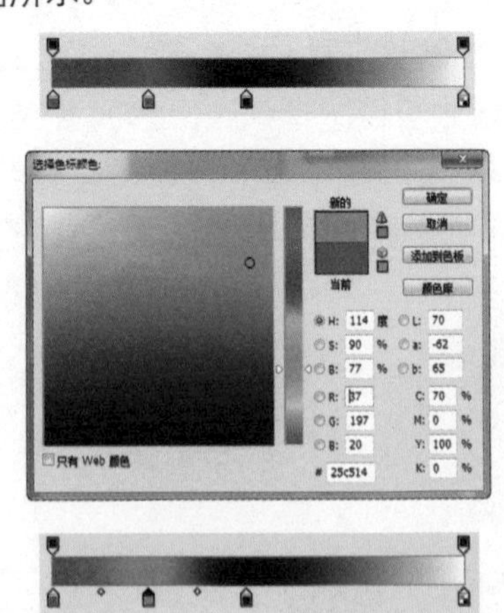

行家提醒

选取画笔工具或铅笔工具，在图像窗口需要绘制位置处单击确定起点后，按住【Shift】键在合适位置再次单击，即可画出一条直线。

设置完成后单击“确定”按钮，关闭“渐变编辑器”窗口。在属性栏中将显示出编辑的颜色。将鼠标指针移到文档窗口中，按住鼠标左键并拖动，即可填充渐变色。

下图所示为使用渐变工具填充图像前后的对比效果。

对比

>> 5.3.2 油漆桶工具

油漆桶工具用于在图像或选区中填充颜色或图像。油漆桶在填充前会对鼠标单击位置的颜色进行取样，从而只填充颜色相同或相似的图像区域，如下图所示。如果创建了选区，则会填充所选择的区域。

对比

选择工具箱中的油漆桶工具，其工具选项栏如下图所示。

前景 ▾ 模式: 正常 ▾ 不透明度: 100% 容差: 32 ☑消除锯齿 ☑连续的 □所有图层

其中，各选项的含义如下：

◎“设置填充区域的源” 前景 ▾ ：在该下拉列表中可以选择填充的内容。选择“前景”选项，将使用前景色进行填充；选择“图案”选项，则右侧图案下拉按钮将被激活，单击其右侧下拉按钮，在弹出的下拉面板中可以选择所需的填充图案，如右图所示。

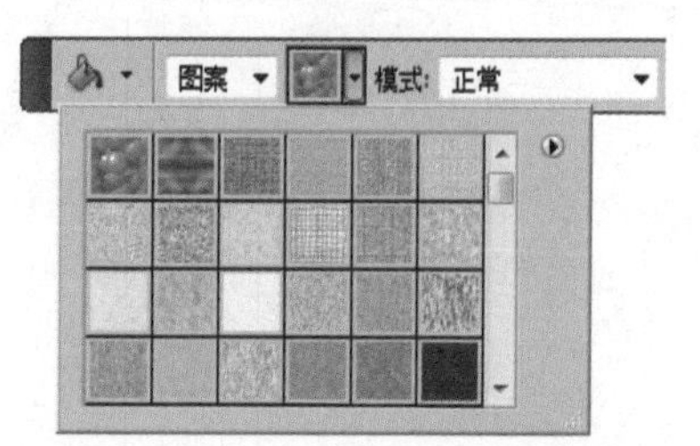

◎ 模式：设置实色或图案的填充模式。

◎ 不透明度：设置填充的不透明度，0%

操作提示

选取渐变工具后，按住【Alt】键，可以将渐变工具暂时切换为吸管工具；按住【Ctrl】键，可以将渐变工具暂时切换为移动工具。

为完全不透明，100% 为完全透明。

◎ 容差：用于控制填充颜色的范围，值为 0 ～ 255。数值越大，选择类似颜色的选区越大。

◎ 消除锯齿：选中该复选框，可以消除填充像素之间的锯齿。

◎ 连续的：选中该复选框，连续的像素都将被填充；取消选择该复选框，则像素连续的和不连续的都将被填充。

>> 5.3.3 使用“填充”命令

在 Photoshop CS5 中除了可以使用油漆桶工具填充颜色或图案外，还可以使用“填充”命令对选区、图像填充颜色或图案。“填充”命令的一项重要功能是可以有效地保护图像中的透明区域，有针对性地填充图像。

选择“编辑”|“填充”命令，弹出“填充”对话框，如右图所示。

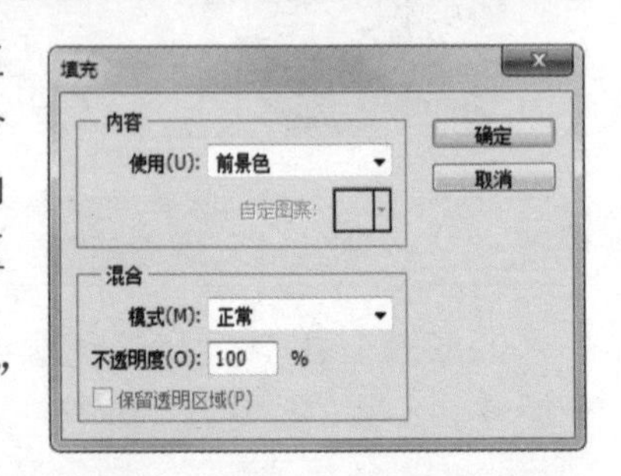

>> 5.3.4 使用“描边”命令

在 Photoshop CS5 中使用“描边”命令，可以为选区或图层中的对象添加一个实色边框，如下图所示。

选择“编辑”|“描边”命令，将弹出“描边”对话框，如右图所示。

在“宽度”数值框中，可以设置描边的宽度，使用“颜色”色块可以设置描边的颜色。在“位置”区域可选择描边的位置是内部、居中还是外部。

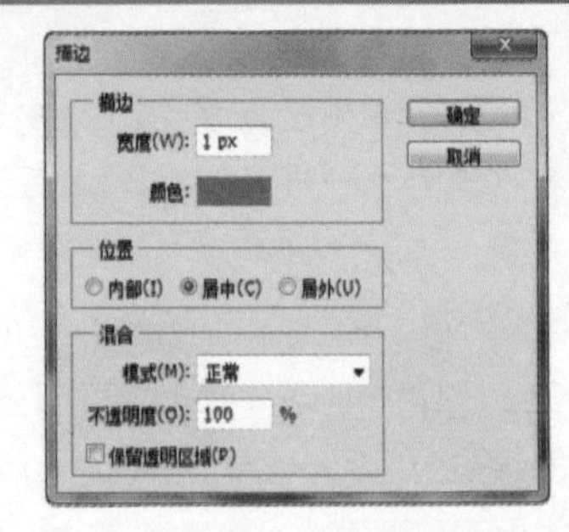

行家提醒

绘画工具不但能够使用手工操作，而且能够使用预设的前景色、背景色或图案等在新建的文件或原图像文件中进行独立绘画。

5.4 实战演练——定义画笔预设

除了系统预设的画笔和从网上下载的画笔外，用户还可以自己绘制图案，或者将自己喜欢的图案定义为画笔。

>> 5.4.1 本例操作思路

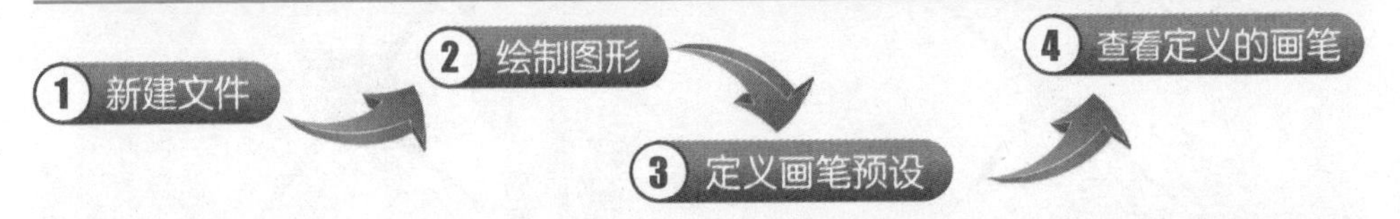

>> 5.4.2 本例实战操作

1 新建文件

选择“文件”|“新建”命令，弹出“新建”对话框，设置各项参数，然后单击“确定”按钮，如下图所示。

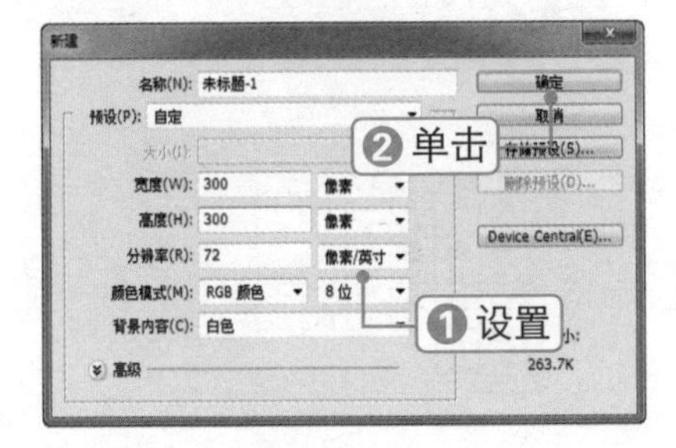

2 选择多边形工具

选择“窗口”|“图层”命令，打开“图层”面板，单击“创建新图层”按钮，新建“图层 1”。设置前景色为黑色，选择工具箱中的多边形工具，如下图所示。

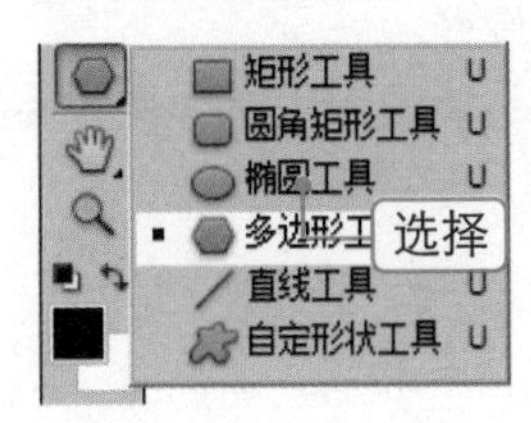

3 设置工具参数

在多边形工具选项栏中设置“边”为 4，单击“形状”下拉按钮，在弹出下拉面板中选中“星形”复选框，并设置“缩进边依据”为 90%，如下图所示。

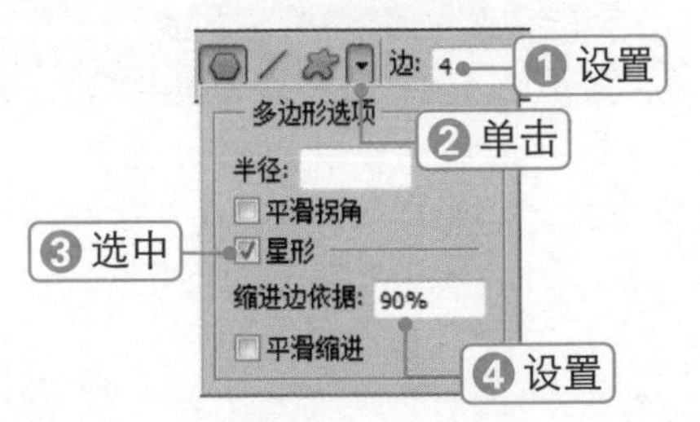

4 绘制图形

在图像窗口中按住鼠标左键并拖动，即可绘制图形，效果如下图所示。

操作提示

在“笔刷”下拉列表中选择“替换画笔”选项，则可用加载的笔刷替换当前笔刷列表中的笔刷类型。

5 调整图层不透明度

在“图层”面板中将“图层 1”的“不透明度”设置为 65%，效果如下图所示。在“图层”面板中单击“创建新图层”按钮，新建“图层 2”。

6 绘制圆点

选择画笔工具，设置画笔大小为 150 像素，硬度为 0%，在图像的中心位置单击，绘制一个圆点，效果如下图所示。

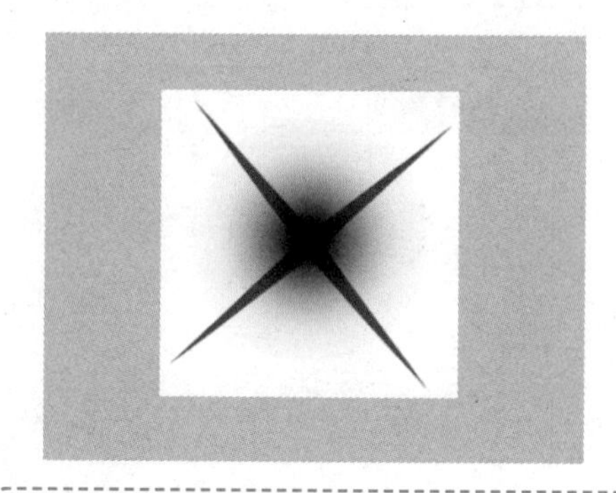

7 定义画笔预设

选择“编辑”|“定义画笔预设”命令，弹出“画笔名称”对话框。在其中为创建的画笔命名，单击“确定”按钮，如下图所示。

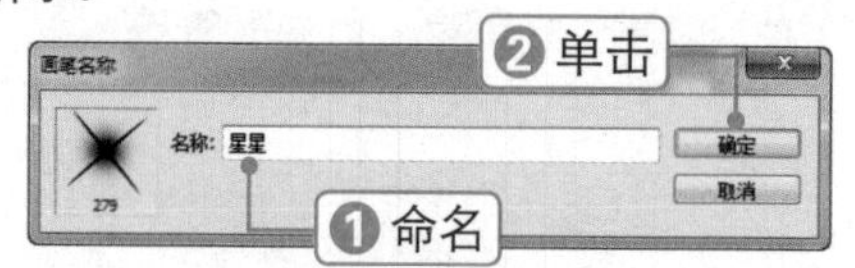

8 查看定义效果

此时的画笔工具即为当前创建的笔触，同时在画笔笔触选择面板中也可以看到创建的笔触，如下图所示。

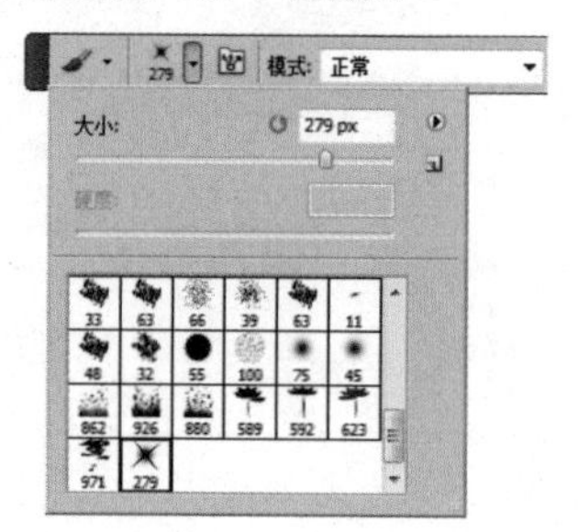

新手有问必答

① 如何加载外部笔刷？

Photoshop 软件预置了很多画笔笔触，但这仍然不能完全满足绘图的需求，为此很多网站都提供了各种画笔笔触的下载。笔刷文件的扩展名为 .abr，下载后将其放到 Photoshop CS5 的笔刷保存目录（Program Files/ Adobe/Photoshop CS5.1/ Presets/ Brushes）下即可。

行家提醒

选取画笔工具或铅笔工具，若按住【Shift】键的同时多次单击，则可自动画出首尾相连的多条直线。

② 如何快速填充前景色和背景色？

如果需要填充前景色，可以直接按【Alt+Delete】组合键；如果需要填充背景色，则可以直接按【Ctrl+Delete】组合键，这样既快捷又方便。

③ 如何设置按角度渐变填充图像？

使用渐变工具填充图像时，按住【Shift】键，在图像窗口中按住鼠标左键并拖动，拖至合适的位置后松开鼠标，即可将填充角度设置为45°的倍数。

读书笔记

画笔所绘制的线条或图形实质上都是由许多点或小图形组成的。理解画笔属性，对利用画笔绘制特殊效果有极大的帮助。

Chapter 06

图像的修复与修饰

使用Photoshop CS5中的各种修复和修饰工具，可以快速地将各种有缺陷的图像修复得完美无缺。任何一个平面设计高手，都应熟练地掌握这些工具，并能灵活地运用它们。本章将详细向介绍各种修复工具和修饰工具的使用方法与技巧。

本章重点知识

◎ 修复图像的色调
◎ 修复缺陷图像
◎ 修饰图像
◎ 使用擦除工具
◎ 使用历史画笔工具
◎ 实战演练——给人物美容

6.1 修复图像的色调

在 Photoshop CS5 的工具箱中提供了用于调整图像颜色的减淡工具、加深工具，以及用于调整图像颜色饱和度的海绵工具。下面将详细介绍这些工具的使用方法。

>> 6.1.1 使用减淡工具

利用减淡工具可以增加图像的曝光度，使图像变亮。选择工具箱中的减淡工具，在图像中按住鼠标左键并拖动，即可进行减淡操作，如下图所示。

选择工具箱中的减淡工具，其工具选项栏如下图所示。

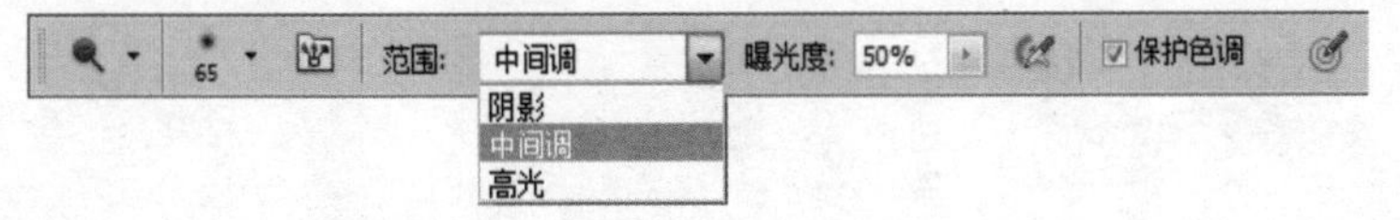

在该属性栏中，各选项的含义如下：

◎ 阴影：表示减淡操作仅对图像暗部区域的像素起作用。

◎ 中间调：表示减淡操作仅对图像中间色调区域的像素起作用。

◎ 高光：表示减淡操作仅对图像高光色调区域的像素起作用。

◎ 曝光度：用于定义曝光的强度，数值越大，曝光度越强，图像变亮的程度就越明显。

◎ 保护色调：选中该复选框，可以在操作过程中保护画面的亮部和暗部尽量不受影响，保护图像的原始色调和饱和度。

>> 6.1.2 使用加深工具

利用加深工具可以减小图像的曝光度，使图像变暗。加深工具和减淡工具是一组相反的工具。选择工具箱中的加深工具，在图像中按住鼠标左键并拖动，即可进行加深操作，图像前后效果对比如下图所示。

使用减淡工具用高光模式减淡时，被减淡的地方饱和度会很高。比如，红色用高光模式减淡时会变橙色，橙色用高光模式减淡时会变黄色。

>> 6.1.3 使用海绵工具

利用海绵工具可以降低或提高图像的色彩饱和度。选择工具箱中的海绵工具，其工具选项栏如下图所示。

模式：降低饱和度 流量：50% 自然饱和度

◎ 模式：在该下拉列表中选择“降低饱和度”选项，然后使用该工具在图像中涂抹，可以降低颜色的纯度；如果选择“饱和”选项，在涂抹图像后，可以提高颜色纯度，如下图所示。

原图像

降低饱和度

饱和

◎ 流量：可以设置饱和度的更改力度。

◎ 自燃饱和度：选中该复选框，可以在增加饱和度时防止颜色过度饱和而出现溢色。

6.2 修复缺陷图像

Photoshop CS5 的修复画笔工具组中包含 4 个工具：污点修复画笔工具、修复画笔工具、修补工具和红眼工具。下面将详细介绍这几种工具的使用方法。

行家提醒

使用减淡工具用暗调模式减淡时，被减淡的地方饱和度会很低，用一个颜色反复地涂刷以后会变成白色，而不掺杂其他的颜色。

>> 6.2.1 使用污点修复画笔工具

使用污点修复画笔工具可以快速移除图像中的杂色或污点。使用该工具，只要在图像中污点的地方单击，或在污点处拖动鼠标，即可快速修复污点。污点修复画笔工具可以自动从要修复区域的周围取样来进行修复操作，而不需要用户定义参考点。

选择污点修复画笔工具，其选项栏如下图所示。

13 模式: 正常 类型: 近似匹配 创建纹理 内容识别 对所有图层取样

下图所示为使用污点修复画笔工具修复图像污点前后的对比效果。

原图像

使用污点修复画笔工具涂抹

修复效果

>> 6.2.2 使用修复画笔工具

修复画笔工具可以通过从图像中取样或用图案来填充图像，以达到修复图像的目的。如果需要修饰大片区域或需要更大程度地控制取样来源，可选择使用修复画笔工具。

选择工具箱中的修复画笔工具，其属性栏如下图所示。

19 模式: 正常 源: 取样 图案: 对齐 样本: 当前图层

在该属性栏中，可以设置取样方式：

◎ 取样：选中该单选按钮，可以从图像中取样来修复有缺陷的图像。

◎ 图案：选中该单选按钮，将使用图案填充图像，但该工具在填充图案时会根据周围的图像来自动调整图案的色彩和色调。

选择修复画笔工具，按住【Alt】键，当鼠标指针呈形状时，在图像中没有污损的地方单击鼠标左键进行取样，然后松开【Alt】键，单击有污损的地方，即可将刚才取样位置的图像复制到当前单击位置。

使用减淡工具用中间调模式减淡时，被减淡的地方颜色会比较柔和，饱和度也比较正常。

下图所示为利用修复画笔工具修复图像前后的对比效果。

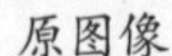

原图像

修复效果

>> 6.2.3 使用修补工具

修补工具适用于对图像的某一块区域进行整体的操作。在修补时先要创建一个选区将要修补的区域选中，然后将选区拖动到其他要修改为的区域即可。

选择修补工具，其工具选项栏如下图所示。

修补: ◉源 ○目标 □透明 使用图案

该工具属性栏中各选项的含义如下：

◎ 源：选中该单选按钮后，如果将源图像选区拖至目标区域，则源区域图像将被目标区域的图像覆盖。

◎ 目标：选中该单选按钮，表示将选定区域作为目标区域，用其覆盖需要修补的区域。

◎ □透明：选中该复选框，可将图像中差异较大的形状图像或颜色修补到目标区域中。

◎ 使用图案：创建选区后该按钮将被激活，单击其右侧下拉按钮，可在打开的图案列表中选择一种图案，以对选取图像进行图案修复。

下图所示为利用修补工具修复图像前后的对比效果。

原图像

使用修补工具创建选区

移动选区

修补效果

行家提醒

污点修复画笔工具适用于修复数量较少的斑点或杂物，而修复画笔工具则可以修复斑点过多且过于复杂、无法根据周围像素来修正的图像。

>> 6.2.4 使用红眼工具

利用红眼工具可以轻松地去除拍摄数码照片时产生的红眼现象。选择工具箱中的红眼工具，其工具选项栏如右图所示。在该选项栏中，可以设置瞳孔的大小和瞳孔的暗度。

瞳孔大小: 50% 变暗量: 50%

红眼工具的使用方法非常简单，只需在工具选项栏中设置参数，然后在图像中红眼的位置单击鼠标左键，即可校正红眼。

右图所示为利用红眼工具修复人物红眼前后的对比效果。

6.3 修饰图像

利用工具箱中的修饰工具可以对图像进行修饰，从而使图像更加完美。下面将详细介绍修饰图像常用工具的使用方法。

>> 6.3.1 使用仿制图章工具

利用仿制图章工具，可将一幅图像的全部或部分复制到同一幅图像或另一幅图像中。选择仿制图章工具后，在其工具属性栏中选择合适的画笔大小，然后将鼠标指针移动到图像窗口中，在按住【Alt】键的同时单击鼠标左键进行取样，然后移动鼠标到当前图像的其他位置或另一幅图像中，按住鼠标左键并拖动，即可复制取样的图像，如下图所示。

选择工具箱中的仿制图章工具，其工具选项栏如下图所示。

模式: 正常 不透明度: 100% 流量: 100% 对齐 样本: 当前图层

在该属性栏中，选中“对齐”复选框，则在复制图像时无论执行多少次操作，

使用修补工具时，修补工具所复制的图像与目标图像的颜色会自动中和，但会以目标图像的颜色为主。

每次复制时都会以上次取样点的最终移动位置为起点开始复制，以保持图像的连续性；如果取消选择该复选框，则每次复制图像时都会以第一次按下【Alt】键取样时的位置为起点进行复制，形成图像多重叠加的效果。

>> 6.3.2 使用图案图章工具

使用图案图章工具，可将系统自带的图案或自己创建的图案复制到图像中。选择工具箱中的图案图章工具，其工具选项栏如下图所示。

模式: 正常 不透明度: 100% 流量: 100% ☑对齐 □印象派效果

在该属性栏中，部分选项的含义如下：

◎ ：单击该按钮，在弹出的图案下拉列表中选择一种系统默认或自定义的图案，单击窗口中的图像，即可将图案复制到图像中。

◎ □印象派效果：选中该复选框后，在复制图像时将产生类似于印象派艺术画效果的图案。

右图所示为使用图案图章工具创建的图像效果。

>> 6.3.3 使用模糊工具

使用模糊工具可以使图像产生模糊的效果。选择模糊工具后，在图像中按住鼠标左键并拖动，即可进行模糊操作，前后对比效果如下图所示。

选择工具箱中的模糊工具，其工具选项栏如下图所示。

模式: 正常 强度: 50% □对所有图层取样

其中，各选项的含义如下：

行家提醒

模糊工具是将涂抹的区域变得模糊，模糊有时候是一种表现手法，将画面中其余部分进行模糊处理，就可以凸现主体。

◎ 模式：在该下拉列表中可以设置操作模式，其中包括“正常”、“变暗”、“变亮”、“色相”、“饱和度”、“颜色”和“亮度”模式。

◎ 强度：用于设置模糊的程度，数值越大，模糊得就越厉害。

◎ 对所有图层取样：选中“对所有图层取样”复选框，即可对所有图层中的对象进行模糊操作；取消选择该复选框，则只对当前图层中的对象进行模糊操作。

>> 6.3.4 使用锐化工具

利用“锐化工具”可以使图像产生清晰的效果。选择锐化工具后，在图像中按住鼠标左键并拖动，即可进行锐化操作，如下图所示。

>> 6.3.5 使用涂抹工具

利用涂抹工具可以在图像中模拟出类似颜料涂抹的效果。选择工具箱中的涂抹工具，在图像中按住鼠标左键并拖动，即可进行涂抹操作，如下图所示。

选择工具箱中的涂抹工具，其工具选项栏如下图所示。

13 模式: 正常 强度: 50% 对所有图层取样 手指绘画

在该属性栏中选中“手指绘画”复选框，可以指定一个前景色，并可以使用鼠标或压感笔在图像上创建绘画效果。

操作提示

模糊工具的操作是类似于喷枪的可持续作用，也就是说鼠标在一个地方停留时间越久，这个地方被模糊的程度就越大。

6.4 使用擦除工具

使用橡皮擦工具可以擦除图像中的颜色，它可以在擦除的位置上填入背景颜色或透明色。下面将介绍 Photoshop 中擦除工具的使用方法。

>> 6.4.1 使用橡皮擦工具

橡皮擦工具用于擦除图像中的像素。如果是在背景图层上进行擦除操作，则被擦除的位置将会填入背景色；如果当前图层为非背景图层，那么擦除的位置就会变为透明，如下图所示。

原图像

擦除背景图像

擦除普通图层

选择工具箱中的橡皮擦工具，其选项栏如下图所示。

模式：画笔 不透明度：100% 流量：100% 抹到历史记录
画笔
铅笔
块

在橡皮擦工具属性栏中可以设置模式、不透明度、流量和喷枪等选项。在“模式”下拉列表中可以设置橡皮擦的笔触特性，包括画笔、铅笔和块 3 种。在不同方式下擦除所得到的效果与使用这些方式绘制的效果相同，如下图所示。

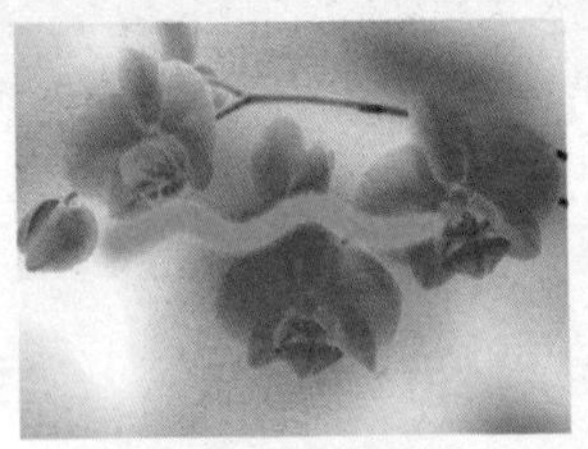

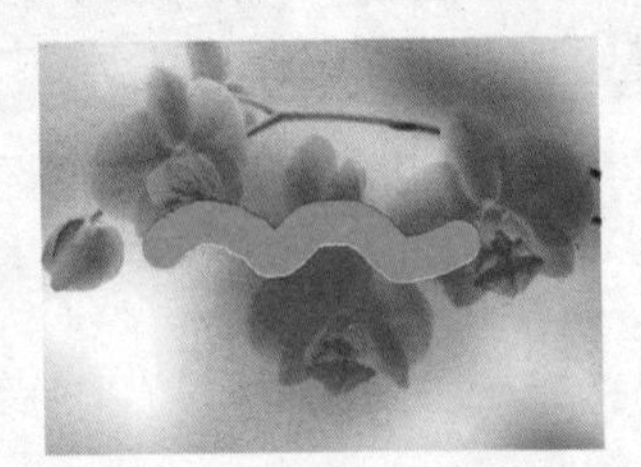

选中“抹到历史记录”复选框，橡皮擦工具就会具有历史记录画笔工具的

行家提醒

使用模糊工具可以很方便地进行小工作的磨皮操作，若要处理的地方比较多，则工作量会很大，模糊的尺度也很难把握，所以直接使用该工具的情况不多。

功能，可以选择性地恢复图像至某一历史记录状态，其使用方法和历史记录画笔工具相同。

>> 6.4.2 使用背景橡皮擦工具

使用背景橡皮擦工具可以将图像中的像素涂抹成透明，并可在抹除背景的同时在前景中保留对象的边缘，比较适合清除一些背景较为复杂的图像。如果当前图层是背景图层，则使用背景橡皮擦工具擦除后，背景图层将转换为名为“图层 0”的普通图层。

选择工具箱中的背景橡皮擦工具，其工具选项栏如下图所示。

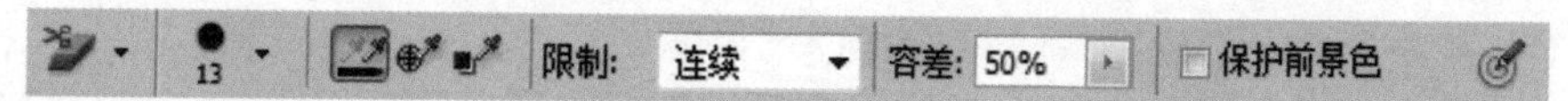

◎ ：单击该按钮，在弹出的下拉面板中可以设置画笔大小、硬度、角度、圆度和间距等参数。

◎ ：利用取样按钮组可以设置取样方式。

☆ 单击“取样：连续”按钮，表示在擦除过程中连续取样。

☆ 单击“取样：一次”按钮，表示仅取样单击时鼠标指针所在位置的颜色，并将该颜色设置为基准颜色。

☆ 单击“取样：背景色板”按钮，表示将背景色设置为基准颜色。

◎ 限制: 连续 ：设置擦除限制类型，其中包含“连续”、“不连续”和“查找边缘”三个选项。

☆ 连续：选择该选项，则与取样颜色相关联的区域被擦除。

☆ 不连续：选择该选项，则所有与取样颜色一致的颜色均被擦除。

☆ 查找边缘：选择该选项，则与取样颜色相关的区域被擦除，保留区域边缘的锐利清晰。

◎ 容差: 50% ：用于设置擦除颜色的范围，数值越小，被擦除的图像颜色与取样颜色就越接近。

◎ 保护前景色 ：选中该复选框，可以防止具有前景色的图像区域被擦除。

选择背景橡皮擦工具后，沿着图像中要保留对象的周围拖动鼠标，在画笔大小范围内，与画笔中心取样点颜色相同或相近的区域即被清除，如下图所示。

操作提示

锐化工具在使用中不具有类似喷枪的可持续作用性，在一个地方停留并不会加大锐化程度。

>> 6.4.3 使用魔术橡皮擦工具

魔术橡皮擦工具是魔棒工具和背景橡皮擦工具的结合，它具有自动分析的功能，可以自动分析图像的边缘，将一定容差范围内的背景颜色全部清除。如果当前操作的是背景图层，则会自动转换为普通图层。

选择工具箱中的魔术橡皮擦工具，其工具属性栏如下图所示。

容差：32 ☑消除锯齿 ☑连续 ☐对所有图层取样 不透明度：100%

其中，各选项含义如下：

◎ 容差：用于设置可擦除的颜色范围。

◎ 消除锯齿：选中该复选框，可以使擦除区域的边缘变得平滑。

◎ 连续：选中该复选框，则只能擦除与目标位置的颜色相同且连续的图像；取消选择该复选框，则可清除图像中所有颜色的像素。

◎ 对所有图层取样：选中该复选框，则可以对当前图像所有可见图层中的数据进行擦除操作。

◎ 不透明度：可以设置擦除强度。

选择魔术橡皮擦工具，在其属性栏中设置各项参数，然后在背景中单击鼠标左键，即可去除背景，前后对比效果如右图所示。

6.5 使用历史画笔工具

在 Photoshop CS5 中有两个比较特殊的工具，分别为历史记录画笔工具和历史记录艺术画笔工具，它们操作简单，但功能强大，也是较常用的工具。

>> 6.5.1 使用历史记录画笔工具

使用历史记录画笔工具可以将图像恢复到编辑过程中的某一步骤，或将部分图像恢复成原样。历史记录画笔工具需要配合“历史记录”面板来使用。

选择工具箱中的历史记录画笔工具，其工具选项栏如下图所示。

21 模式：正常 不透明度：100% 流量：100%

下面将通过实例介绍历史记录画笔工具的使用方法，具体操作方法如下：

素材文件 光盘：素材文件\第6章\写真.jpg

行家提醒

在使用锐化工具时要小心，锐化的原理是提高像素的对比度使图像清晰，一般用在事物的边缘，但不可以过度锐化。

1 打开素材文件

选择“文件”|“打开”命令，打开素材文件“写真.jpg”，如下图所示，然后选择“图像”|“调整”|“变化”命令。

2 加深蓝色

在弹出的“变化”对话框中单击5次“加深蓝色”缩略图，单击“确定”按钮，如下图所示。

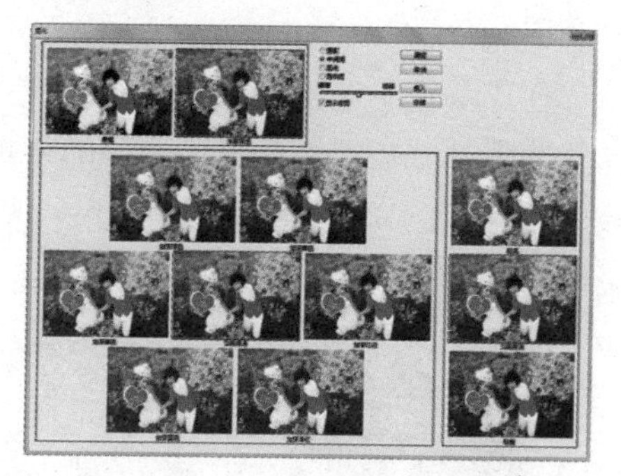

3 查看调整效果

此时，即可查看调整后的图像，其色调已经发生了变化，效果如下图所示。

4 设置源

选择历史记录画笔工具，打开“历史记录”面板，设置历史记录画笔的源，此时“打开”选项前将出现符号，如下图所示。

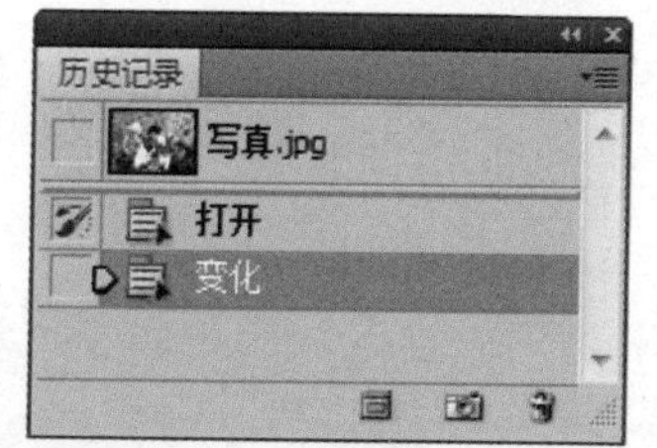

5 恢复图像

在图像中的人物上拖动鼠标，即可将拖动区域恢复到打开状态，如右图所示。

>> 6.5.2 使用历史记录艺术画笔工具

历史记录艺术画笔工具与历史记录画笔工具的使用方法相似，只是使用历史记录艺术画笔工具处理的图像中会出现一些变化，而不是完全恢复为原始图像。使用历史记录艺术画笔工具也可以在未修改过的图像中绘制图像。

选择工具箱中的历史记录艺术画笔工具，其工具属性栏如下图所示。

选择图案图章工具后，按住【Shift】键的同时拖动鼠标，则图案图章工具将以直线方式复制。

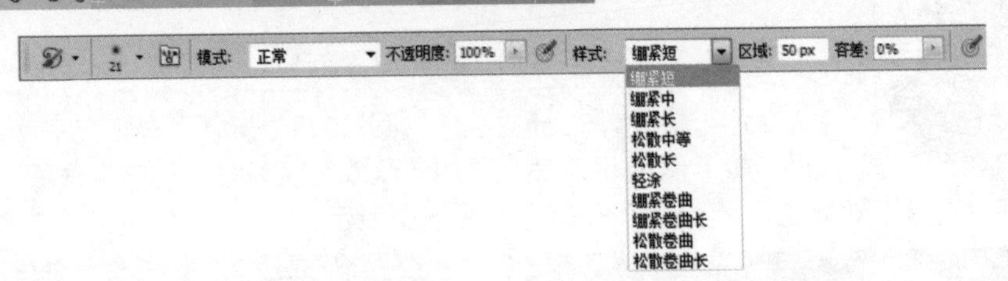

在历史记录艺术画笔工具属性栏的“样式”下拉列表中提供了多个样式，选择不同的样式，可以创建出不同的艺术风格，如下图所示。

原图像

轻涂效果

6.6 实战演练——给人物美容

下面将通过一个给人物美容的应用实例进行综合演练，以使读者灵活掌握本章学习的图像修复与修饰知识。

>> 6.6.1 本例操作思路

>> 6.6.2 本例实战操作

素材文件　光盘：素材文件\第6章\美容.jpg

行家提醒

选择加深工具用高光模式加深时，被加深的地方饱和度会很低，看着会呈灰色。在压力高的情况下，灰色会更明显，看起来会很脏。

① 打开素材文件

选择“文件”|“打开”命令，打开素材文件“美容.jpg”，如下图所示。

② 调亮图像

按【Ctrl+M】组合键，弹出“曲线”对话框，调整曲线形状，单击“确定”按钮，如下图所示。

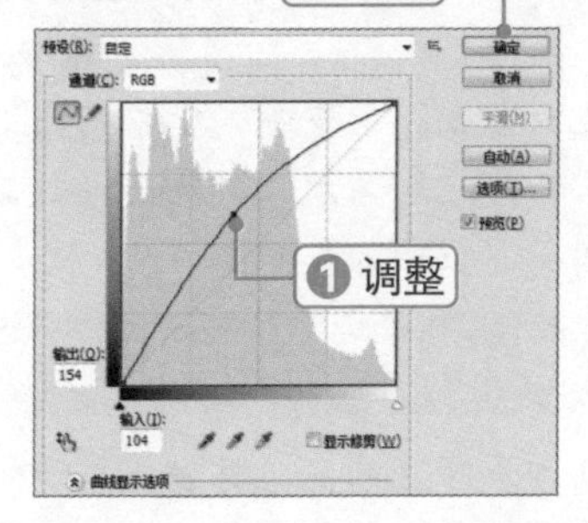

③ 查看图像效果

此时，即可得到将人物图像调亮后的效果，更加清楚、自然，如下图所示。

④ 去除痘痘

选择污点修复画笔工具，对人物脸上的痘痘进行去除，效果如下图所示。

⑤ 柔化皮肤

选择工具箱中的模糊工具，设置“模式”为“变亮”、“强度”为50%，在人物皮肤上拖动鼠标进行柔化处理，效果如下图所示。

⑥ 涂抹嘴唇

选择工具箱中的海绵工具，设置“模式”为“饱和”、“流量”为10%，然后在人物嘴唇上进行涂抹，最终效果如下图所示。

操作提示

选择加深工具用暗调模式加深时，被加深的地方饱和度会很高。

新手有问必答

① 加深工具和减淡工具与“亮度 / 对比度”命令有何不同？

加深工具和减淡工具都属于色调调整工具，它们通过增加或减少图像区域的曝光度来变亮或变暗图像，其功能与“亮度 / 对比度”命令类似，但由于加深工具和减淡工具是通过鼠标拖动的方式来调整图像的，因此在处理图像的细节方面更加灵活。

② 使用污点修复画笔工具为什么有时不能得到理想的效果？

污点修复画笔工具适用于修复面积比较小的污点，在修复时可以将画笔的大小设置得比污点略大，这样就能得到比较好的清除效果。

③ 如果图像中存在选区，对使用图案图章工具会有什么影响？

如果在目标图像窗口中定义了选区，则使用图案图章工具时仅可将图像或图案复制到选区中。

读书笔记

行家提醒

选择加深工具用中间调模式加深时，被加深的地方颜色会比较柔和，饱和度也比较正常。

Chapter 07

图层操作与应用

图层是Photoshop中最为重要的概念，几乎所有的编辑操作都离不开图层。每个图层中都保存着特定的图像信息，根据功能的不同分为背景图层、普通图层、文字图层、形状图层、调整图层以及填充图层等。本章将详细介绍对图层的操作与应用知识。

本章重点知识

- ◎ 理解图层
- ◎ 认识“图层”面板
- ◎ 图层的基本操作
- ◎ 使用图层混合模式
- ◎ 应用图层样式
- ◎ 使用图层组
- ◎ 填充和调整图层
- ◎ 实战演练——使用填充和调整图层

7.1 理解图层

在 Photoshop 中，为了便于处理图像，常常将不同的对象放在不同的图层上。所谓图层，就像一层层透明的玻璃纸，每一个图层上都保存着不同的对象。每个图层中的对象都可以单独处理，而不会影响其他图层中的内容。图层从上至下地叠加在一起，但并不是简单地堆积，通过控制各图层的图层混合模式和透明度，可以得到千变万化的图像合成效果。

下图所示为由多个图层组成的图像。

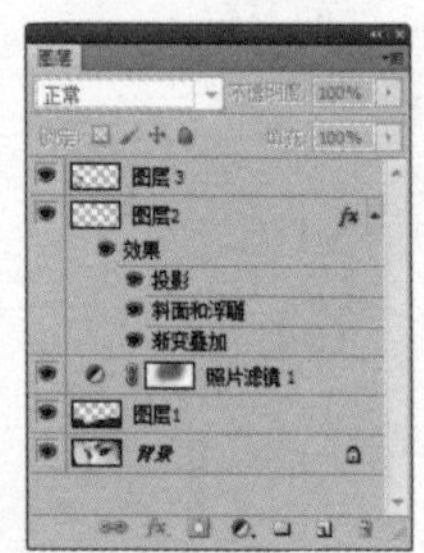

7.2 认识“图层”面板

“图层”面板列出了图像中的所有图层、图层组和图层效果。用户可以使用“图层”面板上的按钮完成许多任务，如创建、隐藏、显示、复制和删除图层等。选择“窗口”|“图层”命令或按【F7】键，即可打开“图层”面板，如右图所示。

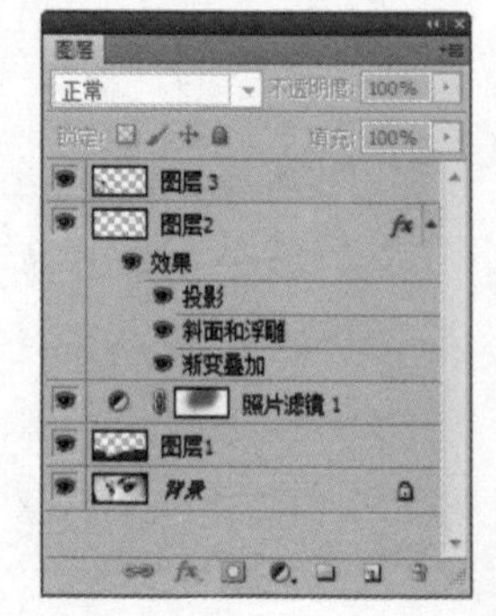

下面将详细介绍“图层“面板中各个按钮的功能：

◎ 正常 ：在该下拉列表中可以设置图层之间的混合模式。不同的模式将有不同的图像效果。

◎ 不透明度: 71% ：在该数值框中输入数值，可以设置当前图的不透明度。数值越小，图像越透明；数值越大，图像越不透明。

◎ 锁定透明像素：单击该按钮，在操作过程中可不在图层的透明部分上应用，只应用于有图像的部分。

◎ 锁定图像像素：单击该按钮后，不能使用画笔等绘图工具在该图层上进行修改和编辑。

◎ 锁定位置：单击该按钮后，不能再移动相应图层上的图像。

行家提醒

图像中的每个图层都是独立的，因此当移动、调整或删除某个图层时，其他的图层不会受到影响。

◎ 锁定全部：相应图层被全部锁定后，不能再进行其他任何编辑，直到解除锁定。

◎ 填充: 100%：用于设置图层中图形填充颜色的不透明。

◎ 指示图层可见性：用于控制图层的显示或隐藏。当该图标显示为时，表示图层处于显示状态；当该图标显示为时，表示图层处于隐藏状态，在文件窗口中将看不到该图层。单击该图标，可以在和之间进行切换。

◎ 图层缩览图：在图标的后面为图层缩览图，也就是图层中图像的缩小图，以便于用户查看和识别图层。

◎ 图层名称：用于为图层命名，可以修改图层的名称，以方便查找。

◎ 链接：用于链接多个图层，使链接的图层能同时被编辑。

◎ 添加图层样式：为选定的图层添加图层样式。

◎ 添加图层蒙版：为选定的图层添加图层蒙版。

◎ 创建新的填充或调整图层：单击该按钮，可以创建填充图层和调整图层。

◎ 创建新组：可为图层添加图层组，用于图层的管理。

◎ 创建新图层：可以创建新的普通图层。

◎ 删除图层：可以删除选定的图层。

◎ 图层面板菜单：单击面板右上角的按钮，可以打开图层面板控制菜单，从中可以选择与图层有关的一些操作。

7.3 图层的基本操作

图层的创建与编辑主要包括：图层的新建、复制和删除，选择图层和调整图层顺序，链接和合并图层，以及对齐和分布图层等。

>> 7.3.1 选择图层

使用鼠标直接在“图层”面板中单击相应图层的名称，即可选中该图层。被选中的图层将呈蓝色显示，如右图（左）所示。

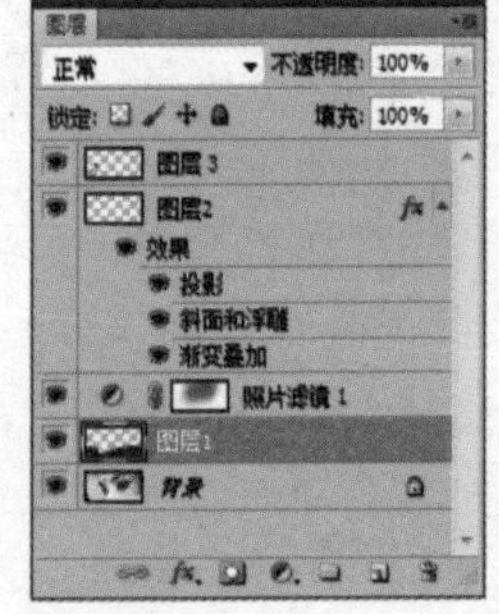

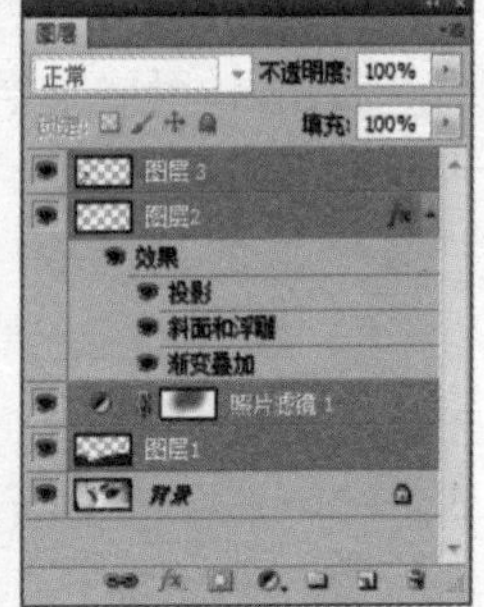

若要选择多个连续的图层，则先单击第一个图层，然后按住【Shift】键单击最后一个图层，即可选中两个图层及其之间的所有图层，如右图（右）所示。

如果要选中多个不连续的图层，

新建图像文件时，如果选择背景内容为白色或者背景色，“图层”面板中会出现一个“背景”图层，该图层的后面有一个图标，表示该图层已被锁定。

可以按住【Ctrl】键单击要选择的图层，如右图（左）所示。

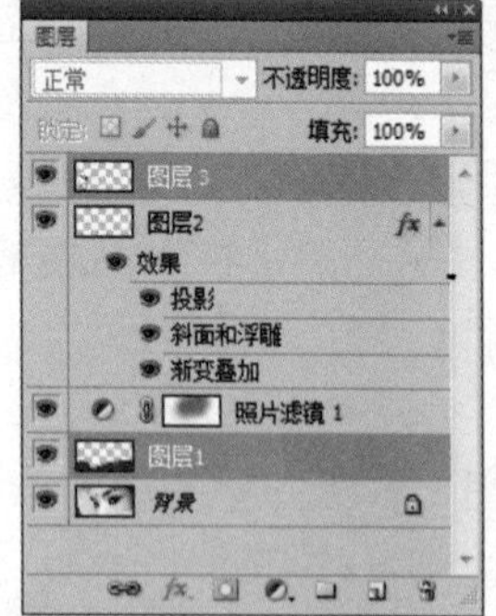
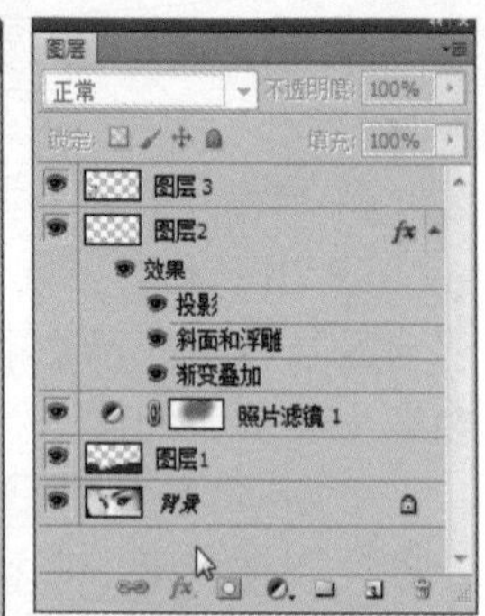

如果想取消选择的图层，则单击“图层”面板中“背景”图层下方的灰色空白处即可，如右图（右）所示。选择“选择”|“取消选择图层”命令，也可以进行取消图层选择操作。

>> 7.3.2 隐藏与显示图层

要显示或隐藏图层，可以通过单击“图层”面板中相应图层前的图标来完成。在显示的图层前单击图标，可以将显示的图层隐藏，此时图像窗口中将不会显示该图层所包含的内容；在隐藏的图层前单击图标，可以将隐藏的图层显示，如右图所示。

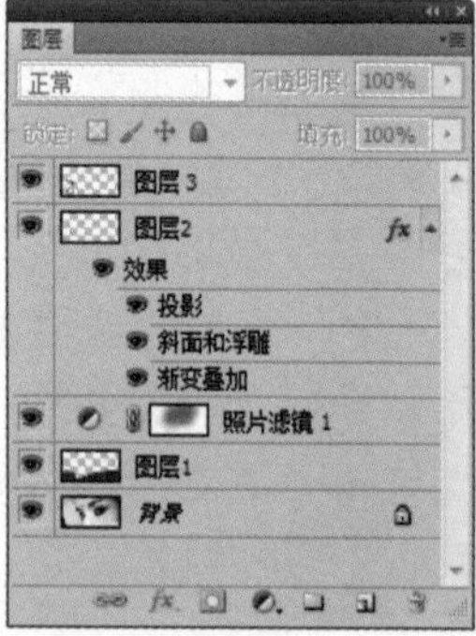
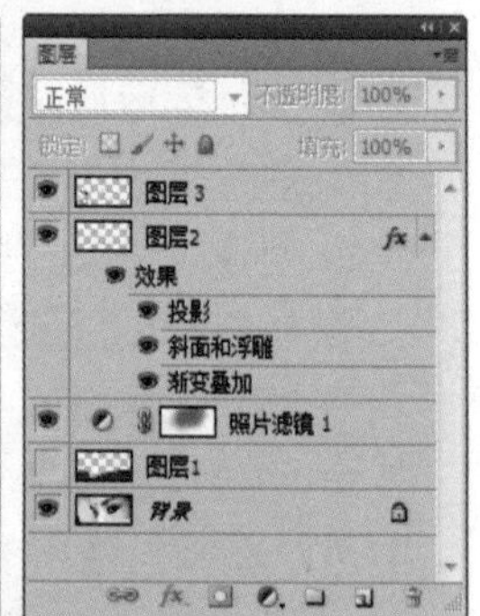

>> 7.3.3 新建与删除图层

在实际操作过程中，经常需要创建新的图层来满足设计的需要。新建的图层会自动依照建立的次序命名，第一次新建的图层为“图层 1”。要创建新的图层，可通过单击控制面板底部的“创建新图层”按钮来完成，如右图所示。

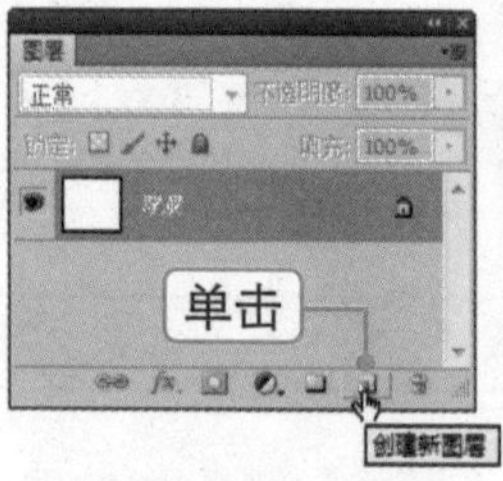

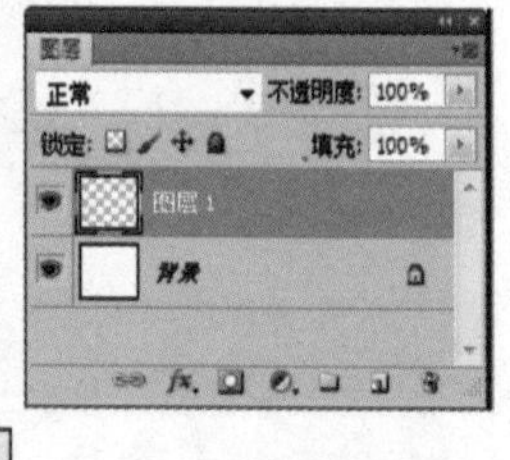

对于没用的图层，还可以将其删除，以减小图像文件的容量。删除后的图层不能恢复，其中所包含的图像也将被一起删除。选中要删除的图层，单击面板底部的“删除图层”按钮，或按【Delete】键或【Backspace】键，即可删除图层，如右图所示。

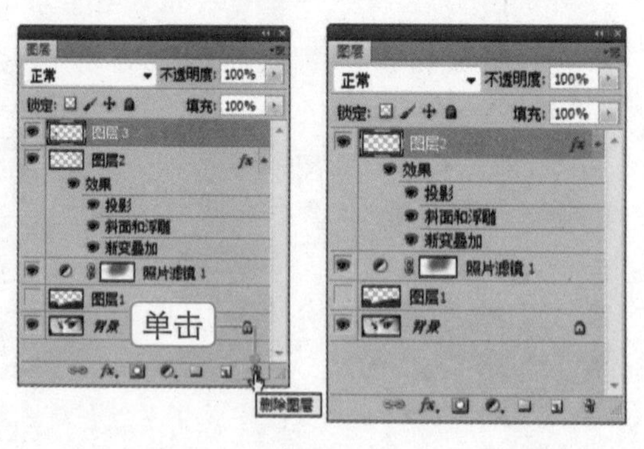

行家提醒

按住【Alt】键单击“图层”面板中的图标，可在图像文件中仅显示该图层中的图像；按住【Alt】键再次单击该图层的图标，可显示刚才隐藏的图层。

>> 7.3.4 重命名图层

在绘制复杂的图像时，如果图层较多，就容易造成混淆，这时可以为各个图层重命名。

双击要重命名图层的名称，此时的图层名称处于可编辑状态，如下图（左）所示。在文本框中输入新的图层名称，如下图（中）所示。单击图层名称以外的区域，即可完成重命名操作，如下图（右）所示。

>> 7.3.5 复制图层

复制图层是较为常用的操作，复制的图层位于原图层的上方，两个图层中的内容一样。选择要复制的图层，将其拖到“图层”面板底部的“创建新图层”按钮上，松开鼠标即可完成复制图层的操作，如右图所示。

>> 7.3.6 调整图层顺序

在“图层”面板中，用户可以根据需要调整图层的顺序。在“图层”面板中选择要调整的图层，在其上按住鼠标左键并拖动选中的图层，此时鼠标指针变成形状，当移到合适的位置后，松开鼠标即可调整图层的顺序，如右图所示。

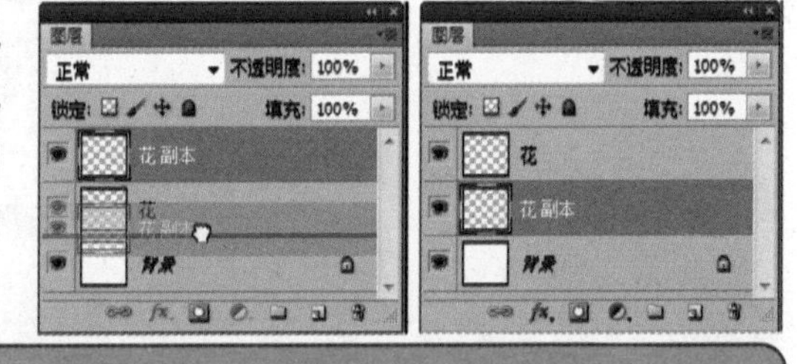

>> 7.3.7 链接图层

在 Photoshop CS5 中允许链接两个及两个以上的图层，这样链接的图层就可以作为一个整体来进行移动、旋转与缩放等操作。

操作提示

选择“图层”|“新建”|“图层”命令，弹出“新建图层”对话框。在其中设置各项参数后，单击“确定”按钮，即可新建图层。

按住【Shift】键，选择要链接的多个图层，单击“图层”面板中的“链接图层”按钮，这样即可将所选择的图层进行链接，如右图所示。再次单击“链接图层”按钮，则可取消图层的链接。

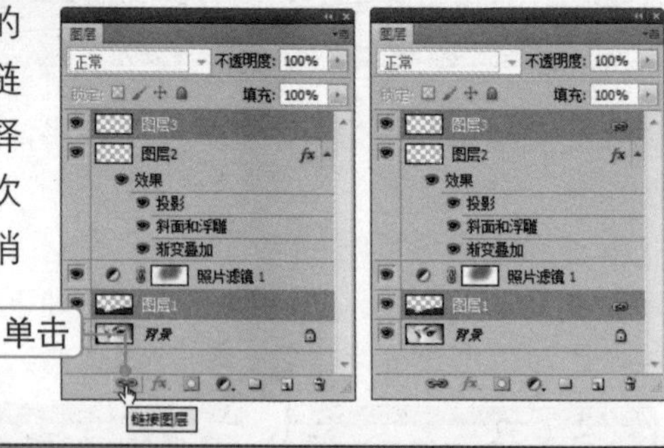

>> 7.3.8 合并图层

对于存在多个图层的图像文件，合并图层可以减少图层占用的空间，从而减小文件的容量。

1. 拼合图像

拼合图像是指将所有可见的图层合并到背景中。在拼合图层时，将会扔掉所有隐藏的图层，并用白色填充剩下的透明区域。

选择“图层”面板中的任何一个图层并右击，在弹出的快捷菜单中选择“拼合图像”命令，即可将所有图层合并为一个图层，拼合后图层的名称为“背景”，如右图所示。

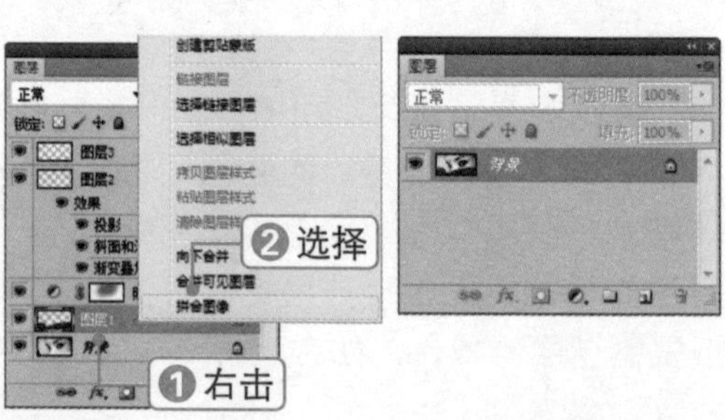

2. 向下合并图层

向下合并图层是指将当前选择的图层与其下面的一个图层进行合并，合并的图层都必须处于显示状态。向下合并以后，图层的名称沿用合并前位于下方图层的名称，如右图所示。

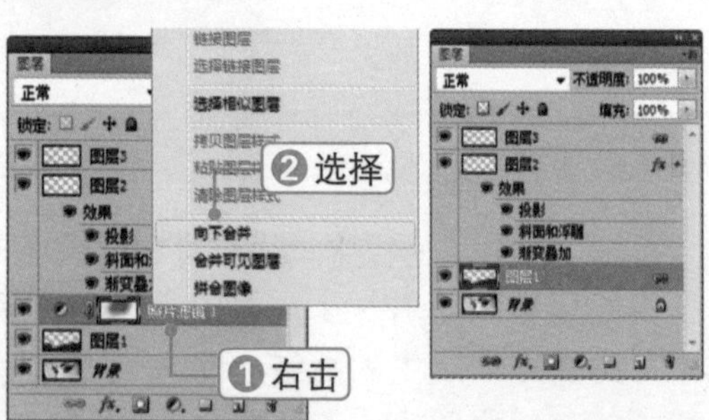

3. 合并可见图层

合并可见图层是指将“图层”面板中显示的图层进行合并，但对隐藏的图层不起作用，如右图所示。

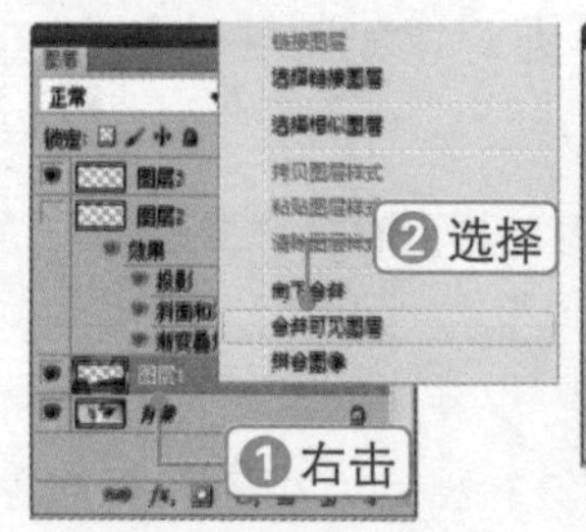

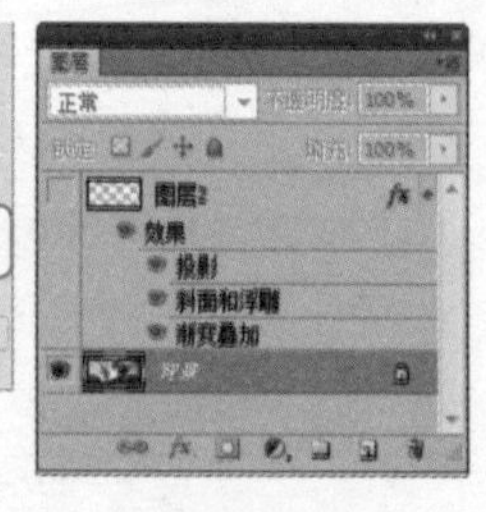

4. 盖印图层

所谓“盖印图层”，是指将多个

行家提醒

按住【Alt】键的同时单击“图层”面板中的“创建新图层”按钮，也可以打开“新建图层”对话框。

图层的内容合并到一个新的图层，同时保持其他图层不变。选择需要盖印的图层，然后按【Ctrl+Alt+E】组合键，即可得到包含当前所有选择图层内容的新图层，如右图所示。

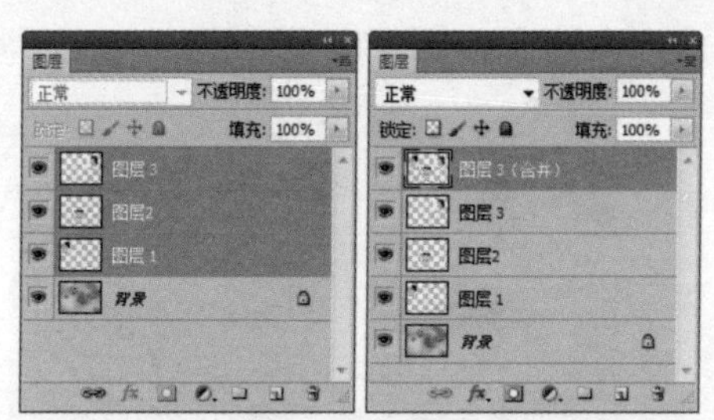

按【Ctrl+Shfit+Alt+E】组合键，可以自动盖印所有可见图层，如右图所示。

>> 7.3.9 对齐与分布图层

在实际工作中，经常需要将多个图层中的内容进行对齐和分布，可以通过菜单栏中的“图层”|“对齐”和“图层”|“分布”命令中的子命令来完成，也可以通过使用移动工具属性栏中的按钮来完成。

1. 利用命令对齐图层

对齐图层是指将图层沿直线排列，只有选中两个或两个以上的图层，“对齐”命令才起作用。

选择“图层”|“对齐”命令，弹出级联菜单，其中包括6种对齐方式，如右图所示。

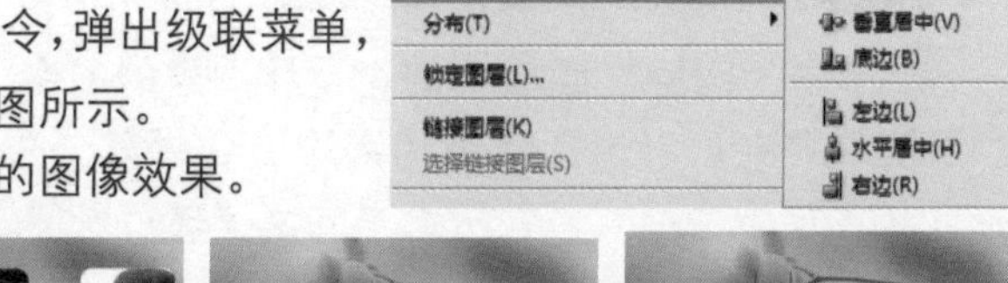

下图所示为各种图层对齐的图像效果。

原图像

顶边对齐

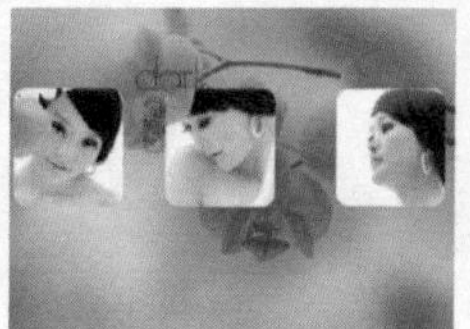

垂直居中对齐

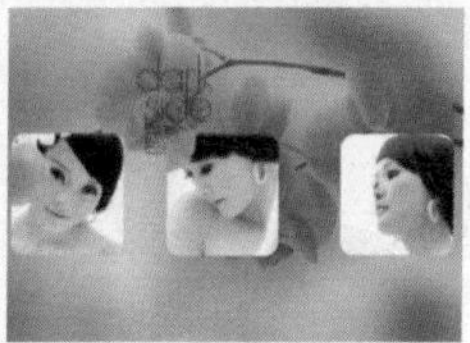

底边对齐

2. 利用命令分布图层

分布图层是指将各链接图层沿直线分布，选中三个或三个以上的图层，“分布”命令才起作用。

选择“图层”|“分布”命令，弹出级联菜单。其中包括6种分布方式，如右图所示。

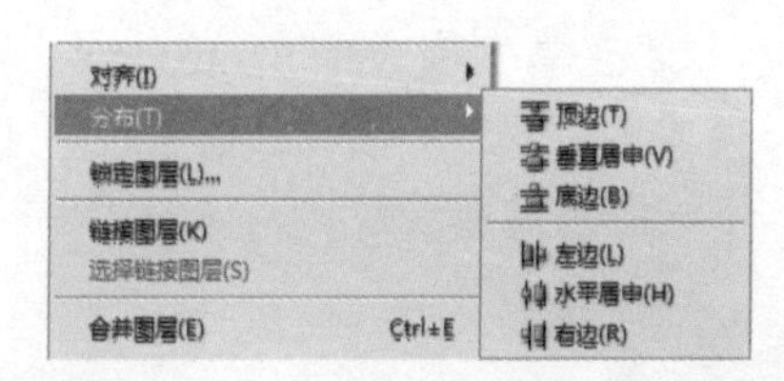

按住【Ctrl】键的同时，单击“图层”面板中的“创建新图层”按钮，可以在当前选中图层的下方添加一个图层。

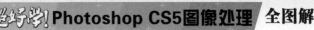

下图所示为各种图层分布的图像效果。

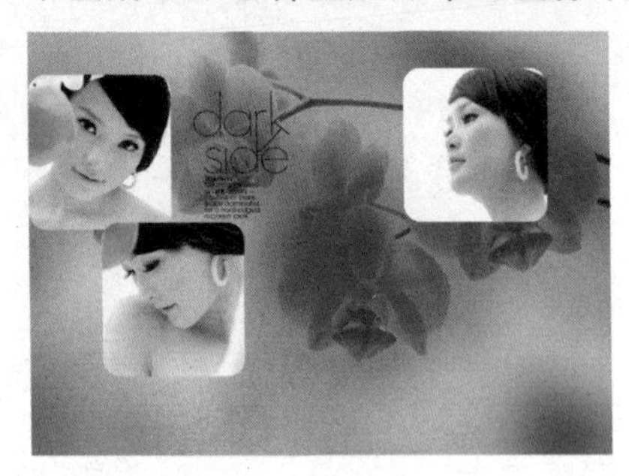

原图像　　　　按左分布

3. 利用移动工具属性栏对齐和分布图层

选中图层后，选则工具箱中的移动工具，查看其属性栏，与菜单命令对应的对齐和分布子命令如下图所示。

对齐按钮　分布按钮

自动选择：组　显示变换控件

“自动对齐图层”按钮

其中“对齐”按钮、“分布”按钮和前面讲到的“对齐”与“分布”命令中的功能一致。单击“自动对齐图层”按钮，可将图层自动对齐。

7.4 使用图层混合模式

单击“图层”面板中的“设置图层的混合模式”下拉按钮，在弹出的下拉列表中可以选择合适的图层混合模式。在 Photoshop CS5 中共提供了 27 种图层混合模式，使用这些混合模式可以创建丰富的图像合成效果。

>> 7.4.1 “正常”模式与“溶解”模式

“正常”模式是 Photoshop 的默认模式，而在图层完全不透明的情况下，“溶解”模式与“正常”模式效果完全相同，下面将进行详细介绍。

1.“正常”模式

“正常”模式是 Photoshop 中进行绘画与图像合成的基本模式。在这种合成模式下，图层的颜色会遮盖住原来的底色。可以通过调整图层的不透明度来控制下一图层的显现效果，如下图所示。

行家提醒

按【Ctrl+Shift+N】组合键，会弹出“新建图层”对话框，从中设置参数即可新建图层。

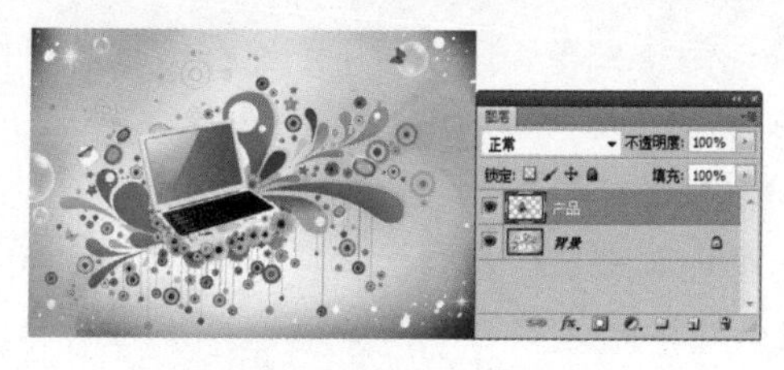

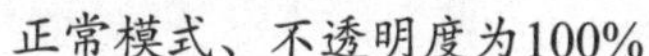

正常模式、不透明度为100%

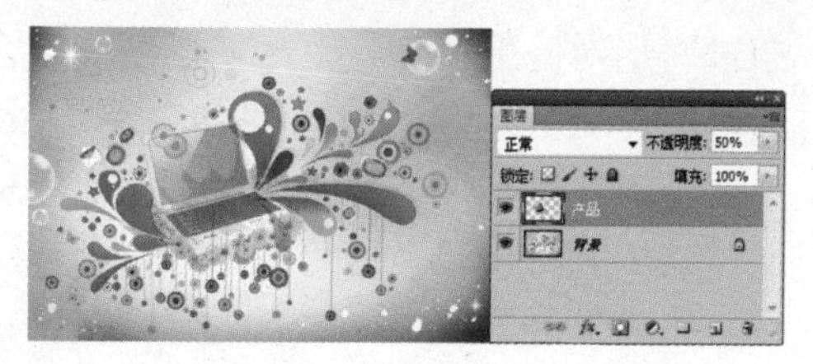

正常模式、不透明度为50%

2.“溶解”模式

“溶解”模式是将当前图层与底层的原始颜色交替，以创建一种类似扩散抖动的效果，这种效果是随机生成的。通常“溶解”模式和图层的不透明度有很大关系，当降低图层不透明度时，图像像素不是逐渐透明化，而是某些像素透明，其他像素则完全不透明，从而得到颗粒效果。不透明度越低，消失的像素越多。下图所示为“溶解”模式的使用效果。

正常模式效果

溶解模式、不透明度为100%

溶解模式、不透明度为90%

>> 7.4.2 压暗图像模式

Photoshop 图层模式中的“变暗”、“正片叠底”、“颜色加深”、“线性加深”与“深色”模式是一组作用类似的混合模式，可以使图像色彩变暗，是最常用的图层混合模式。

◎“变暗”模式：Photoshop 自动检测红、绿、蓝三种通道的颜色信息，选择基色或混合色中较暗的部分作为结果色，其中比结果色亮的像素将被替换掉，就会露出背景图像的颜色，比结果色暗的像素则保持不变。

◎“正片叠底”模式：该模式将两个图层的颜色值相乘，然后除以 255，所得到的结果就是最终效果，因而总是得到较暗的颜色。该模式可用于添加图像阴影和细节，而不会完全消除下方的图层阴影区域的颜色。

◎“颜色加深”模式：Photoshop 会自动检测红、绿、蓝三个通道的颜色信息，

操作提示

单击“图层”面板右上角的面板菜单控制按钮，在弹出的下拉菜单中选择“新建图层”命令，也可新建图层。

通过增加对比度使基色变暗，反映的混合色为结果色，通常用于创建非常暗的阴影效果。

◎“线性加深”模式：Photoshop自动检测红、绿、蓝三个通道的颜色信息，通过减少亮度使基色变暗以反映混合色，与白色混合时没有变化。

◎“深色”模式：Photoshop将比较混合色和基色的所有通道值的总和，并显示值较小的颜色。“深色”模式不会生成第三种颜色，但可以通过变暗混合获得。

下图所示为压暗图像模式的使用效果。

“正常”模式

“变暗”模式

“正片叠底”模式

“颜色加深”模式

“线性加深”模式

“深色”模式

>> 7.4.3 提亮图像模式

Photoshop图层模式中的“变亮”、“滤色”、“颜色减淡”、“线性减淡”与“浅色”模式是一组作用类似的混合模式，可以使图像色彩变暗，是最常用的图层混合模式。

◎“变亮”模式：Photoshop自动检测红、绿、蓝三个通道的颜色信息，并选择基色或混合色中较亮的颜色作为结果色，比混合色暗的像素被替换，比混合色亮的像素保持不变。

◎“滤色”模式：将上方图层像素的互补色与底色相乘，因此结果色比原有颜色更浅，具有漂白的效果。

◎“颜色减淡”模式：Photoshop自动检测红、绿、蓝三个通道的颜色信息，

行家提醒

选中一个图层，然后选择“图层”|“复制图层”命令，弹出“复制图层”对话框，设置图层名称，单击“确定”按钮，即可复制当前选择的图层。

并通过减小对比度使基色变亮以反映混合色，与黑色混合则不发生变化。

◎“线性减淡”模式：Photoshop 会自动检测红、绿、蓝三个通道的颜色信息，并通过增加亮度使基色变亮以反应混合色。

◎“浅色”模式：比较混合色和基色的所有通道值的总和，并显示较亮的颜色。“浅色”模式不会生成第三种颜色，其结果色是混合色和基色当中明度较高的那层颜色，结果色不是基色就是混合色。

下图所示为提亮图像模式的使用效果。

“正常”模式

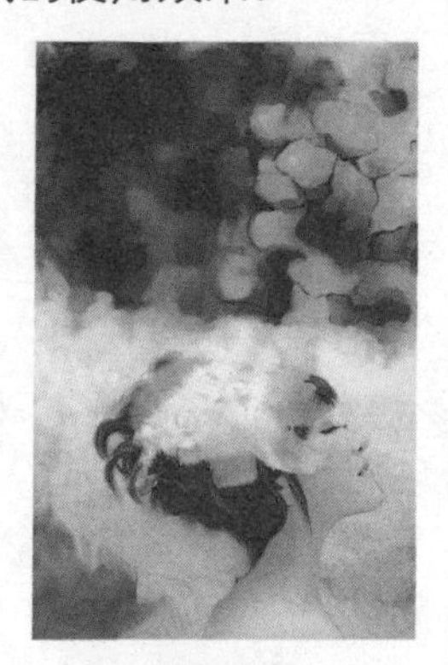

“变亮”模式

“滤色”模式

“颜色减淡”模式

“线性减淡”模式

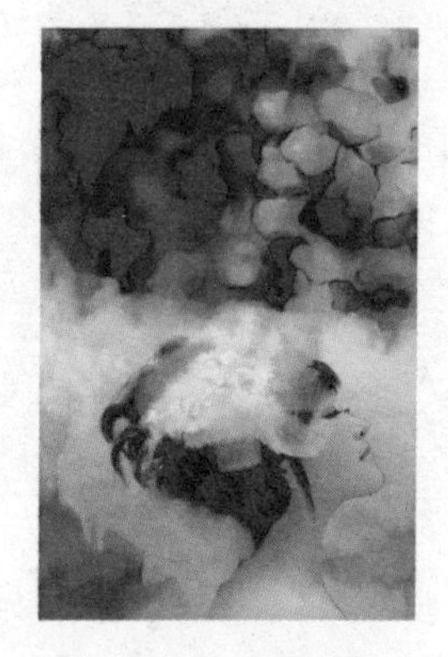

“浅色”模式

>> 7.4.4 增强对比度模式

Photoshop 图层模式中的“叠加”、“柔光”、“强光”、“亮光”、“线性光”、“点光”与“实色混合”是一组作用类似的混合模式，可以增强图像的对比度。

◎“叠加”模式：使用这种模式时，发生变化的一般都是中间色调，底层颜色的高光与阴影部分的亮度细节均被保留。使用此模式可以使底色图像的饱和度及对比度得到相应的提高，使图像看起来更加鲜亮。

◎“柔光”模式：使用此模式，可以使颜色变暗或变亮，具体取决于混合

操作提示

在“图层”面板中选择一个图层，按【Ctrl+J】组合键，也可以直接复制该图层。

色，此效果与发散聚光灯照在图像上相似。如果混合色（光源）比 50% 的灰色亮，则图像变亮，就像被减淡了一样。如果混合色（光源）比 50% 的灰色暗，则图像变暗，如同被加深了一样。用纯黑色或纯白色绘画会产生明显的较亮或较暗的区域，但不会产生纯黑色或纯白色。

◎“强光”模式：使用该模式，将复合或过滤颜色，具体取决于混合色。此效果与耀眼色聚光灯照在图像上相似，如果混合色（光源）比 50% 的灰色亮，则图像变亮，如同过滤后的效果，这对于向图像添加高光非常有用。如果混合色（光源）比 50% 的灰色暗，则图像变暗，如同复合后的效果，这对于向图像添加阴影非常有用。用纯黑色或纯白色绘图时会产生纯黑色或纯白色。

◎“亮光”模式：该模式是通过增加或减少对比度来加深或减淡颜色，具体取决于混合色。如果混合色（光源）比 50% 的灰色亮，则减小对比度使图像变亮；如果混合色比 50% 的灰色暗，则增加对比度使图像变暗。

◎“线性光”模式：选择该模式，将通过减小或增加亮度来加深或减淡颜色，具体取决于混合色。如果混合色比 50% 的灰色亮，则通过增加亮度使图像变亮；如果混合色比 50% 的灰色暗，则通过减小亮度使图像变暗。

◎“点光”模式：选择该模式，将根据混合色替换颜色。如果混合色（光源）比 50% 的灰色亮，则替换比混合色暗的像素；如果混合色比 50% 的灰色暗，则替换比灰褐色暗的像素，而比混合色暗的像素则保持不变。

◎“实色混合”模式：使用该模式的结果是亮色更加亮了，暗色更加暗了，两个图层叠加后具有很强的硬性边缘。

下图所示为增强对比度图层模式的使用效果。

“正常”模式

“叠加”模式

“柔光”模式

“强光”模式

“亮光”模式

“线性光”模式

“点光”模式

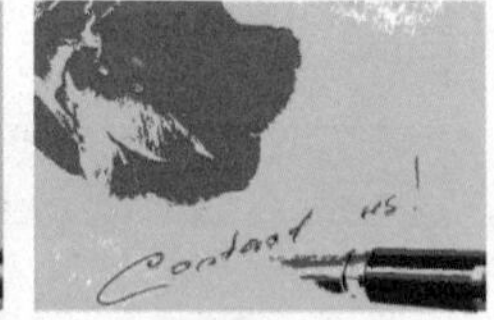

“实色混合”模式

>> 7.4.5 特殊图层模式

Photoshop 图层模式中的“差值”、“排除”、“减去”和“划分”模式是一组作用类似的混合模式，可以创建一种特殊的图像效果。

行家提醒

将鼠标指针放在要复制的图层上，向另一个文件中拖动，释放鼠标后所选择图层中的图像即被复制到另一个文件中，并生成一个新的图层。

◎“差值”模式：Photoshop 自动检测红、绿、蓝三个通道的颜色信息，从基色中减去混合色，结果取决于哪一个颜色的亮度值更大。差值模式经常用于在白色图层合成一个图像时，得到负片效果的反相图像。

◎“排除”模式：选择该模式，将创建一种与“差值”模式相似，对比度更低的效果。与白色、灰色将产生反转基色值，与黑色混合则不发生变化。

◎“减去”模式：选择该模式，将从基色中相应的像素上减去混合中的像素值。

◎“划分”模式：选择该模式，可以查看每个图层的颜色，并从基色中分离出混合色。

下图所示为特殊图层模式的使用效果。

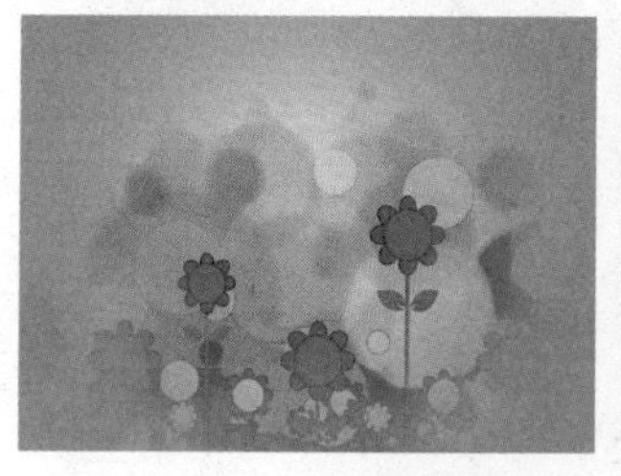

“正常”模式

“差值”模式

“排除”模式

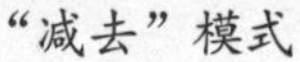

“减去”模式

“划分”模式

>> 7.4.6 上色图层模式

Photoshop 图层模式中的“色相”、“饱和度”、“颜色”和“明度”模式是一组作用类似的混合模式，可以创建一种特殊的图像效果。

◎“色相”模式：选择该模式，就是用当前图层的色相值去替换下一个图层图像的色相值，而饱和度与亮度不变。

◎“饱和度”模式：用基色的亮度和色相以及混合色的饱和度创建结果色，在饱和度为 0 的灰色上应用此模式不会产生任何变化。

◎“颜色”模式：用基色的亮度以及混合色的色相与饱和度创建结果色。这样可以保留图像中的灰阶，并且对于给单色图像上色和给彩色图像着色都非常有用。

◎“明度”模式：用基色的色相和饱和度以及混合色的亮度创建结果色。该

操作提示

选择需要删除的图层，直接将其拖动到“图层”面板下方的“删除图层”按钮上，即可删除图层。

模式与“颜色”模式是相反的效果，可将图像的亮度信息应用到下一层的图像中的颜色上，它不能改变颜色，也不能改变颜色的饱和度，只能改变下层图像的亮度。

下图所示为上色图层模式的使用效果。

“正常”模式

“色相”模式

“饱和度”模式

“颜色”模式

“明度”模式

7.5 应用图层样式

图层样式是创建图像特效的重要途径之一。若要使用图层样式，只需进行一些参数设置，即可快速得到许多漂亮的效果，这是设计图像的有效手段之一。

>> 7.5.1 添加图层样式

要为某个图层添加图层样式，可以选择这个图层，然后单击“图层”面板下方的“添加图层样式”按钮fx，在弹出的下拉菜单中选择要添加的图层样式，如

行家提醒

选择需要删除的图层，然后选择“图层”|“删除”|“图层”命令，即可将当前选择的图层删除。

下图（左）所示。

此时将弹出“图层样式”对话框，在弹出的对话框中设置图层样式的参数，然后单击“确定”按钮，即可为选择的图层添加图层样式，如下图（右）所示。

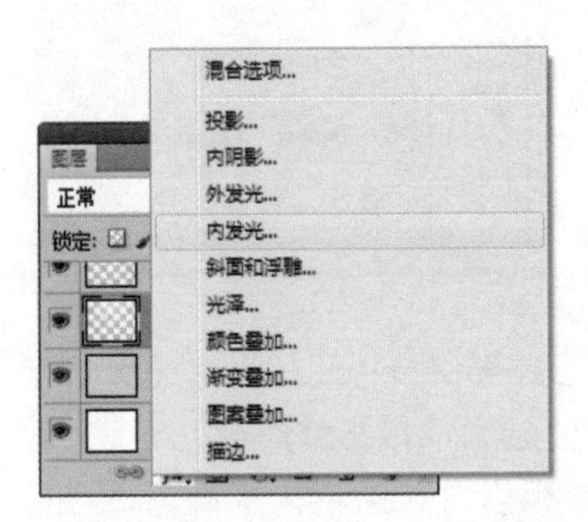

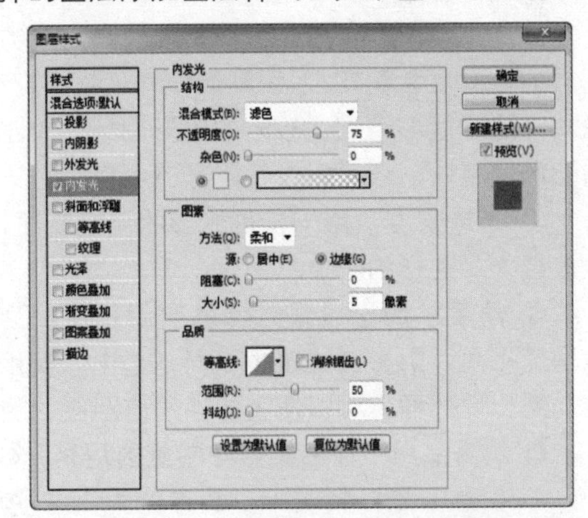

添加图层样式后，在图层名称的后面将出现一个fx图标，同时在该图层的下面将会列出添加的图层，如右图所示。

在“图层样式”对话框中选中某个图层样式前的复选框，则表示为图层添加了该样式。选择图层样式选项，则可以在“图层样式”对话框中切换到该选项，然后对其参数进行设置。

>> 7.5.2 投影与内阴影

投影是在图层内容背后添加阴影，内阴影是添加正好位于图层内容边缘内的阴影，使图层呈现出凹陷的外观效果。

1. 投影

投影是在图层内容背后添加阴影，前后对比效果如下图所示。

原图像

添加投影

双击要添加图层样式的图层缩览图或fx.图标，也可以打开“图层样式”对话框。

在“图层样式”对话框中选择“投影”选项，即可切换到“投影”的参数设置面板，如右图所示。

其中，各选项的含义如下：

◎ 混合模式(B): 正片叠底：用于设置阴影与下方图层的色彩混合模式，系统默认为“正片叠底”模式，这样能够得到比较暗的阴影颜色。单击右侧的颜色块，还可以设置阴影的颜色。

◎ 不透明度：用于设置投影的不透明度，数值越大，阴影的颜色越深。

◎ 角度：用于设置光源的照射角度，光源角度不同，阴影的位置也不同。选中“使用全局光”复选框，可以使图像中所有图层的图层效果保持相同的光线照射角度。

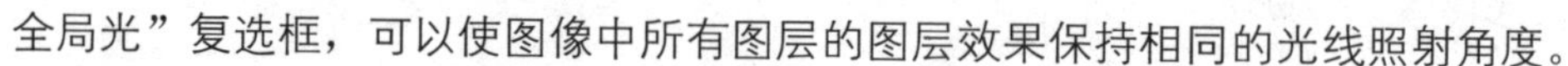

◎ 距离：用于设置投影与图像的距离。数值越大，投影就越远。

◎ 扩展：默认情况下，阴影的大小与图层相当，如果增大扩展值，可以加粗阴影。

◎ 大小：用于设置阴影的大小，数值越大，阴影就越大。

◎ 等高线：用于设置投影边缘的轮廓形状。

◎ 消除锯齿(L)：选中该复选框，可以消除投影边缘的锯齿。

◎ 杂色：用于设置颗粒在投影中的填充数量。

◎ 图层挖空投影：控制半透明图层中投影的可见或不可见效果。

2. 内阴影

内阴影是指在图层前面内部边缘位置产生柔化的阴影效果，常用于立体图形的制作，前后对比效果如下图所示。

原图像

添加内阴影

在“图层样式”对话框中选择“内阴影”选项，即可切换到“内阴影”的参数设置面板，如下图所示。

行家提醒

若要临时禁用某一个链接的图层，可以按住【Shift】键并单击链接图层名称后面的链接图标，这时会出现一个红色的叉号，说明临时取消了该图层的链接。

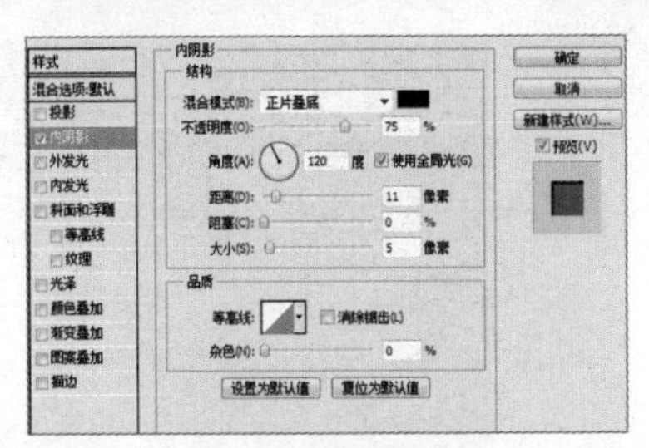

其中，部分选项的含义如下：

◎ 距离：用于设置内阴影与当前图层边缘的距离。

◎ 阻塞：用于模糊之前收缩的内阴影的杂边边界。

◎ 大小：用于设置内阴影的大小。

>> 7.5.3 外发光与内发光

在 Photoshop CS5 中提供了两种发光的图层样式，分别是外发光和内发光。外发光和内发光是指在图像边缘的外部或内部增加发光效果。

1. 外发光

外发光是指在图像边缘的外部增加光晕效果，可以将对象从背景中分离出来，从而达到醒目和突出主体的作用，前后对比效果如下图所示。

在“图层样式”对话框中选择“外发光”选项，即可切换到“外发光”参数设置面板，如右图所示。

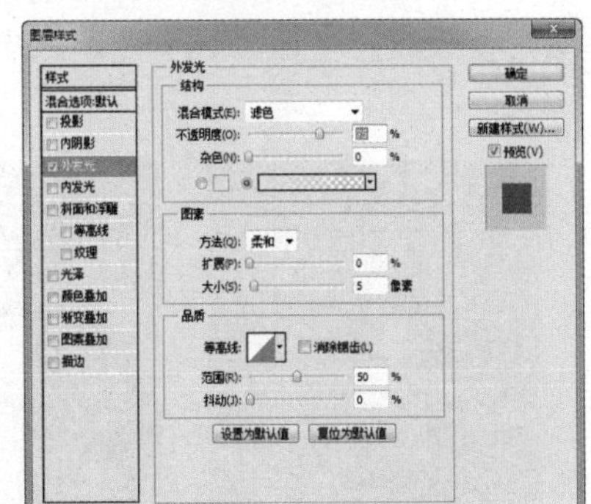

其中，主要选项的作用如下：

◎ 杂色：用于设置颗粒在外发光中的填充数量。数值越大，杂色越多；数值越小，杂色越少。

◎ 方法：用于设置边缘元素的模型。选择“精确”选项，光线沿图像的边沿精确分布；选择“柔和”选项，光线将自由发散。

◎ 扩展：用于设置发光效果的发散程度。

◎ 大小：用于设置发光范围的大小。

2. 内发光

内发光是指在文本或图像内部产生光晕的效果，前后对比效果如下图所示。

操作提示

在“图层”面板中选择一个图层，然后选择“图层”|“排列”命令，利用弹出的子菜单也可以调整图层的顺序。

在“图层样式”对话框中选择“内发光”选项，即可切换到“内发光”参数设置面板，如右图所示。

其中，主要选项的含义如下：

◎ 源：在该选项区域中包含两个选项，分别是“居中”和“边缘”。选中“居中”单选按钮，则从图像中心向外发光；选中“边缘”单选按钮，则从图像边缘向中心发光。

◎ 阻塞：用于设置光源向内发散的大小。

◎ 大小：用于设置内发光的大小。

>> 7.5.4 斜面和浮雕

斜面和浮雕是将各种高光和暗调组合添加到图层中。这是一个非常重要的图层样式，功能也很强大，使用它可以在图像上制作出各种浮雕效果，如下图（左）所示。

在“图层样式”对话框中选择“斜面和浮雕”选项，即可切换到“斜面和浮雕”参数设置面板，如下图所（右）示。

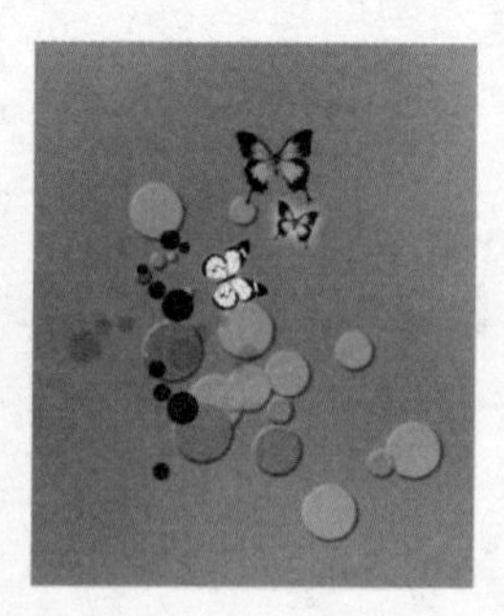
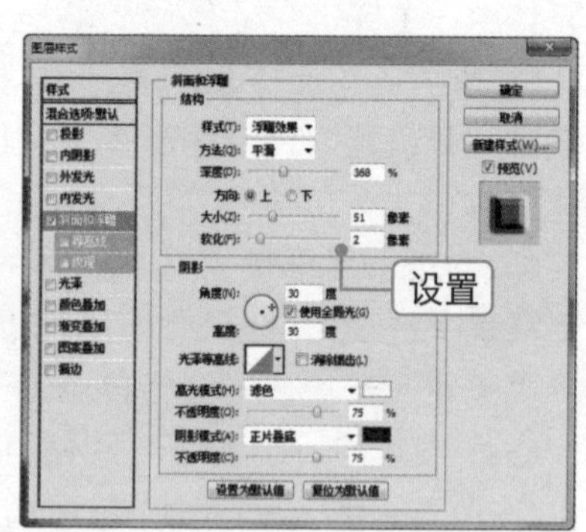

在该对话框中，主要选项的含义如下：

◎ 样式：在该下拉列表中选择不同的斜面和浮雕样式，可以得到不同的效果，如下图所示。

行家提醒

选中要添加图层样式的图层，然后选择“图层”|“图层样式”命令，在弹出的子菜单中选择一种图层样式，也可以打开“图层样式”对话框。

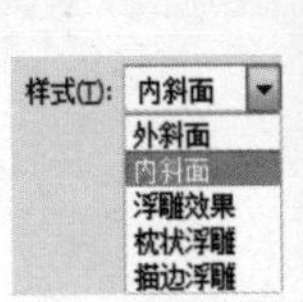

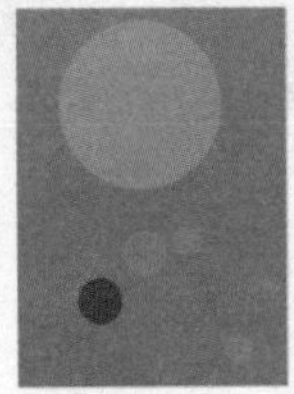
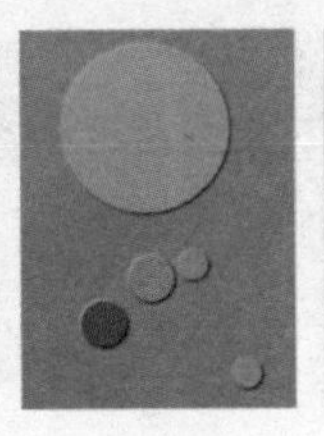
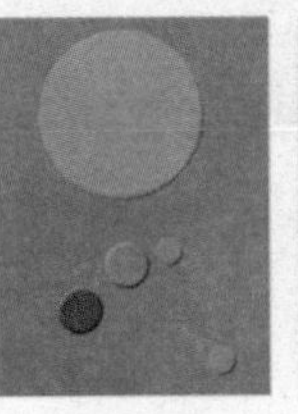
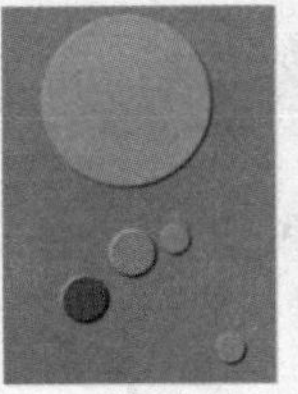
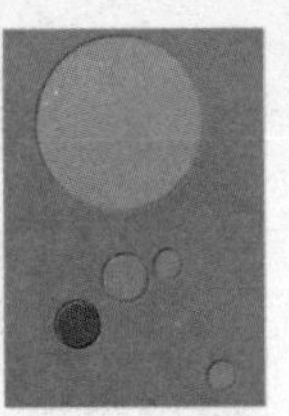

样式　原图像　外斜面　内斜面　浮雕效果　枕状浮雕

◎ 角度：用于设置不同的光源角度，不同角度的图像效果如下图所示。

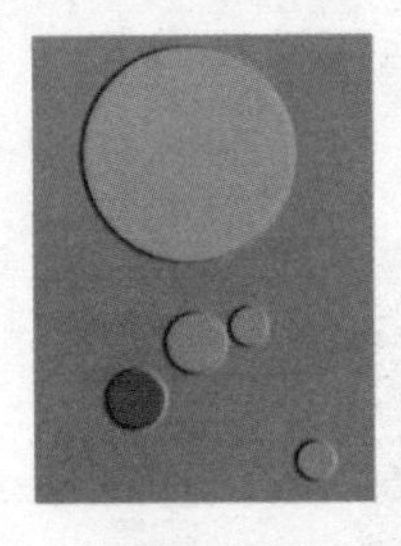
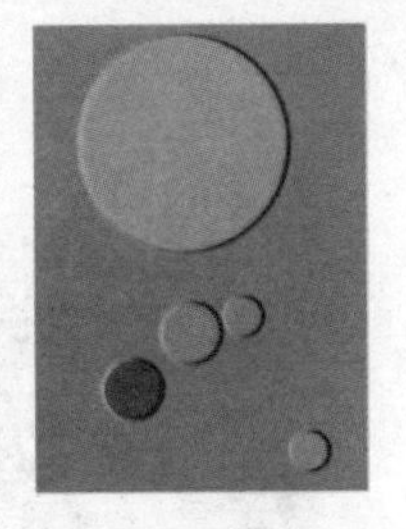

角度为0°　角度为180°

>> 7.5.5 光泽

使用“光泽”可以为图层添加光泽，设置光泽的颜色、角度、距离和大小，可以使图层中的表面产生发光的效果，如下图（左）所示。

在“图层样式”对话框中选择“光泽”选项，可以切换到“光泽”设置面板，如下图（右）所示。

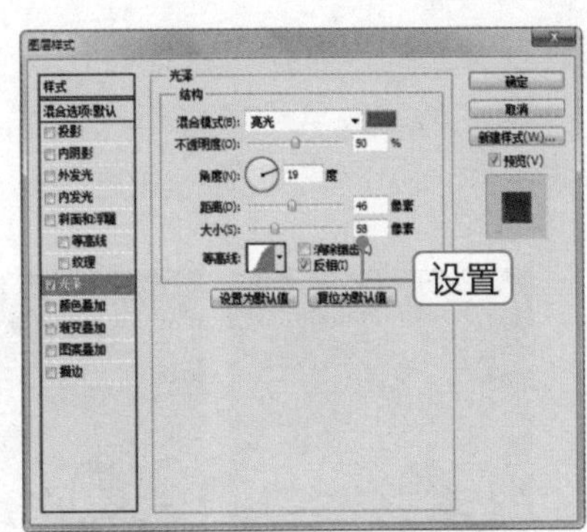

其中，部分选项的含义如下：

◎ 混合模式：用于选择颜色的混合样式。

◎ 距离：用于设置光照的距离。

◎ 大小：用于设置光泽边缘效果范围。

◎ 等高线：用于产生光环形状的光泽效果。

操作提示

文字图层是一个比较特殊的图层，选取工具箱中的文字工具，在图像编辑窗口中输入文字，即可创建文字图层。

>> 7.5.6 颜色叠加、渐变叠加和图案叠加

应用颜色叠加、渐变叠加和图案叠加可以在图层上叠加颜色、渐变效果和图案效果，下面将分别进行介绍。

1. 颜色叠加

颜色叠加样式可以使图像上产生一种颜色叠加效果，如下图（左）所示。

在“图层样式”对话框中选择“颜色叠加”选项，可以切换到“颜色叠加”设置面板，如下图（右）所示。

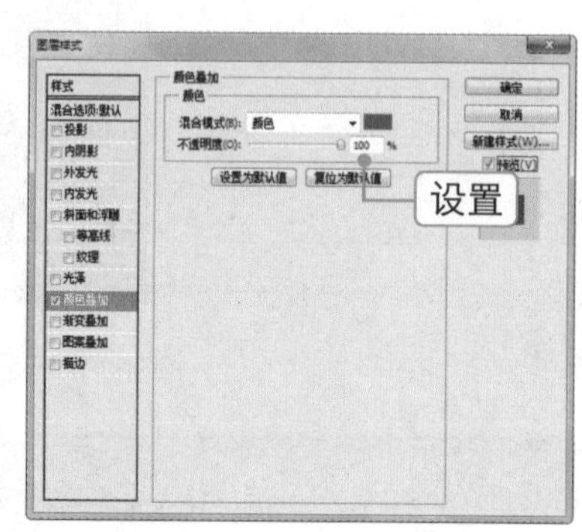

其中，部分选项的含义如下：

◎ 混合模式：用于选择颜色的混合样式。

◎ 不透明度：用于设置效果的不透明度。

2. 渐变叠加

渐变叠加样式用于使图像产生一种渐变叠加效果，如下图（左）所示。

在“图层样式”对话框中选择“渐变叠加”选项，可以切换到“渐变叠加”设置面板，如下图（右）所示。

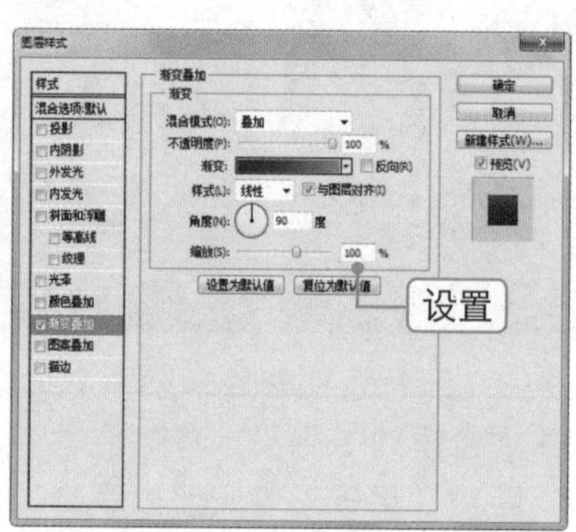

其中，部分选项的含义如下：

◎ 渐变：用于设置渐变颜色。选中“反向”复选框，可以改变渐变颜色的方向。

◎ 样式：用于设置渐变的形式。

行家提醒

形状图层是用形状工具组中的工具或钢笔工具创建的。在创建形状图层时，要在工具属性栏中单击“形状图层”按钮。

◎ 角度：用于设置光照的角度。

◎ 缩放：用于设置效果影响的范围。

3. 图案叠加

图案叠加样式用于在图像上添加图案效果，前后对比效果如下图所示。

在“图层样式”对话框中选择“图案叠加”选项，可以切换到“图案叠加”设置面板，如右图所示。

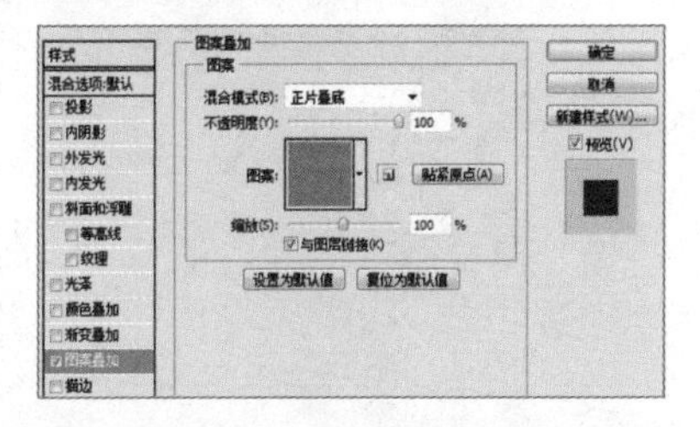

其中，部分选项的含义如下：

◎ 图案：用于设置图案效果。

◎ 缩放：用于设置效果影响的范围。

>> 7.5.7 描边

应用描边可以使用颜色、渐变或图案在当前图层的图像上描画轮廓，对于硬边形状特别有用，前后对比效果如下图所示。

在“图层样式”对话框中选择“描边”选项，可以切换到“描边”设置面板，如右图所示。

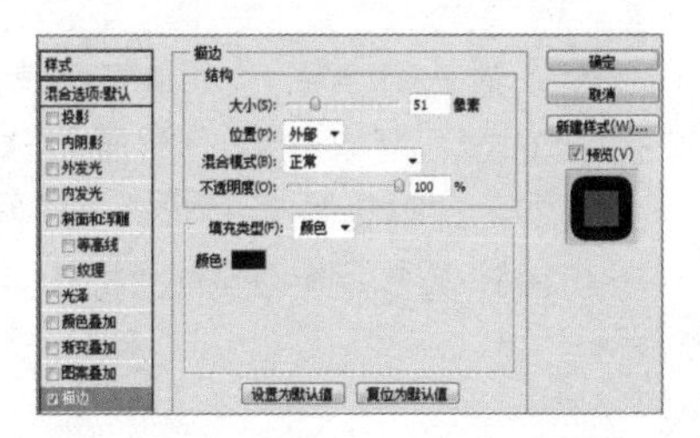

其中，部分选项的含义如下：

◎ 大小：用于设置描边的宽度。

◎ 填充类型：用于选择描边效果以何种方式显示。

◎ 颜色：用于设置描边颜色。

智能图层是一种非破坏性可编辑图层，在编辑过程中它将创建一个副本图像文档，只需在副本图像文档中对图像进行各种编辑操作，不会破坏原始图像。

>> 7.5.8 编辑图层样式

图层样式和图层一样，也可以对其进行编辑操作。下面将详细介绍与图层样式有关的各种操作。

1. 修改、隐藏和删除图层样式

对于创建的图层样式，要对其进行修改、隐藏和删除等操作的方法如下：

◎ 创建图层样式后，在“图层”面板中会显示fx图标，在添加的图层样式名称上双击，即可再次打开“图层样式”对话框，对参数进行修改，如下图（左）所示。

◎ 要删除图层样式，直接拖动fx图标到删除按钮上，松开鼠标即可将其删除，如下图（右）所示。

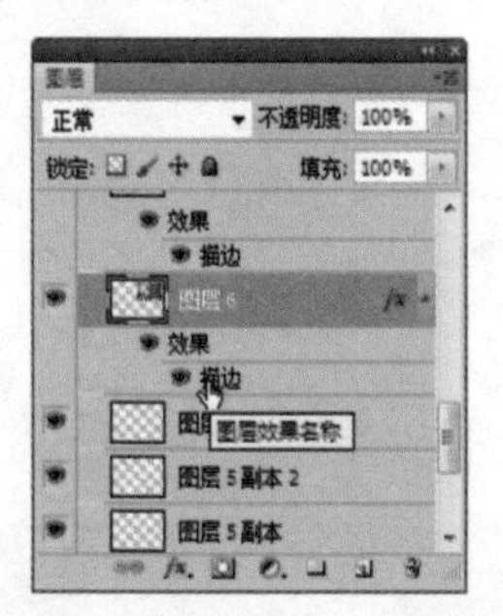

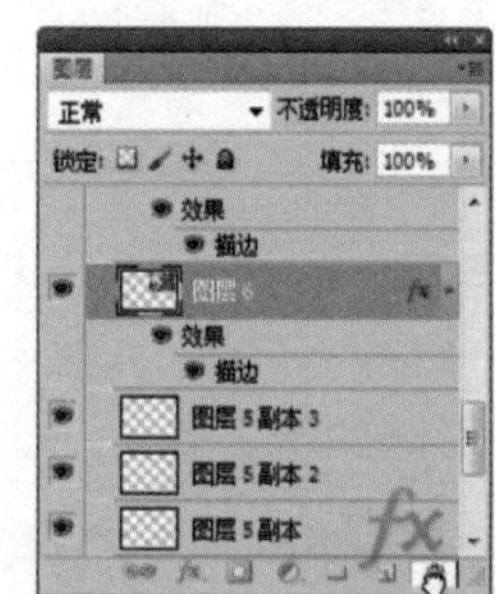

如果为一个图层添加了多个图层样式，要删除其中的一个，则直接拖动该图层样式到删除按钮上，松开鼠标即可删除，如右图所示。

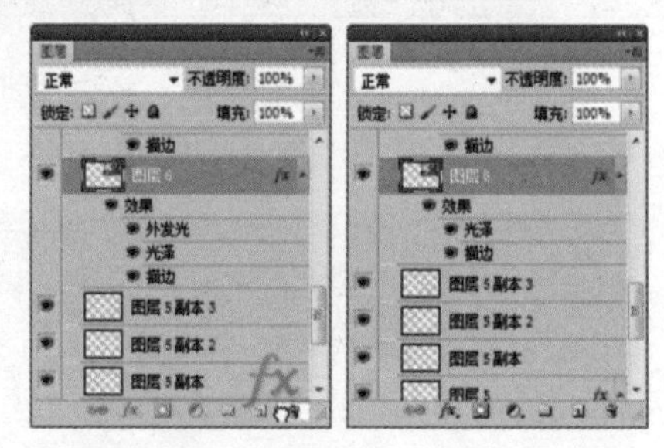

◎ 单击图层样式左侧的眼睛图标，可以隐藏该图层效果。

2. 移动与复制图层样式

通过复制与粘贴图层样式可以减少重复性操作，从而提高用户的工作效率。下面将详细介绍复制图层样式的方法。

1 移动图层样式

拖动某个图层样式或fx图标到另一个图层上方，可以移动该图层样式至另一个图层，此时鼠标指针显示为手形形状，同时在指针下方会出现fx图标，如右图所示。

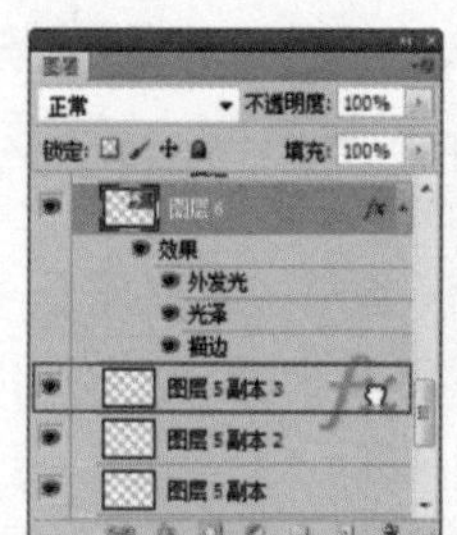

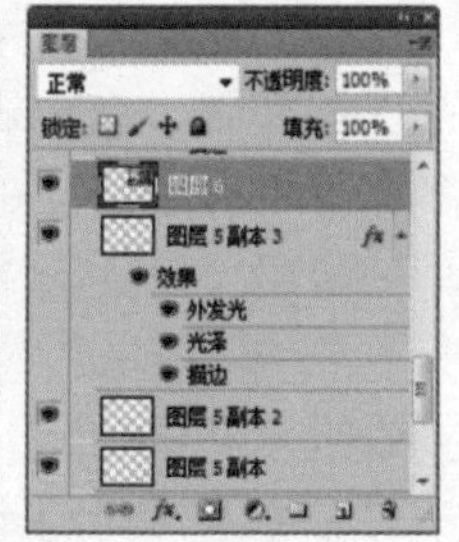

行家提醒

选择“图层”|“新建”|“通过剪切的图层”命令或按【Shift+Ctrl+J】组合键，可以将选区内的图像剪切到新建的图层中。

2 复制图层样式

如果在拖动过程中按住了【Alt】键，则可以复制该图层样式到另一个图层，此时鼠标指针显示为▶形状，如下图所示。

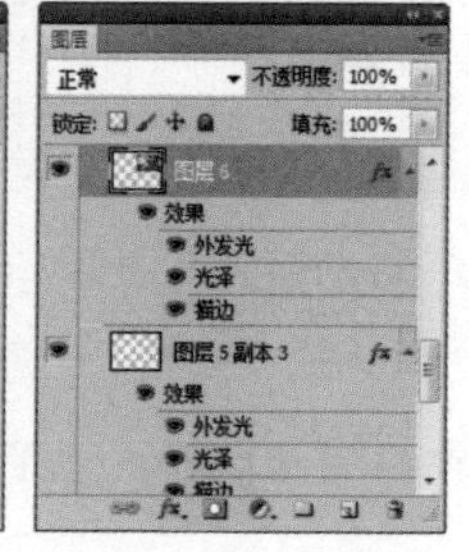

3 选择“拷贝图层样式”命令

在添加了图层样式的图层上右击，在弹出的的快捷菜单中选择“拷贝图层样式”命令，然后在需要粘贴的图层上右击，在弹出的的快捷菜单中选择“粘贴图层样式”命令，也可以复制图层样式，如下图所示。

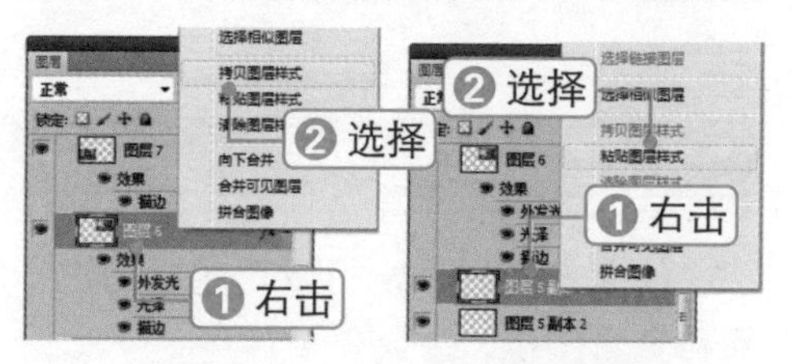

7.6 使用图层组

在图像处理的过程中，有时用到的图层数目会很多，这会导致“图层”面板拉得很长，使得查找图层很不方便。为了解决“图层”面板过长的问题，Photoshop CS5 提供了图层组功能，下面将进行详细介绍。

>> 7.6.1 创建图层组

在“图层”面板中单击“创建新组”按钮▭，或选择“图层”|“新建”|“组”命令，即可在当前图层上方创建一个图层组，如下图（左）所示。

双击创建的图层组的名称，可以为图层组重命名，如下图（右）所示。

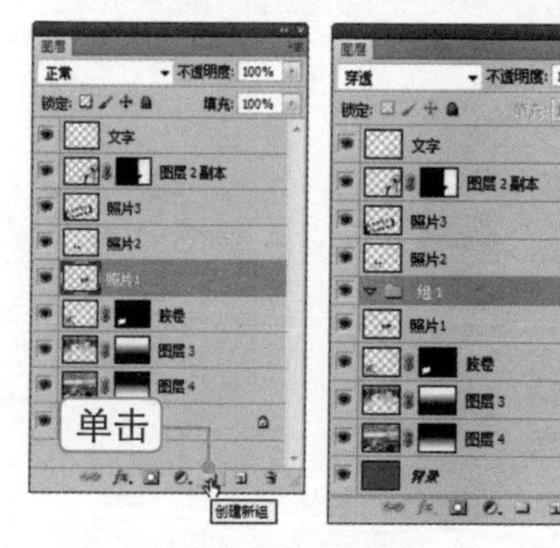

现在创建的图层组是一个空组，其中不包含任何图层。如果想将图层移到该组中，方法如下：

在需要移动的图层上按下鼠标左键，然后将其拖到图层组名称或▭图标上，松开鼠标即可将该图层移到组中。为了表示图层和组的从属关系，组中的图层会

操作提示

选择“图层”|“新建”|“通过拷贝的图层”命令，可以将选区内的图像复制到新建的图层中。

向右缩进一段距离进行显示，如右图所示。

如果要将图层移出图层组，可以将图层拖出图层组区域，或将该图层拖动至图层组的上方或下方，然后松开鼠标即可。

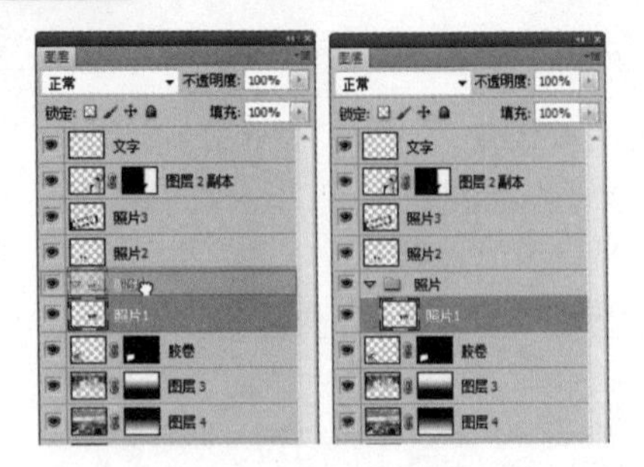

>> 7.6.2 编辑图层组

创建图层组后，可以对图层组进行折叠和展开操作，以节省“图层”面板空间和查看图像。

在图层组的面前有一个▶图标，单击该图标可以将图层组展开，查看图层组中的图层对象，如下图（左）所示。再次单击▼按钮，可以将图层组折叠。

在图层组上右击，在弹出的快捷菜单中选择“取消图层组”命令，可以取消图层组，如下图（右）所示。

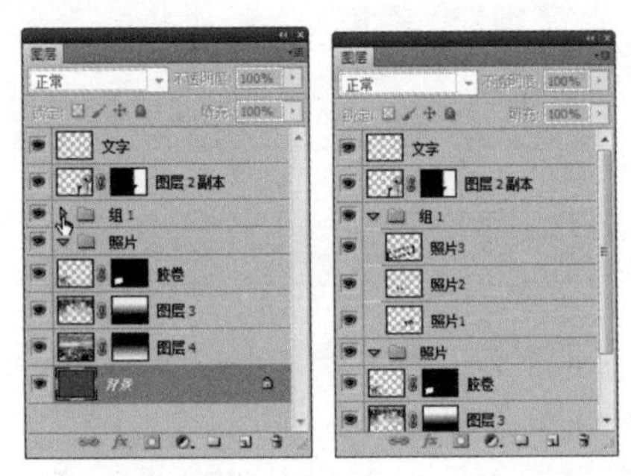

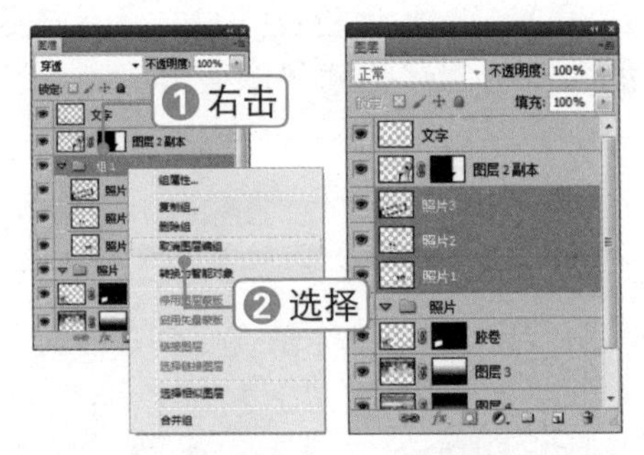

如果在快捷菜单中选择“合并组”命令，可以将组中的所有图层合并为一个图层，如右图所示。

拖动图层组到“图层”面板底部的“创建新图层”按钮上，可以复制图层。选中图层组后单击按钮，将弹出删除提示信息框，如下图所示。单击“组和内容”按钮，将删除图层组和组中的所有图层；单击“仅组”按钮，将只删除图层组，而将组中的图层保留。

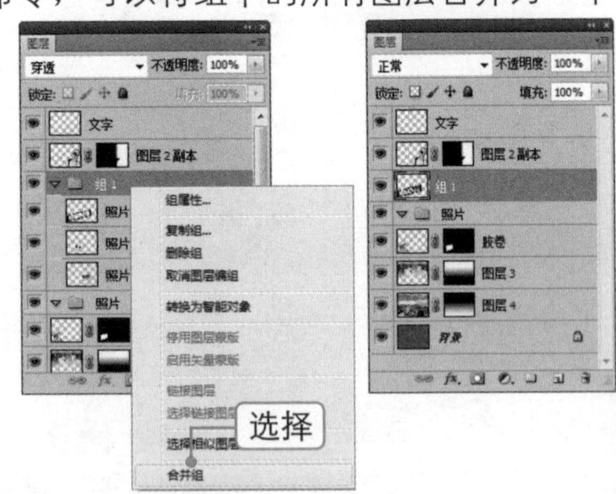

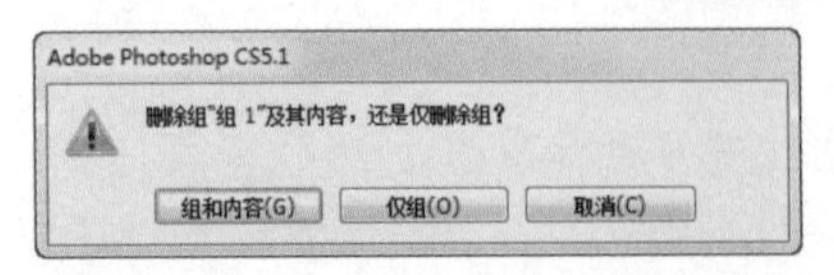

行家提醒

在“图层”面板中选择多个图层，然后选择“图层”|“新建”|“从图层新建组”命令或按【Ctrl+G】组合键，可以将选择的图层快速放到一个新建组中。

7.7 填充和调整图层

填充图层和调整图层都是在当前图层的上方创建一个新图层，通过新建的填充图层可以填充纯色、渐变色和图案，通过新建的调整图层可以用不同的颜色调整方式来调整下方图层中图像的颜色。

使用填充图层和调整图层的优点是：如果对填充的颜色或调整的颜色效果不满意，可随时重新调整或删除填充层或调整层，且原图像并不会被破坏。

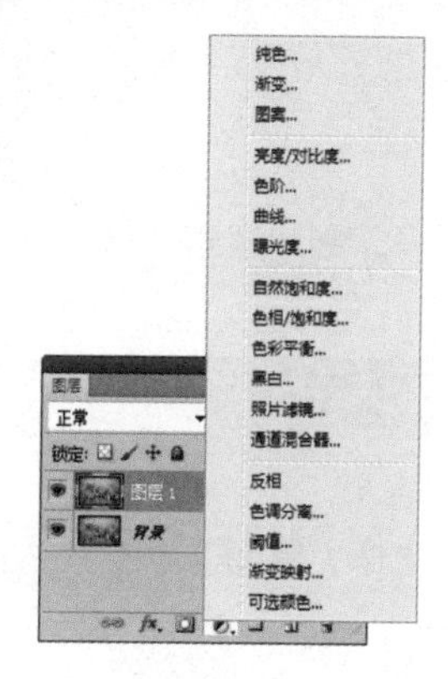

单击“图层”面板底部的按钮，在弹出的下拉菜单中选择相应的命令，即可创建相应的填充或调整图层，如右图所示。

创建填充或调整图层后，将在当前图层上方出现添加的填充或调整图层，并同时出现一个面板，用于进行参数设置，如下图（左）所示。

以后若想再次修改调整参数，则双击调整或填充图层前面的缩览图，重新打开“调整”面板修改参数，如下图（右）所示。

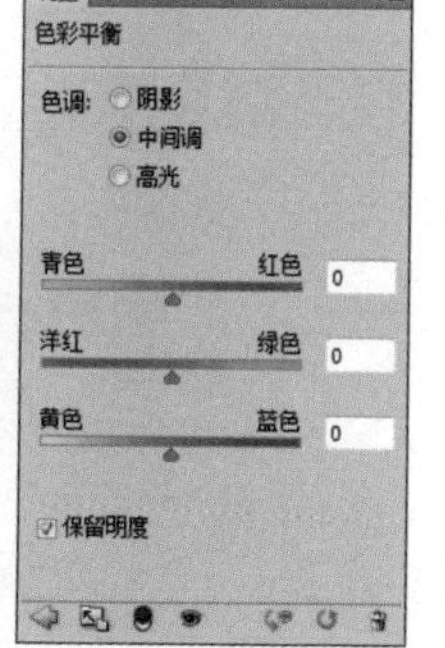

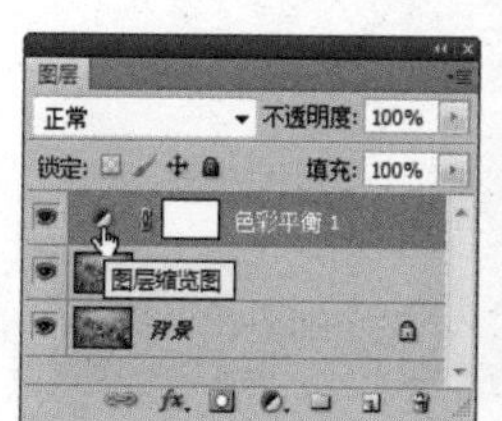

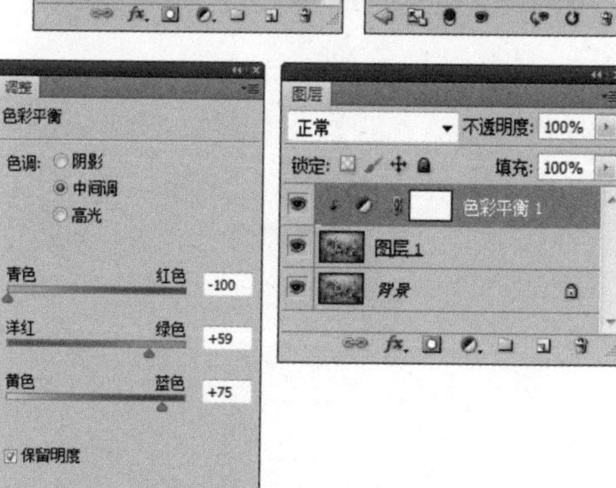

默认情况下，添加的填充或调整图层对其下面的所有图层起作用。如果想设置调整图层仅影响其下面的一个图层，可以单击此时“调整”面板下方的按钮，此时图层缩览图前面将添加一个黑色向下箭头，如右图所示。

通过编辑调整图层的蒙版，可以更方便地改变调整图层的应用范围，从而使调整图像更加方便。

7.8 实战演练——使用填充和调整图层

使用填充或调整图层调整图像非常方便、快捷，且易于修改，下面将通过一个实例详细介绍填充或调整图层的使用方法。

>> 7.8.1 本例操作思路

① 添加调整图层
② 修改图层混合模式
③ 添加填充图层
④ 修改图层混合模式

>> 7.8.2 本例实战操作

素材文件 光盘：素材文件\第7章\海边.jpg、云彩.jpg

① 打开素材文件

选择“文件”|“打开”命令，打开素材文件“海边.jpg”，如下图所示。

② 添加调整图层

单击“图层”面板底部的按钮，在弹出的菜单中选择“渐变映射”命令，如下图所示。

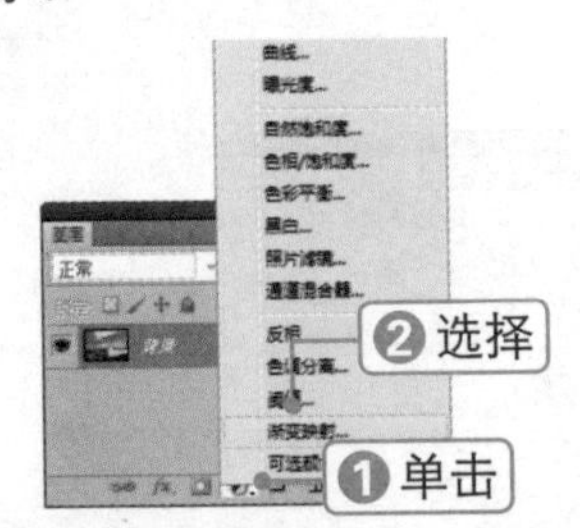

③ 设置调整参数

在弹出的“调整”面板中，设置渐变映射的各项调整参数，如下图所示。

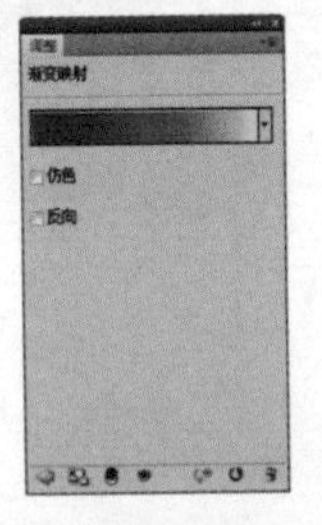

④ 调整图层混合模式

在“图层”面板中设置“渐变映射”调整图层的“图层混合模式”为“柔光”，如下图所示。

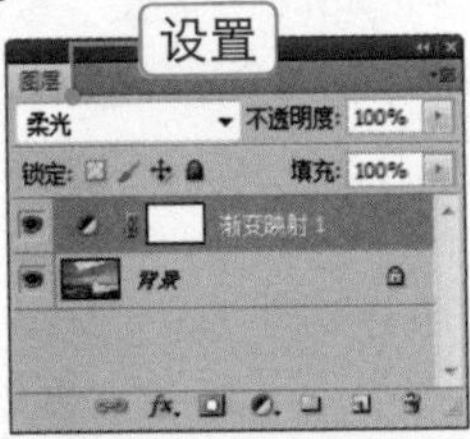

行家提醒

调整图层可以应用于多个图层上，可以在不同图像之间进行复制和粘贴，从而可以快速地调整出相同的颜色和色调。

5 查看图像效果

此时，图像的效果已经发生了巨大的变化，如下图所示。

6 打开素材文件

选择"文件"|"打开"命令，打开素材文件"云彩.jpg"，如下图所示。

7 定义图案

选择"编辑"|"定义图案"命令，在弹出的对话框中单击"确定"按钮，将图像定义为图案，如下图所示。

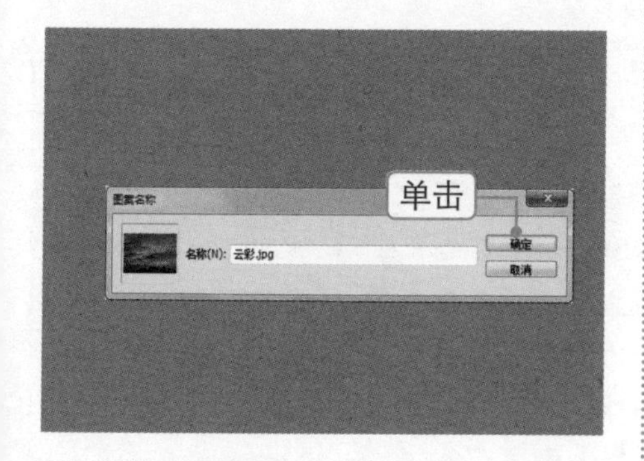

8 添加"图案"调整图层

返回"海边"文件窗口，单击"图层"面板底部的按钮，在弹出的菜单中选择"图案"命令，如下图所示。

9 设置调整参数

在弹出的"图案填充"对话框中保持默认设置，然后单击"确定"按钮，如下图所示。

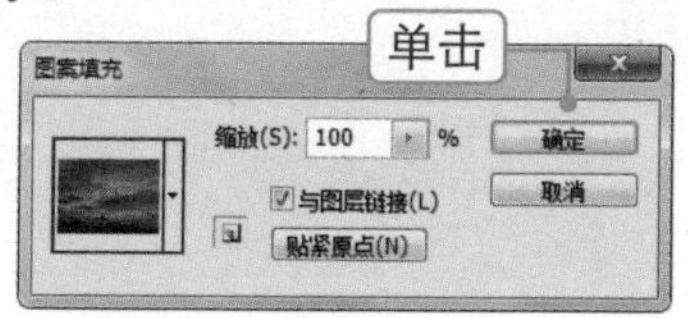

10 调整图层混合模式

在"图层"面板中设置"图案"调整图层的"图层混合模式"为"叠加"，最终效果如下图所示。

操作提示

"样式"面板是Photoshop中用来管理图层样式的工具。使用该面板，可以载入、浏览保存在文件中的图层样式，还可以存储用户自定义的样式。

新手有问必答

① 在 Photoshop 中，新建图层的位置如何放置？

默认情况下，新建的图层会排列在当前图层的上方，并自动变成当前图层。按住【Ctrl】键并单击“创建新图层”按钮，则在当前图层的下方创建新图层。

② 背景图层和普通图层是否可以相互转换？

可以相互转换。若想对背景图层进行操作，必须先将其转换为普通图层，方法如下：双击“背景”图层，弹出“新建图层”对话框，如下图所示。在该对话框中设置图层的名称、颜色、模式和不透明度，设置完成后单击“确定”按钮，即可将背景图层转换为普通图层。

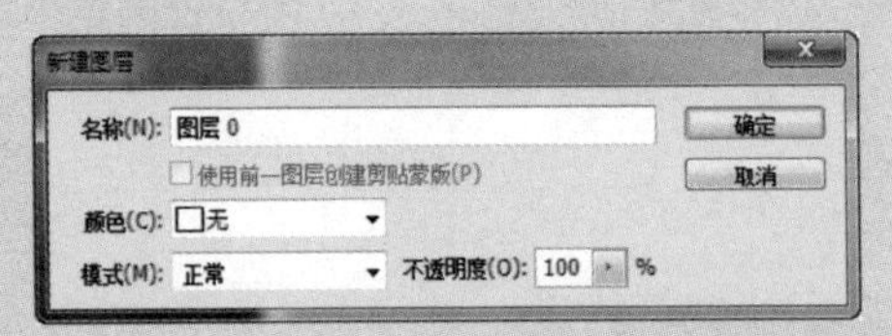

若要将某个图层转换为背景图层，可以先选中该图层，然后选择“图层”|“新建”|“图层背景”命令即可。

③ 什么是栅格化图层，如何进行栅格化？

对于文字图层、形状图层、矢量蒙版或智能对象等包含矢量数据的图层，要对它们进行编辑，首先要将图层栅格化。所谓栅格化，就是将矢量图层转换为位图图层的过程。选中要栅格化的图层，然后选择“图层”|“栅格化”命令，利用弹出的子菜单即可栅格化不同的对象，如下图所示。

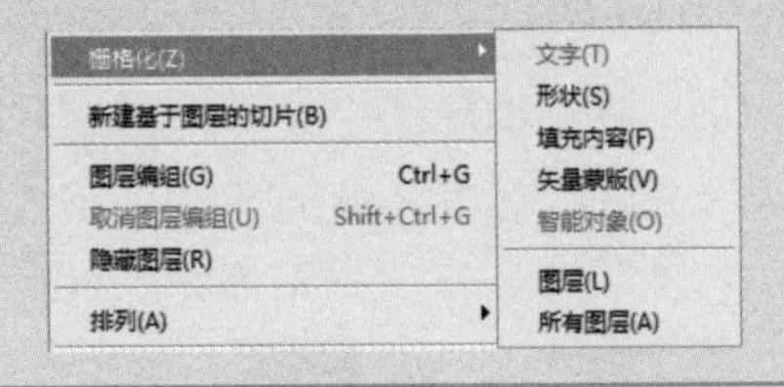

行家提醒

在“图层”面板中选择要应用样式的图层，然后将在“样式”面板的缩览图上单击即可应用该样式。

Chapter 08

创建与编辑路径

使用Photoshop中的钢笔工具和形状工具可以创建各种矢量对象，包括形状图层、工作路径和像素图形等。同时路径可以和选区相互转换，因此路径也是抠图常用的工具。本章将详细介绍创建与编辑路径的方法，以及路径在图像处理中的应用。

本章重点知识

- ◎ 认识路径
- ◎ 绘制路径
- ◎ 编辑路径
- ◎ 使用“路径”面板
- ◎ 实战演练——使用路径编辑图像

8.1 认识路径

所谓路径，是指在屏幕上表现为一些不可打印、不活动的矢量图形，无论是缩小或放大图像都不会影响其分辨率和平滑程度，均会保持清晰的边缘。

路径由锚点和连接锚点的线段（曲线）构成，通常每个锚点均带有一条或两条方向线，方向线以控制柄结束；方向线的长度和方向的位置决定了曲线段的大小和形状，移动这些元素将会改变路径中曲线的形状，如下图所示。

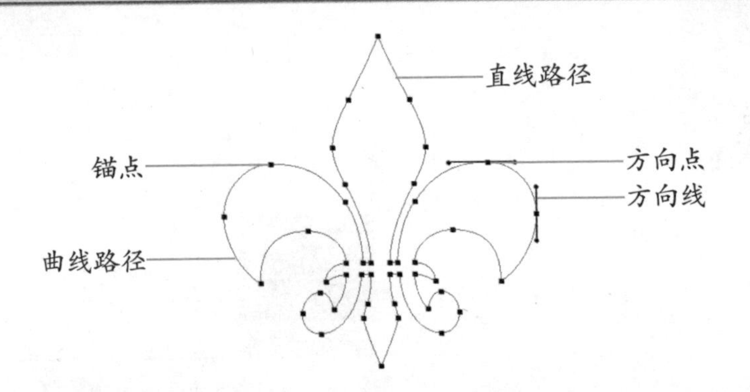

8.2 绘制路径

路径是由贝塞尔曲线段构成的线条或图形，可以转换为选区或者使用颜色填充或描边。在创建路径时，可以使用工具箱中的钢笔工具组和形状工具组来完成，如右图所示。

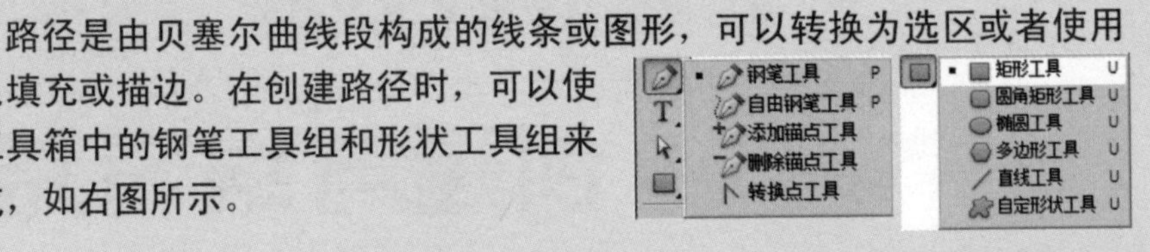

>> 8.2.1 认识路径工具属性栏

在 Photoshop CS5 中，各个路径工具的属性栏基本相似，下面将以钢笔工具属性栏为例进行介绍。

选择工具箱中的钢笔工具，其属性栏如下图所示。

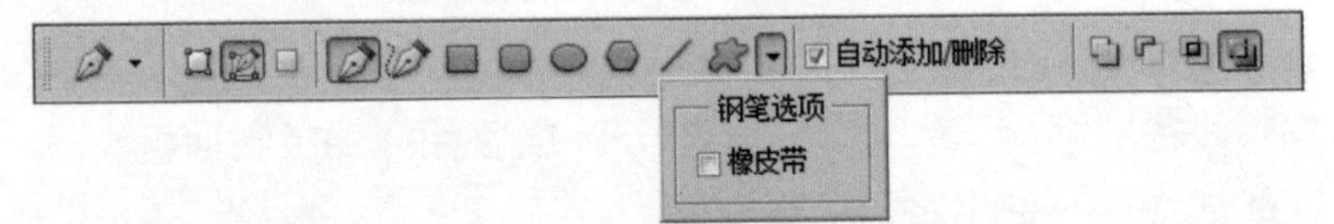

行家提醒

路径是可以转换为选区或者使用颜色填充或描边的轮廓，按照形态分为开放路径、闭合路径以及复合路径。

1. 形状图层

单击“形状图层”按钮，即可创建形状图层。此时绘制路径，就会在绘制出路径的同时建立一个形状图层，路径内的区域将被填入样式或颜色，如下图所示。

单击“形状图层”按钮后，此时的钢笔工具属性栏会发生变化，如下图所示。

◎ 路径运算按钮：包括，分别是“创建新的形状图层”按钮、“添加到形状区域”按钮、“从形状区域减去”按钮、“交叉形状区域”按钮和“重叠形状区域除外”按钮。在绘制路径时，通过设置属性栏中的路径运算按钮，可以对已经绘制的路径进行编辑。这些模式与选区运算模式一样，可以对形状和路径进行相加、相减等运算操作。

◎ 样式：当单击“形状图层”按钮时，出现该选项，默认样式为“无”，此时所建内部路径的区域将被填入所设置的颜色。当选择其他样式时，所建路径的内部将被填入该样式，如右图所示。

◎ 颜色：在样式设置为“无”时，单击该颜色块，在弹出的颜色对话框中可以选择路径形状的填充颜色，如右图所示。

2. 绘制路径

单击“路径”按钮，此时可以绘制工作路径，如下图所示。

所谓开放路径，是指起始锚点和结束锚点没有重合的路径。所谓闭合路径，是指起始锚点和结束锚点重合为一个锚点，呈闭合状态的路径。

此时的钢笔工具属性栏如下图所示。

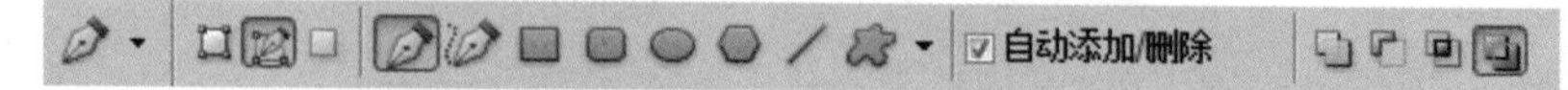

3. 填充像素

单击“填充像素”按钮，可以创建填充图形，此时不会创建新的图层，而是在原图层上出现填充图形，如右图所示。

4. 自动添加 / 删除

选中该复选框，可让用户在单击线段时添加锚点，或在单击锚点时删除锚点。

5. 橡皮带

选中该复选框，在绘制路径时将可以预先看到将要绘制的路径线段，从而判断出路径的走向。

>> 8.2.2 使用钢笔工具

在属性栏中设置完钢笔工具的属性后，即可使用钢笔工具绘制路径，其使用方法如下：

在图像中依次单击，即可创建直线路径，如下图（左）所示。在绘制路径的过程中，按住鼠标左键并拖动即可绘制曲线，如下图（右）所示。

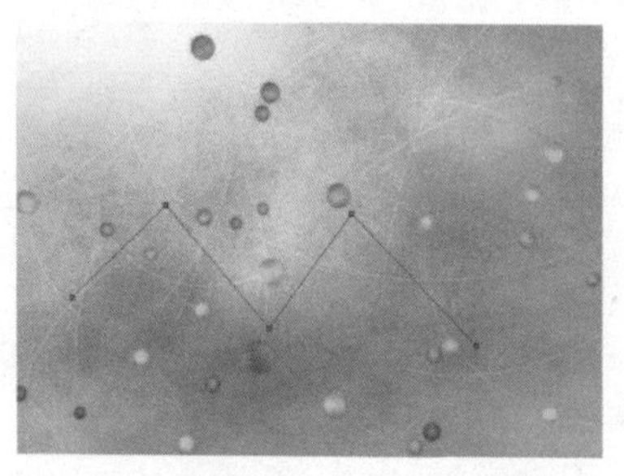
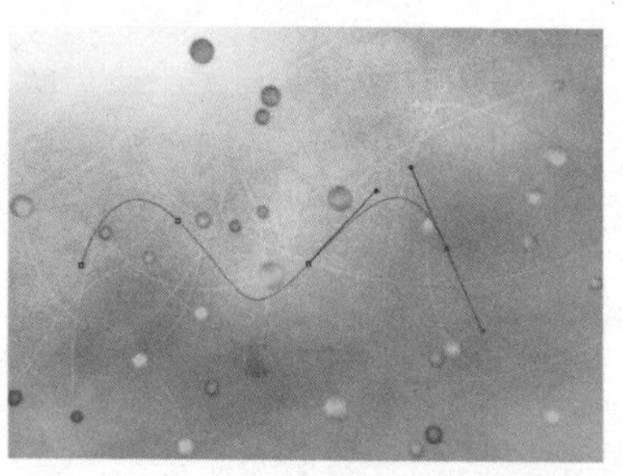

在绘制路径的过程中，将鼠标指针移动到第一个锚点上，当笔尖旁边出现小

行家提醒

选择钢笔工具时“填充像素”按钮不能使用，只有使用形状工具组中的工具时才可使用。

圆圈时单击，可以创建闭合路径，如下图所示。

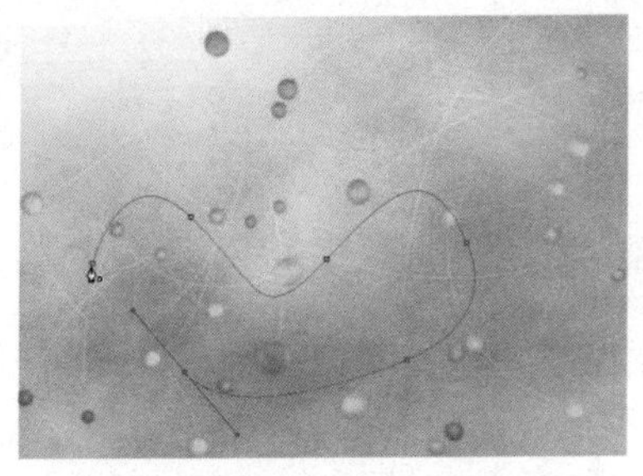

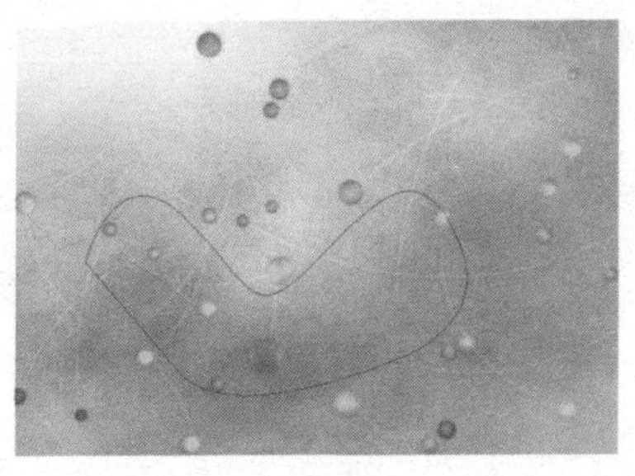

按住【Ctrl】键并单击路径以外的任何区域或按【Esc】键，路径上所有锚点消失即可完成路径的绘制，如下图所示。

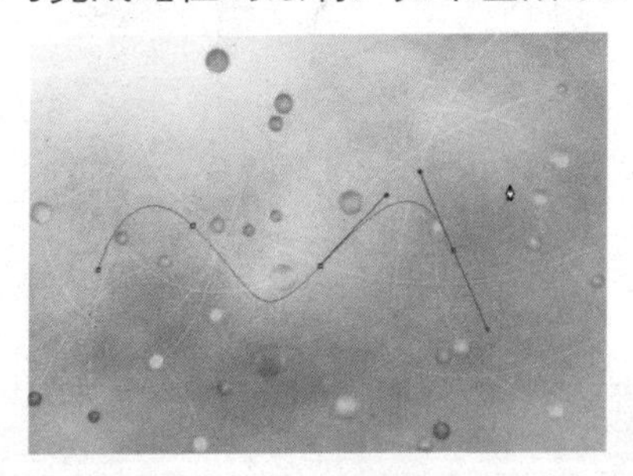

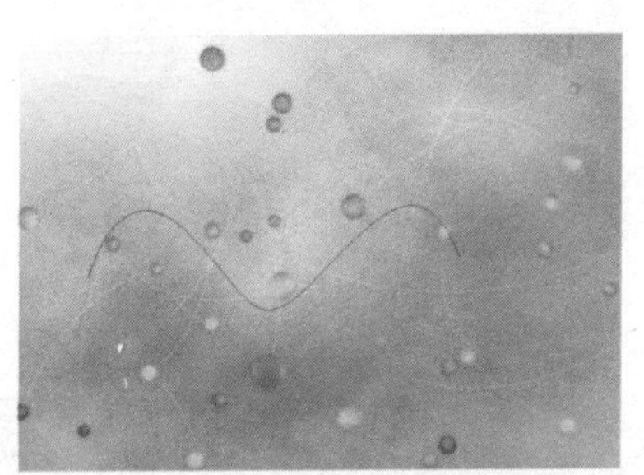

>> 8.2.3 使用矩形工具与圆角矩形工具

使用矩形工具和圆角矩形工具可以绘制各种矩形和正方形，下面将介绍它们的使用方法。

1．矩形工具

矩形工具■主要用于绘制矩形，其使用方法为单击工具箱中的矩形工具■，然后在图像中按住鼠标左键并拖动进行绘制即可，如下图（左）所示。

绘制矩形图形时按住【Shift】键，也可以创建一个正方形图形，如下图（中）所示。

选择矩形工具■后，在其属性栏中单击“几何选项”按钮，在弹出的下拉面板中可以对矩形选项进行设置，如下图（右）所示。

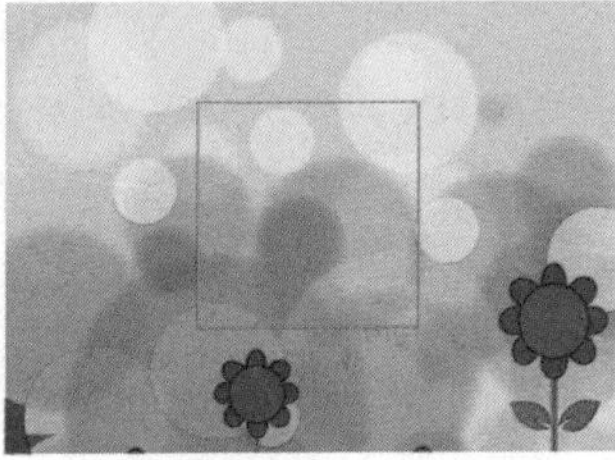

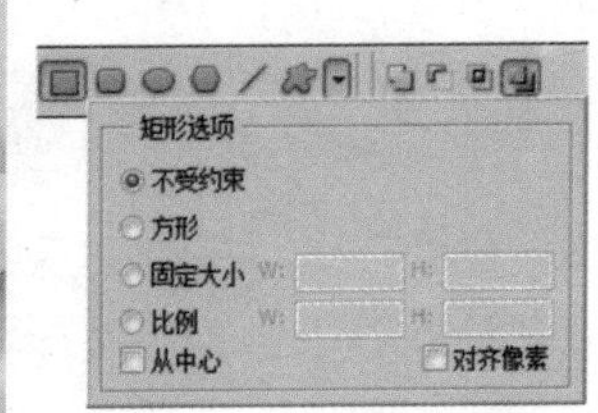

操作提示

在绘制矩形图形时按住【Alt】键，也可以创建从中心开始向四周扩展的矩形。

2. 圆角矩形工具

使用圆角矩形工具可以绘制带圆角的矩形，其属性栏与矩形工具属性栏相似，只是其中增加了一个“半径”文本框，用于设置圆角矩形圆角半径的大小，如下图所示。

对于半径，其数值越大，圆角的弧度也越大，如下图所示。

半径为10

半径为50

>> 8.2.4 使用椭圆工具

使用椭圆工具可以绘制椭圆图形，其使用方法为：选择工具箱中的椭圆工具，然后在图像中按住鼠标左键并拖动进行绘制即可，如下图（左）所示。

绘制椭圆图形时按住【Shift】键，也可以创建一个正圆形图形，如下图（中）所示。

选择椭圆工具后，在其属性栏中单击“椭圆选项”按钮，在弹出的下拉面板中可以对椭圆选项进行设置，如下图（右）所示。

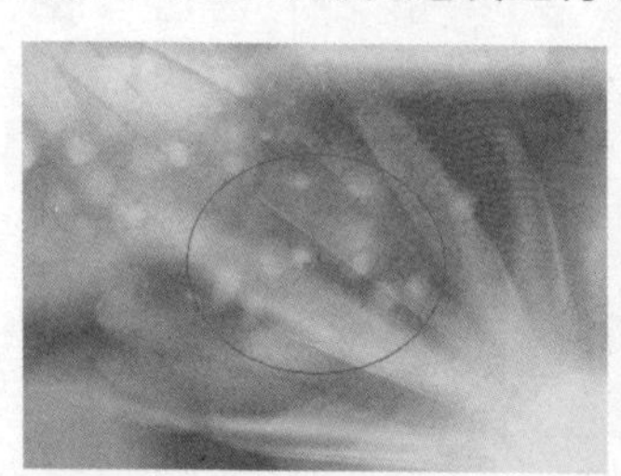

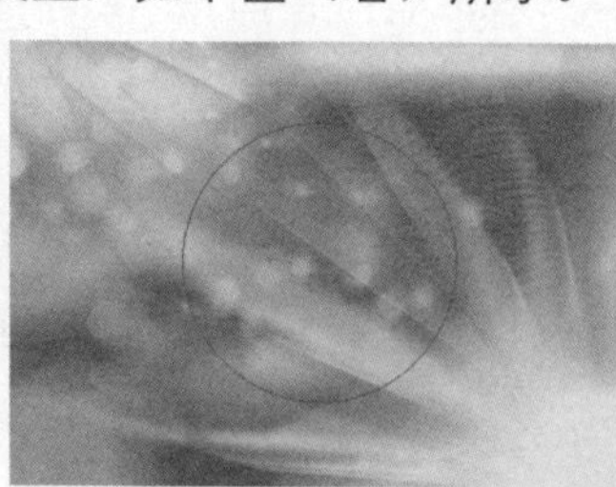

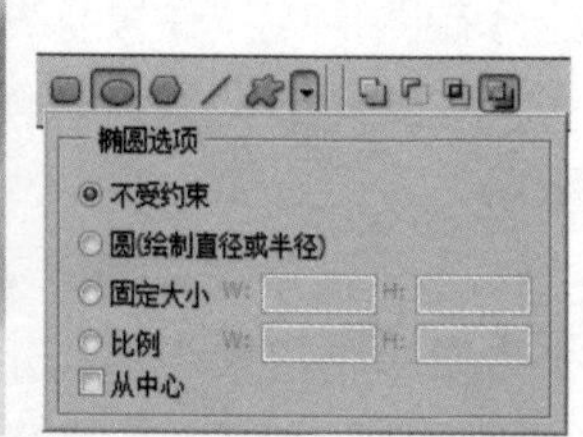

>> 8.2.5 使用多边形工具

多边形工具的主要作用是绘制多边几何形。在工具属性栏中设置多边形的相关参数后，在图像中拖动鼠标即可绘制图形，如下图所示。

行家提醒

路径是矢量对象，它不包含像素，因此没有进行填充或描边处理的路径是不能被打印出来的。

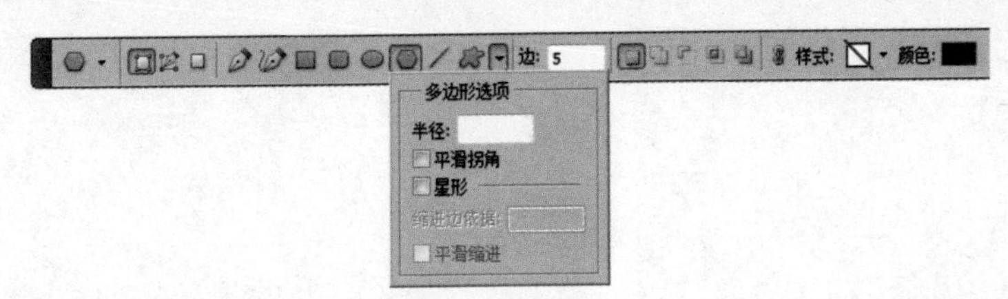

应用多边形工具时，在工具属性栏中输入多边形的边数，可以创建不同边数的图形，如下图所示。

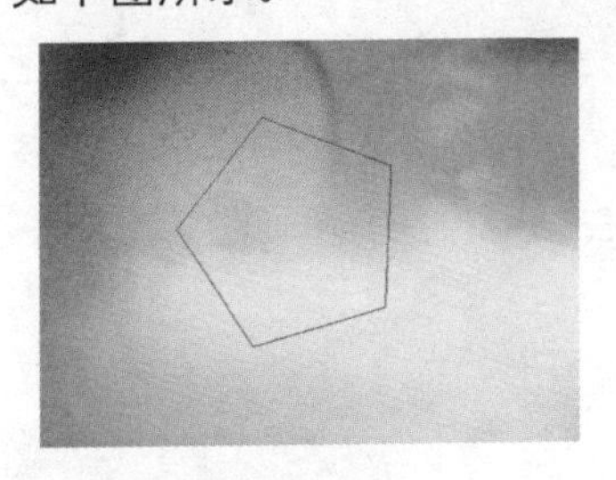
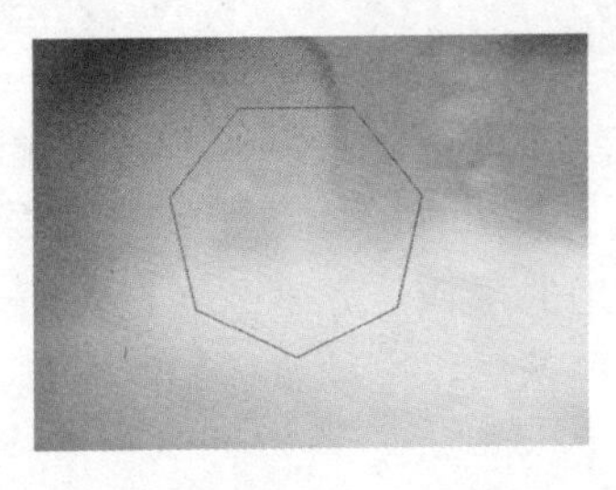

边数为5　　　　边数为7

在“多边形选项”下拉面板中选中“星形”复选框，还可以绘制星形图案，如下图所示。

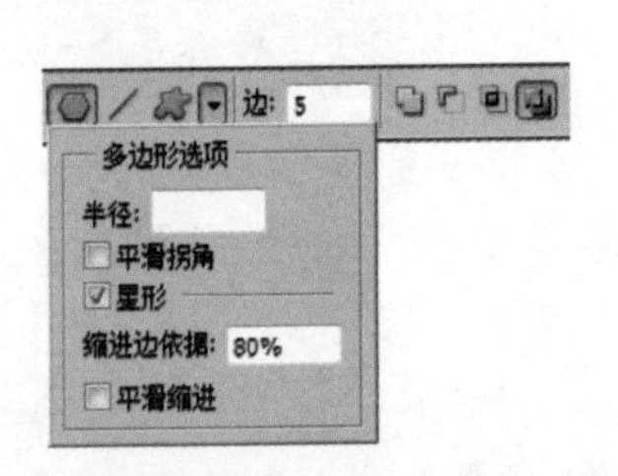

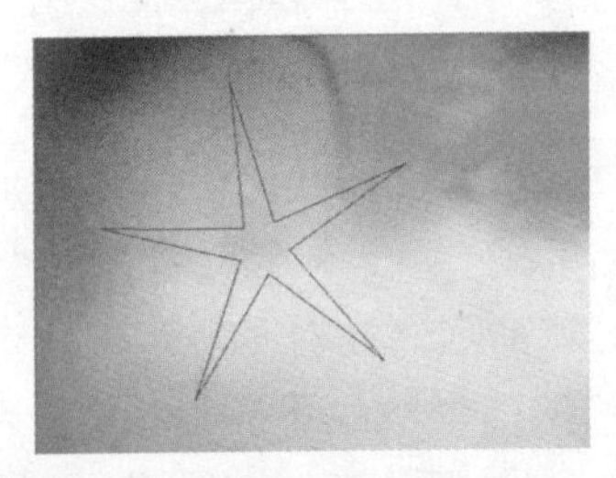

>> 8.2.6 使用直线工具

使用直线工具可以绘制直线。通过在工具属性栏中对宽度进行设置，可以绘制宽度不一样的直线图形，如下图所示。

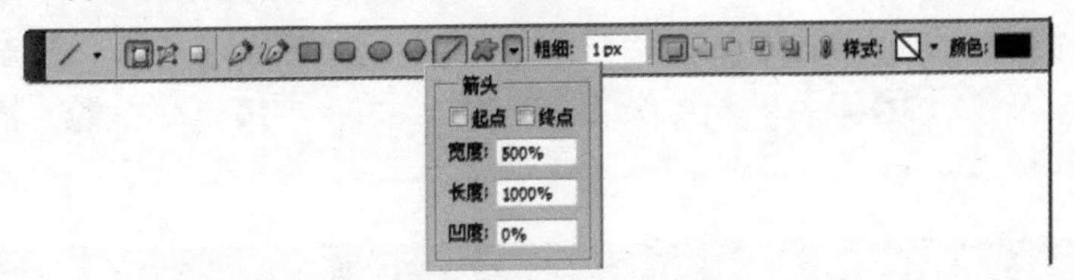

在使用直线工具时，要先在工具属性栏中输入直线的宽度值，然后拖动鼠标进行绘制即可，如下图（左）所示。

在工具属性栏的“箭头”下拉面板中选中“起点”或“终点”复选框，用于指定在直线的起点或终点创建箭头。如果同时选中这两个复选框，则可以在直线的两端创建箭头，如下图（右）所示。

使用钢笔工具绘制路径，在创建曲线路径时，调整柄的长度决定了曲线的高度和深度。

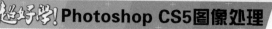

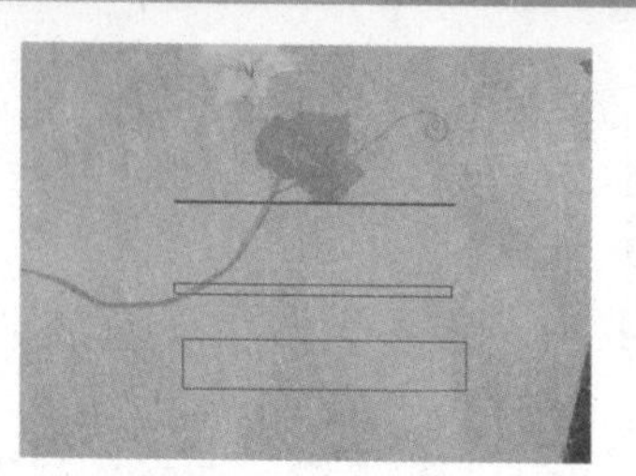

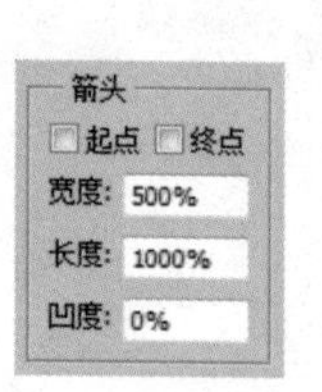

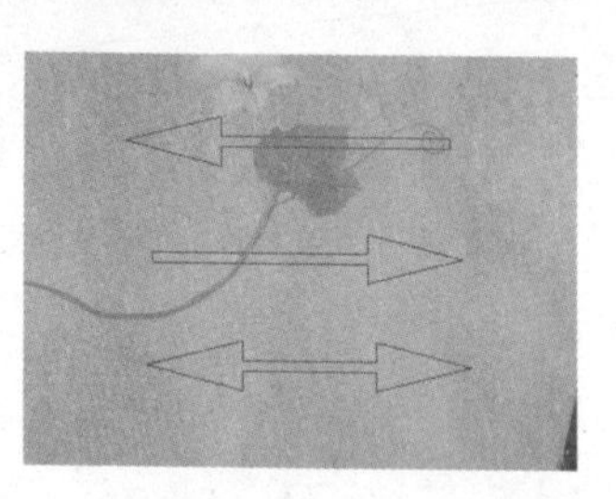

>> 8.2.7 使用自定义形状工具

自定形状工具中提供了多种系统预设的图形。在工具箱中选择自定形状工具后，在工具属性栏中单击“形状”右侧下拉按钮，在弹出的下拉面板中可以选择要使用的形状，如下图（左）所示。

选择完形状后，拖动鼠标即可绘制出图形，如下图（右）所示。

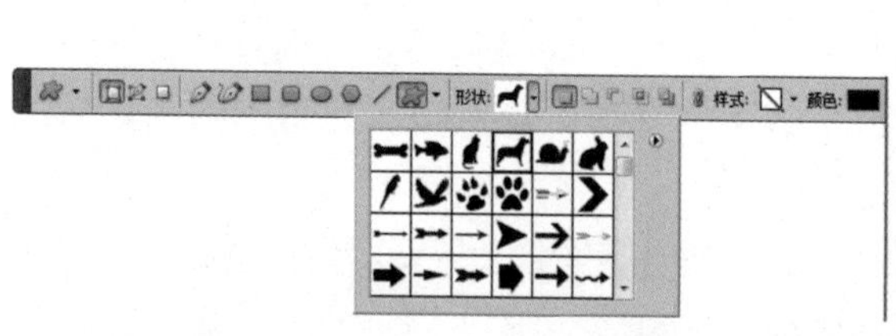

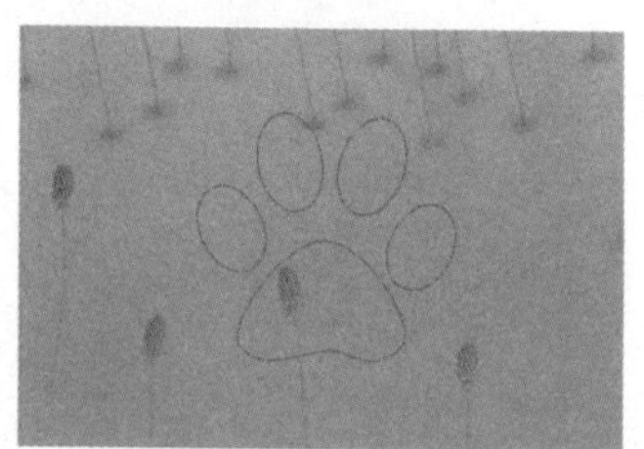

用户也可以自定义形状，并将其添加到“形状”下拉面板中。使用形状工具绘制所需的图形，然后选择“编辑”|“定义自定形状”命令，在弹出的“形状名称”对话框中为形状命名，如右图所示。单击“确定”按钮，即可将图形载入自定形状工具属性栏的“形状”下拉面板中。选择定义的图形，然后拖动鼠标即可进行绘制图形的操作。

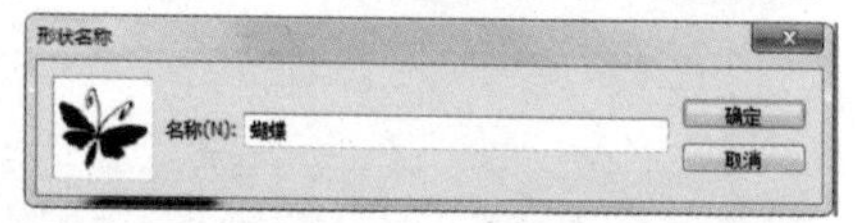

8.3 编辑路径

在绘制路径时，往往一次绘制的路径并不能完全符合用户的需求，这就需要对路径进行编辑。下面将介绍在 Photoshop 中编辑路径的方法。

>> 8.3.1 使用路径选择工具

使用路径选择工具可以对路径进行选择、移动等操作。选择工具箱中的路径选择工具，单击要选择的路径，路径上的锚点将全部显示为黑色，表示该路径已被选择，如下图（左）所示。

行家提醒

使用钢笔工具绘制路径时，若要创建 C 形曲线，可向前一条方向线的相反方向拖动，然后释放鼠标。

在按住【Shift】键的同时依次单击路径，即可将多个路径同时选择，如下图（右）所示。

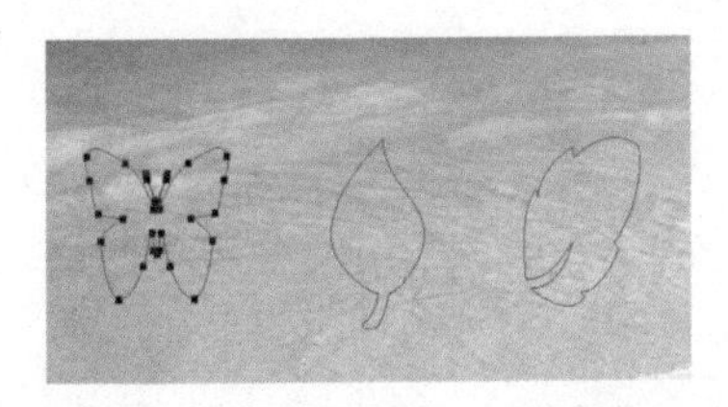
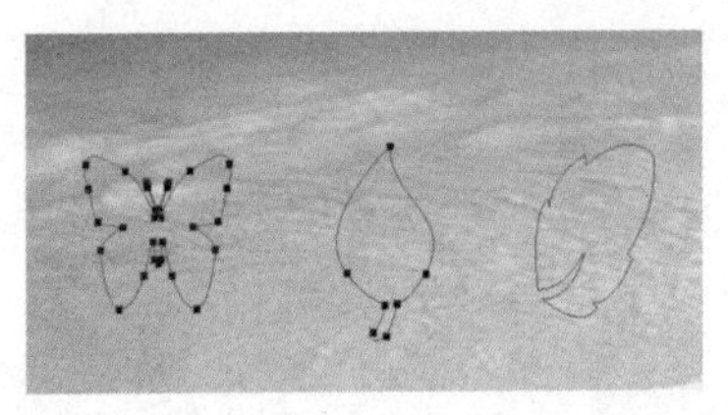

按住鼠标左键，在图像上拖动鼠标绘制一个矩形虚线框，也可以将该矩形框内的路径全部选中，如下图所示。

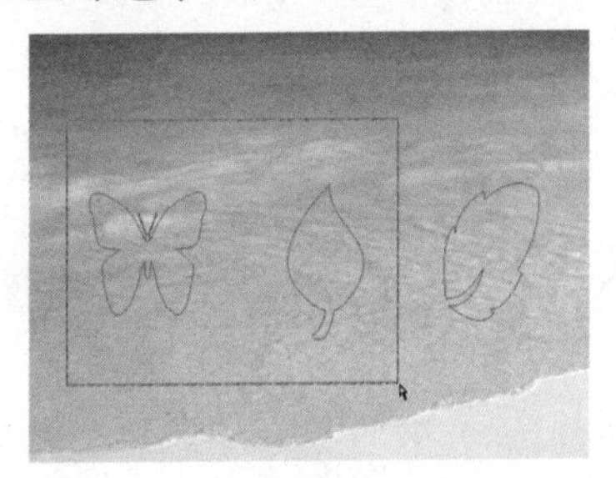
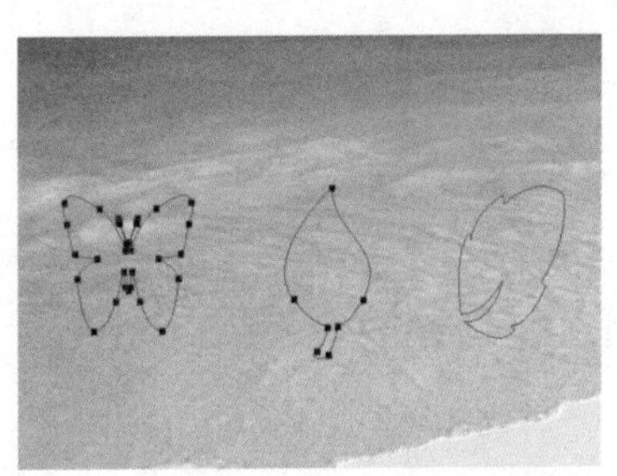

选择路径，然后按住鼠标左键并拖动，即可将路径从一个位置移动到另一个位置，如下图（左）所示。

单击路径外图像的其他区域，即可取消路径的选择状态，如下图（右）所示。

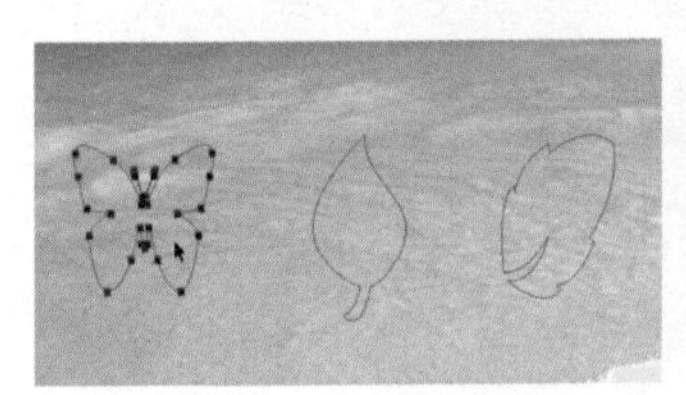
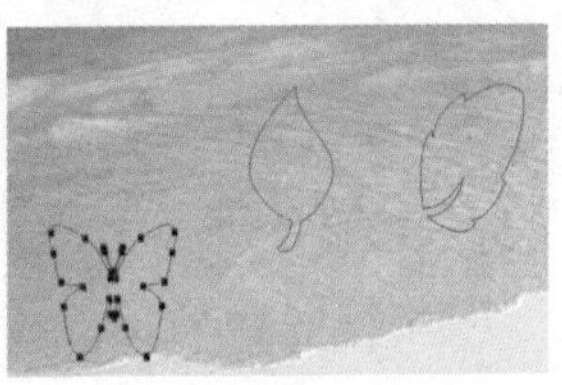

>> 8.3.2 使用直接选择工具

直接选择工具用来调整路径中的锚点和线段，也可以调整方向线和方向点。利用直接选择工具在路径上单击选中路径，被选中的路径以空心点的方式显示各个锚点，如下图（左）所示。

按住【Shift】键依次单击其他锚点，可以同时选择多个锚点，如下图（右）所示。

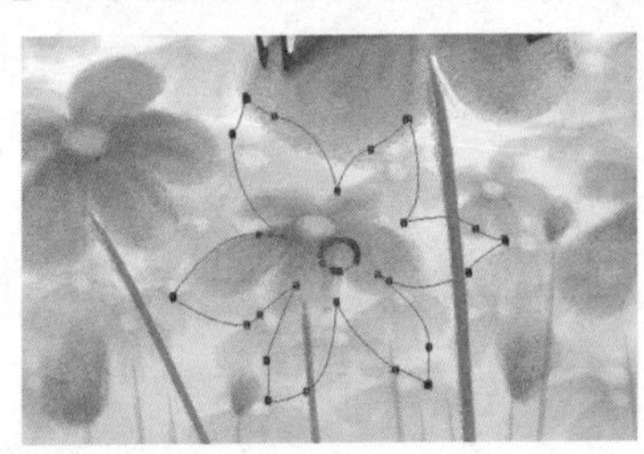
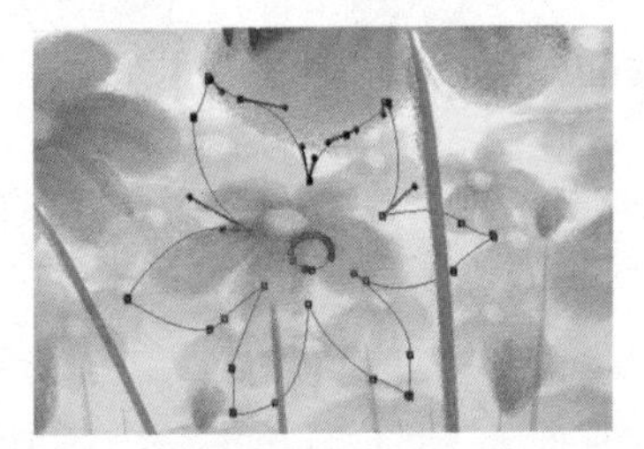

使用钢笔工具绘制路径时，若要创建S形曲线，则可按照与前一条方向线相同的方向拖动，然后释放鼠标。

按住鼠标左键，在图像上拖动鼠标绘制一个矩形虚线框，也可将该矩形框内的锚点全部选中，如下图（左）所示。

在选择的锚点上按住鼠标左键，然后拖到其他位置，即可移动锚点的位置，如下图（中）所示。

选择的锚点上将会出现方向线，拖动方向线可以改变曲线的方向，如下图（右）所示。

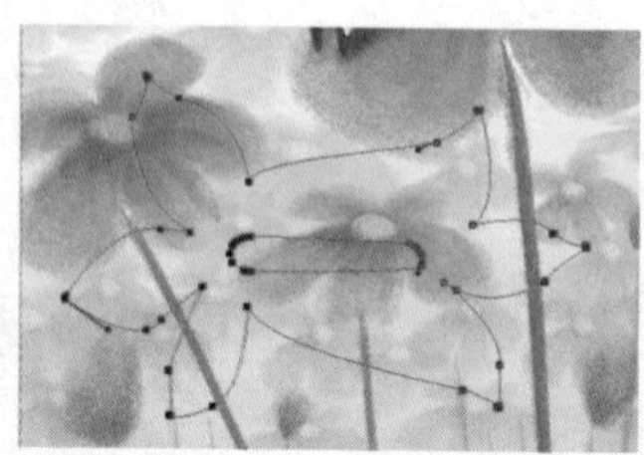

>> 8.3.3 使用添加锚点工具与删除锚点工具

添加锚点是指在路径上添加新的锚点。选择工具箱中的添加锚点工具，在路径上单击即可为该路径添加一个新的锚点，如下图所示。

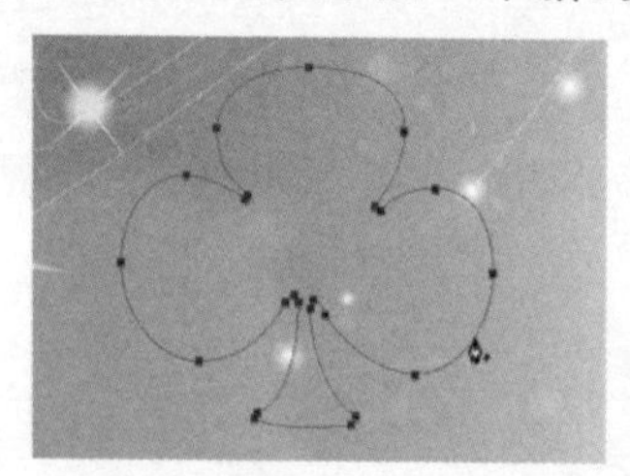
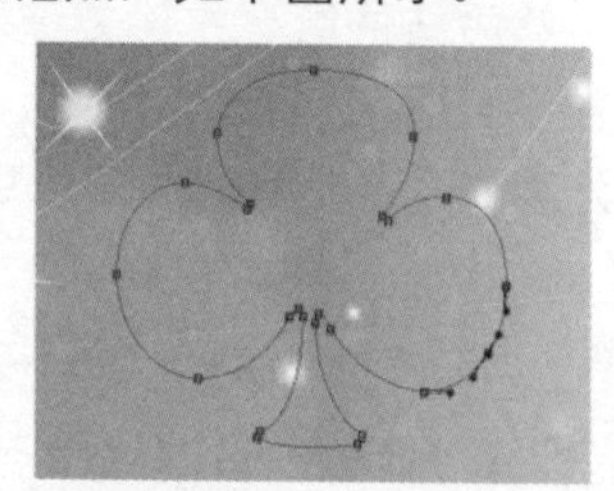

对于添加的锚点，可以通过拖动和调整来设置锚点周围路径的形状，如下图（左）所示。

删除锚点工具与添加锚点工具相反，它是将选择的锚点删除，如下图（右）所示。

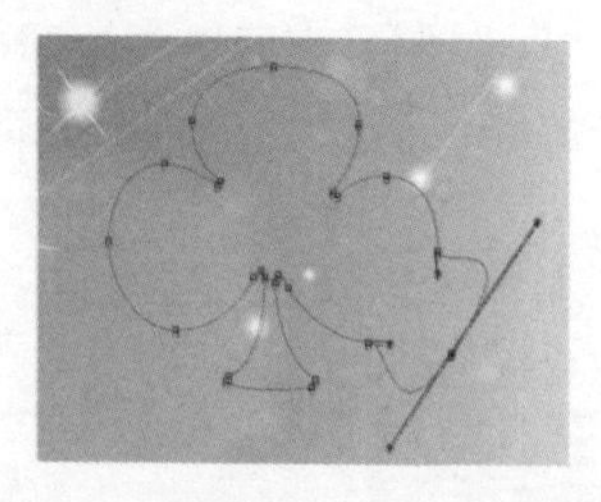

>> 8.3.4 使用转换点工具

在 Photoshop CS5 中，锚点的类型可分为三类，分别为直线锚点、曲线锚点和贝叶斯锚点。这三种锚点的特点如下：

行家提醒

按住【Ctrl】键的同时使用钢笔工具单击任意锚点，即可选中该锚点，按【Delete】键将其删除，即可断开路径。

◎ 直线锚点：该类锚点的特点是没有方向控制杆。使用钢笔工具在选定位置单击，即可获得直线锚点。

◎ 曲线锚点：使用钢笔工具在选定位置拖动鼠标，即可创建曲线锚点，其特点是锚点两侧存在方向控制杆。虽然两个方向控制杆的长度可以不同，但始终在一条直线上。

◎ 贝叶斯锚点：该锚点两侧都有方向控制杆，不但两个方向控制杆的长度可以不同，而且可以不在一条直线上，从而制作“凹形”形状。但是，用户无法使用钢笔工具制作贝叶斯锚点，只能使用转换锚点工具将曲线锚点转换为贝叶斯锚点。

使用工具箱中的转换点工具，可以使锚点在直线锚点、曲线锚点和贝叶斯锚点之间进行转换。

◎ 使用鼠标在圆滑型锚点或贝叶斯锚点上单击，即可将其转换为直线型锚点，如下图所示。

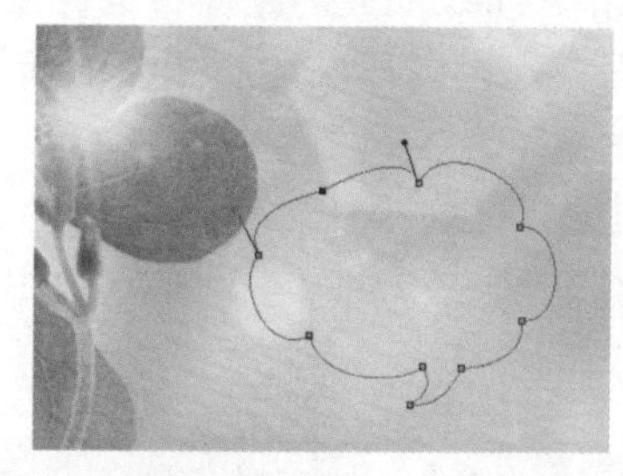

◎ 在直线锚点上按住鼠标左键并拖动，调整方向线，即可以将其转换为圆滑型锚点，如下图所示。

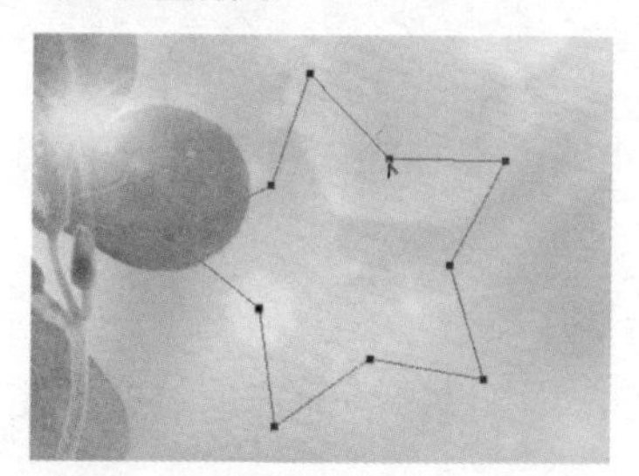
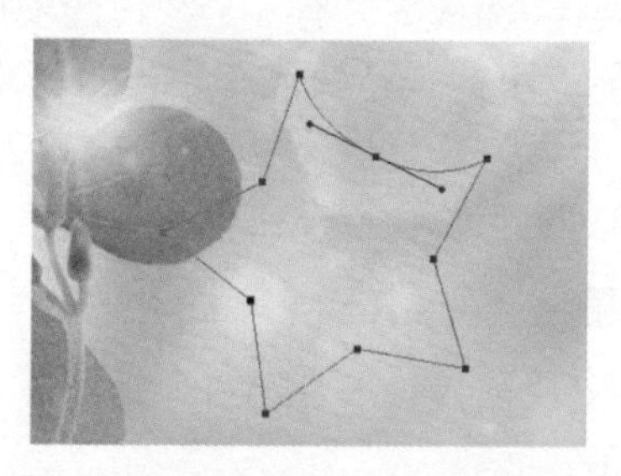

◎ 通过拖动曲线锚点方向控制杆的端点，可将其转换为贝叶斯锚点，如下图所示。

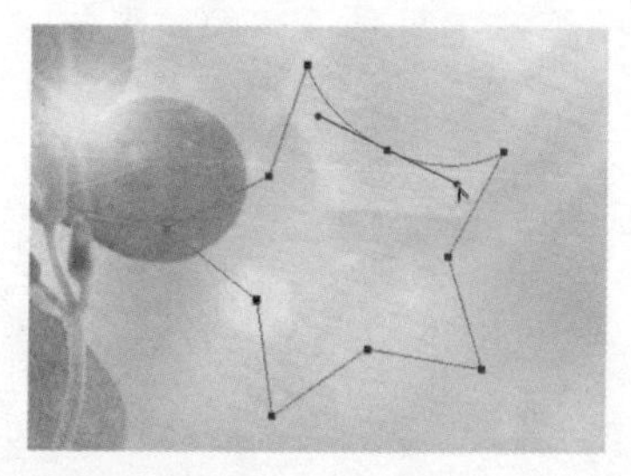
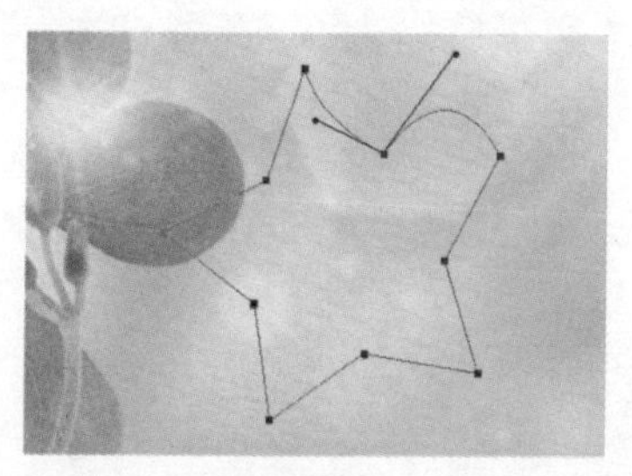

操作提示

按住【Alt】键移动路径，可在当前路径内复制子路径。如果当前选择的是直接选择工具，按住【Ctrl】键可以切换为路径选择工具。

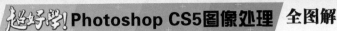

8.4 使用“路径”面板

“路径”面板列出了每条存储的路径、当前工作路径以及当前矢量蒙版的名称和缩览图，使用“路径”面板可以对路径进行综合管理。选择“窗口”|“路径”命令，即可打开“路径”面板，如右图所示。

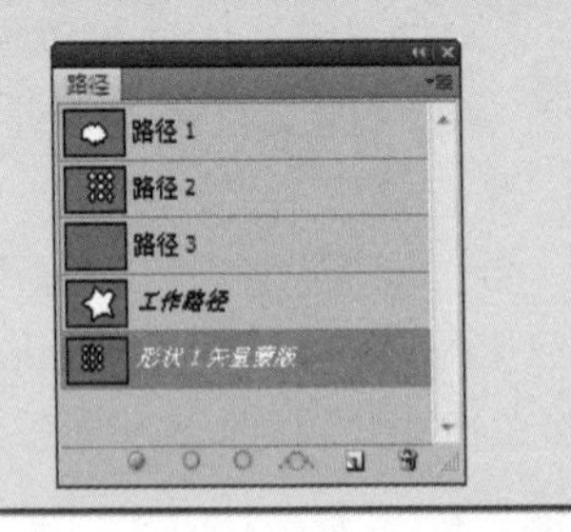

>> 8.4.1 工作路径

在 Photoshop CS5 中，若不创建新的路径层，则使用钢笔工具等路径工具在图像中绘制路径时，创建的路径将保存在“工作路径”中。工作路径是临时路径，必须进行保存，否则再次绘制路径时新路径将替代原有工作路径。

双击工作路径，弹出“存储路径”对话框，设置路径存储的名称，单击“确定”按钮即可，如右图所示。

>> 8.4.2 路径操作按钮

在“路径”面板下方有 6 个快速选项按钮，可以帮助用户快速对路径进行操作，分别如下：“用前景色填充路径”按钮、“用画笔描边路径”按钮、“将路径作为选区载入”按钮、“从选区生成工作路径”按钮、“创建新路径”按钮和“删除当前路径”按钮。

1. 用前景色填充路径

单击“用前景色填充路径”按钮，可以用设置的前景色填充路径，如下图（左）所示。

2. 用画笔描边路径

单击“用画笔描边路径”按钮，将用画笔工具和设置的前景色对路径进行描边，如下图（右）所示。

行家提醒

使用钢笔工具时，按住【Alt】键可切换为转换点工具。

3. 将路径作为选区载入

单击“将路径作为选区载入”按钮，可以将路径转换为选区载入，如下图（左）所示。

4. 从选区生成工作路径

单击“从选区生成工作路径”按钮，可以将选区转换为路径，如下图（右）所示。

5. 创建新路径

单击“创建新路径”按钮，可以在“路径”面板中创建新的路径图层，然后可以在其中绘制新的路径，如下图（左）所示。

6. 删除当前路径

单击“删除当前路径”按钮，可以将所选择的路径删除，如下图（右）所示。

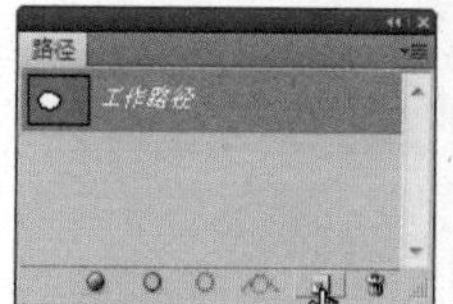

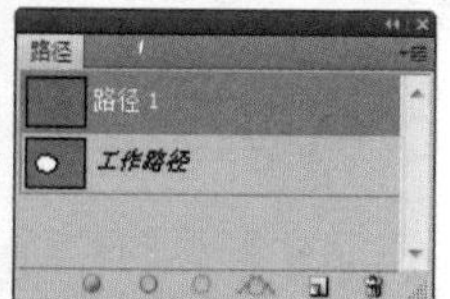

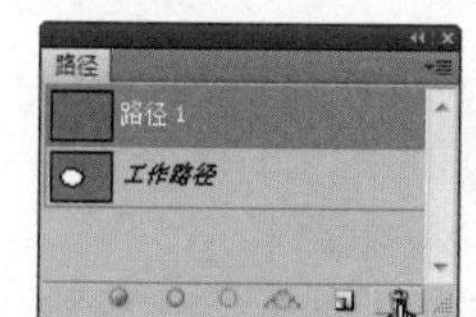

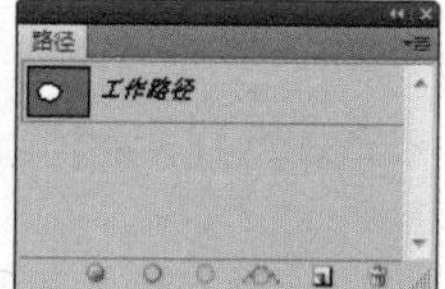

>> 8.4.3 复制、显示与隐藏路径

复制、显示与隐藏路径是常用的操作，下面将介绍其操作方法。

1. 复制路径

在操作的过程中，如果要复制路径，方法有以下几种：

◎ 在“路径”面板中选择要复制的路径，将其拖到“创建新路径”按钮上，即可复制路径，如右图所示。

◎ 在要复制的路径上右击，在弹出的快捷菜单中选择“复制路径”命令，弹出“复制路径”对话框，在其中为复制的路径命名，单击“确定”按钮即可复制路径，如下图所示。

按住【Alt】键并单击“路径”面板底部的“用前景色填充路径”按钮，弹出“填充路径”对话框，即可填充路径。

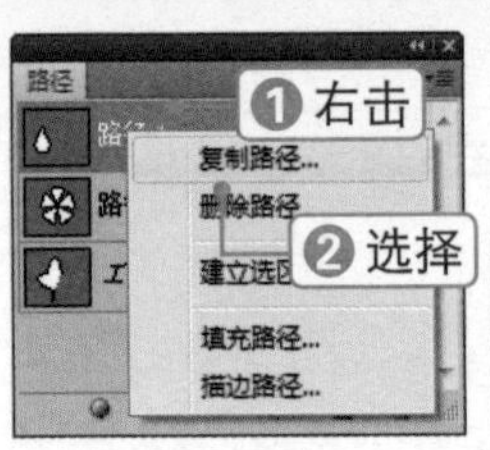

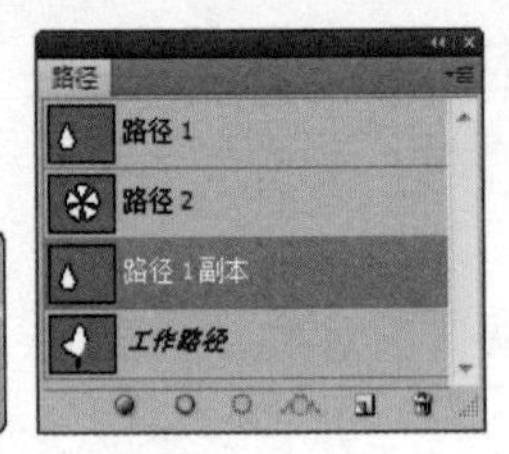

2. 显示与隐藏路径

选择路径选择工具▶，在“路径”面板中单击某个路径，该路径即成为当前路径，并显示在图像窗口中，任何编辑路径的操作只对当前路径有效。如果想隐藏当前路径，则只需在“路径”面板空白处单击即可。

8.5 实战演练——使用路径编辑图像

路径工具的功能十分强大，因此在日常编辑图像的过程中经常使用。下面将通过实例详细介绍使用路径工具编辑图像的方法。

>> 8.5.1 本例操作思路

>> 8.5.2 本例实战操作

素材文件 光盘：素材文件\第8章\背景.jpg、少女.jpg

1 打开第一个素材文件

选择“文件”|“打开”命令，打开素材文件“背景.jpg”，如下图所示。

2 打开第二个素材文件

选择“文件”|“打开”命令，打开素材文件“少女.jpg”，如下图所示。

行家提醒

按【Ctrl+Enter】组合键，可将当前路径转换为选区。如果所选路径是开放路径，那么转换成的选区将是路径的起点和终点连接起来而形成的闭合区域。

3 移动图像

选择工具箱中的移动工具，将“少女”图像拖到“背景”文件窗口中，如下图所示。

4 选择自定形状

选择自定形状工具，在工具属性栏中单击“形状”下拉按钮，在弹出的下拉面板中选择“花 1”形状，如下图所示。

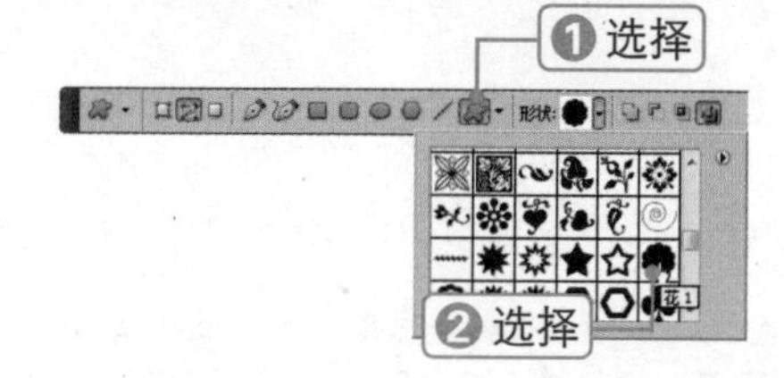

5 绘制路径

此时，即可在图像中拖动鼠标绘制路径，如下图所示。

6 创建选区

按【Ctrl+Enter】组合键，将绘制路径转换为选区，然后按【Ctrl+Shift+I】组合键将选区反选，如下图所示。

7 删除图像

按【Delete】键，删除选区内的图像，然后按【Ctrl+D】组合键取消选区，如下图所示。

8 添加外发光样式

单击“图层”面板中“添加图层样式”按钮，在弹出的菜单中选择“外发光”样式，在弹出对话框中设置外发光参数，单击“确定”按钮，如下图所示。

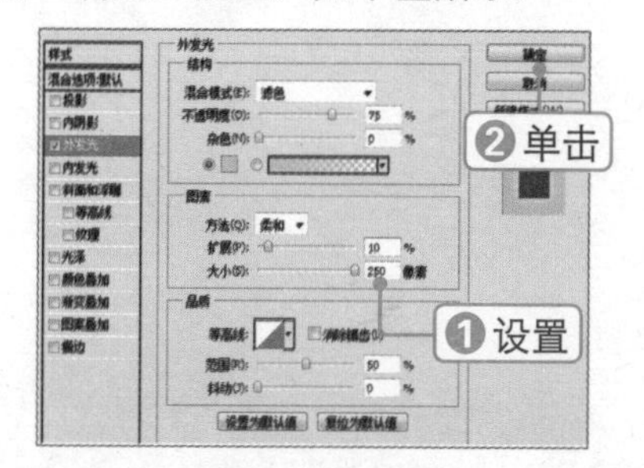

操作提示

使用路径选择工具选择要复制的路径，然后选择“编辑”|“拷贝”命令，可以将路径复制到剪贴板中，最后选择单击“编辑”|“粘贴”命令，即

9 查看图像效果

此时，即可得到对图像进行编辑后的最终效果，如右图所示。

新手有问必答

① 在绘制路径的过程中能否对路径进行删除操作？

在绘制路径的过程中，按一次【Delete】键，可以删除上一个添加的锚点；按两次【Delete】键，可以删除整条路径；按三次【Delete】键，可以删除所有显示的路径。

② 如何按角度绘制路径？

用户可以在按住【Shift】键的同时绘制路径，绘制的路径将是以绘制的点与上一个点保持45°或其整数倍夹角的线段。

③ 路径选择工具和直接选择工具在使用上有什么不同？

选择和移动路径主要通过路径选择工具和直接选择工具来完成。路径选择工具的主要功能是对一个或多个路径进行选择、移动、复制、变形、组合、对齐和分布等操作；直接选择工具的主要功能是选择和移动路径中的锚点，或调整平滑点两侧的控制点，以改变路径的形状。

行家提醒

如果要删除某条路径，则用路径选择工具选择要删除的路径，然后按【Delete】键即可快速删除。

Chapter 09

使用蒙版与通道

蒙版和通道是Photoshop中非常重要的内容。在复杂的图像编辑处理过程中，很多高级的编辑操作都是通过蒙版和通道的应用来完成的。因此，熟悉蒙版与通道的应用，有助于在图像编辑时进行更加复杂、细致的操作和控制，从而创作出更为理想的图像效果。

本章重点知识

- ◎ 图层蒙版
- ◎ 矢量蒙版
- ◎ 剪贴蒙版
- ◎ 图层蒙版的基本操作
- ◎ 图层蒙版与选区的转换
- ◎ 快速蒙版
- ◎ 通道
- ◎ 实战演练——使用Alpha通道创建选区

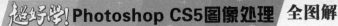

9.1 图层蒙版

图层蒙版就是对某一图层起遮盖效果，在蒙版中出现的黑色表示在操作图层中的这块区域不显示；白色表示显示这块区域；介于黑色与白色之间的灰色表示这块区域以半透明的方式显示，透明程度由灰度决定。

>> 9.1.1 认识图层蒙版

下面通过实例来介绍图层蒙版的作用，具体操作方法如下：

素材文件　光盘：素材文件\第9章\城市.jpg、少女1.jpg

1 打开第一个素材文件

选择“文件”|“打开”命令，打开素材文件“城市.jpg”，如下图所示。

2 打开第二个素材文件

选择“文件”|“打开”命令，打开素材文件“少女1.jpg”，如下图所示。

3 移动图像

选择工具箱中的移动工具，将“少女”图像拖到“城市”文件窗口中，并调整合适的大小和位置，如下图所示。

4 添加图层蒙版

单击“图层”面板中的“添加图层蒙版”按钮，为当前图层添加图层蒙版，如下图所示。

行家提醒

图像的隐藏与显示是靠蒙版颜色的深浅来决定的，只要使蒙版中某一区域的颜色变深或变浅，就可以改变这一区域的不透明度。

5 添加图层蒙版

选择画笔工具，并选择一个带柔边的笔刷，设置前景色为黑色，然后在人物背景上进行涂抹，将背景去掉，如下图所示。

6 编辑图像

采用同样的方法添加并编辑另一张照片，此时得到的图像效果如下图所示。

>> 9.1.2 创建与编辑图层蒙版

前面已经了解了蒙版的强大和神奇之处，下面将详细介绍有关图层蒙版的创建与编辑方法。

1. 图层蒙版的创建

选择一个图层，然后“图层”|“图层蒙版”|“显示全部”命令，或单击“图层”面板中的“添加图层蒙版”按钮，可以创建显示整个图层内容的蒙版，如下图所示。

选择“图层”|“图层蒙版”|“隐藏全部”命令，或按住【Alt】键并单击“图层”面板中的“添加图层蒙版”按钮，可以创建隐藏整个图层内容的蒙版，如下图所示。

如果图像中有选区，则选择“图层”|“图层蒙版”|“显示选区”命令，或单击“图层”面板中的“添加图层蒙版”按钮，可以根据选区创建显示选区内图像的蒙

在对蒙版进行操作时，前景色和背景色中无法出现彩色，所以用户也不可能用绿色、黄色、红色等颜色进行编辑，因为蒙版中不支持色彩。

版，如下图所示。

如果图像中有选区，则选择“图层”|“图层蒙版”|“隐藏选区”命令，或按住【Alt】键单击“图层”面板中的“添加图层蒙版”按钮，可以根据选区创建隐藏选区内图像的蒙版，如下图所示。

2. 图层蒙版的编辑

在“图层”面板中单击蒙版缩览图，使之成为当前状态，然后在工具箱中选择任意一种绘图工具，即可对蒙版进行编辑。

在蒙版图像中绘制黑色，可以增加蒙版被屏蔽的区域，显示出更少的图像，如下图所示。

在蒙版图像中绘制白色，可以减少蒙版被屏蔽的区域，显示出更多的图像，如下图所示。

在蒙版图像中绘制灰色，可以创建半透明效果的屏蔽区域，如下图所示。

行家提醒

如果能在蒙版中制作出平滑精确的颜色过渡，用户将在合成图像时得到真实的无缝拼接效果。

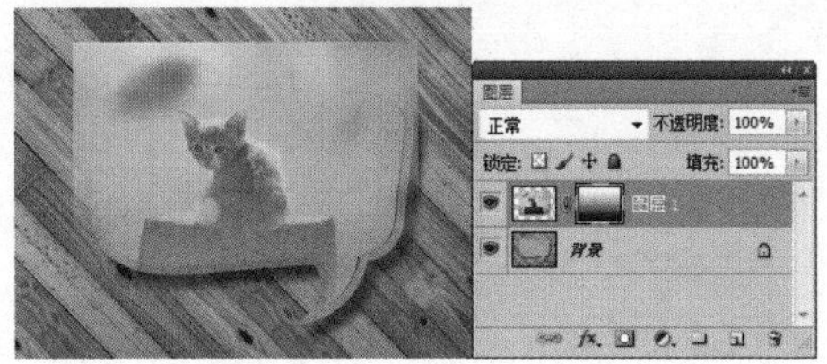

3. 渐变工具在蒙版中的应用

在图像的合成中，渐变工具起着十分重要的作用，它是图像进行无缝合成的重要手段。下面将通过实例进行介绍，具体操作方法如下：

素材文件 光盘：素材文件\第9章\天空.jpg、风景.jpg

1 打开第一个素材文件

选择“文件”|“打开”命令，打开素材文件“天空.jpg”，如下图所示。

2 打开第二个素材文件

选择“文件”|“打开”命令，打开素材文件“风景.jpg”，如下图所示。

3 移动图像

选择工具箱中的移动工具，将“风景”图像拖到“天空”文件窗口中，并调整合适的大小和位置，如下图所示。

4 添加图层蒙版

单击“图层”面板中的“添加图层蒙版”按钮，为当前图层添加图层蒙版，如下图所示。

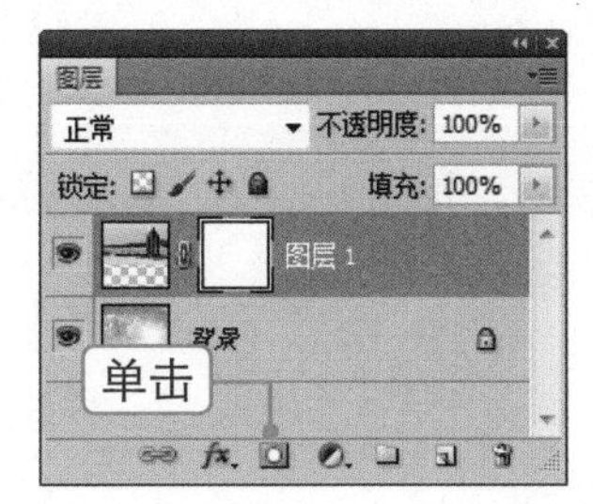

操作提示

背景图层不能添加蒙版，如果必须要给背景图层添加一个蒙版，可以先将背景图层转换为普通图层。

5 添加渐变效果

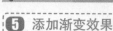

选择渐变工具，设置黑色到白色的渐变，在图像上由下向上拖动鼠标，拖出一条直线，编辑蒙版，得到自然的渐变效果，如下图所示。

6 添加调整图层

单击“图层”面板下方“创建新的填充或调整图层”按钮，在弹出的菜单中选择“色彩平衡”命令，在“调整”面板中设置参数，如下图所示。

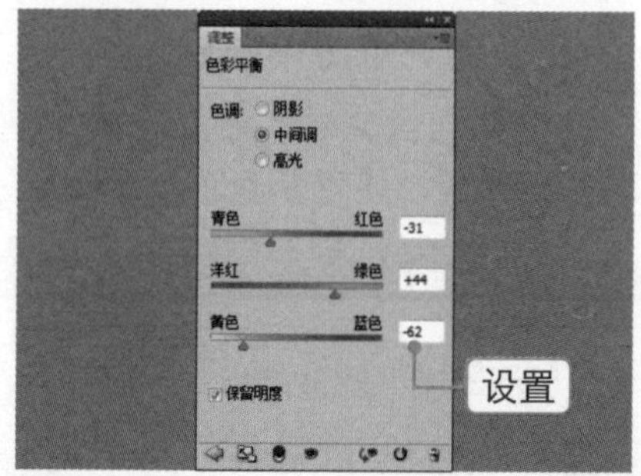

7 查看图像合成效果

此时，即可得到更加鲜艳融合的色彩，图像合成的效果更加自然，如右图所示。

9.2 矢量蒙版

矢量蒙版是由钢笔工具或形状工具创建的。在图像中使用路径工具创建路径后，按住【Ctrl】键并单击“图层”面板底部的“添加图层蒙版”按钮，即可快速添加矢量蒙版。路径内部的图像能显示，路径外部的图像则被隐藏。

>> 9.2.1 创建矢量蒙版

在“图层”面板中选择要添加矢量蒙版的图层或图层组，然后执行以下操作即可创建矢量蒙版：

◎ 选择“图层”|“矢量蒙版”|“显示全部”命令，或按住【Ctrl】键并单击“添加图层蒙版”按钮，可以创建显示整个图层内容的矢量蒙版。

◎ 选择“图层”|“矢量蒙版”|“隐藏全部”命令，或按住【Ctrl+Alt】键并

行家提醒

用户可以反复对蒙版进行修改和编辑，而不必担心会对图片有什么损失，因为蒙版只是隐藏了图像而不是删除了图像，这也正是蒙版的优势所在。

单击“添加图层蒙版”按钮，可以创建隐藏整个图层内容的矢量蒙版。

◎ 如果图像中有路径存在，且路径处于显示状态，则选择“图层”|“矢量蒙版”|“当前路径”命令，或按住【Ctrl】键并单击“添加图层蒙版”按钮，可以创建显示形状内容的矢量蒙版。

在“图层”面板或“路径”面板中单击矢量蒙版缩览图，将其设置为当前状态，然后利用工具箱中的钢笔工具或路径编辑工具更改路径的形状，即可编辑矢量蒙版。

>> 9.2.2 应用矢量蒙版

下面将通过实例介绍矢量蒙版的使用方法，具体操作方法如下：

素材文件 光盘：素材文件\第9章\婚纱1.jpg、婚纱2.jpg

1 打开第一个素材文件

选择“文件”|“打开”命令，打开素材文件“婚纱 1.jpg”，如下图所示。

2 打开第二个素材文件

选择“文件”|“打开”命令，打开素材文件“婚纱 2.jpg”，如下图所示。

3 移动图像

选择移动工具，将“婚纱 2”图像拖到“婚纱 1”文件窗口中，调整合适大小和位置，如下图所示。

4 创建圆角矩形

选择工具箱中的圆角矩形工具，在图像中拖动鼠标创建圆角矩形，如下图所示。

操作提示

在添加矢量蒙版时，如果不按【Ctrl】键而直接单击“添加图层蒙版”按钮，则会生成一个普通的图层蒙版，再次单击该按钮才会添加一个矢量蒙版。

5 创建矢量蒙版

按住【Ctrl】键并单击“图层”面板下方的“添加图层蒙版”按钮，添加一个矢量蒙版，此时路径外的图像被隐藏，如下图所示。

6 隐藏路径

选择“窗口”|“路径”命令，打开“路径”面板，单击“路径”面板的空白处，隐藏路径，如下图所示。

7 添加图层样式

单击“图层”面板下方的“添加图层样式”按钮fx，在弹出的菜单中选择“描边”命令，在弹出的对话框中设置参数，单击“确定”按钮，如下图所示。

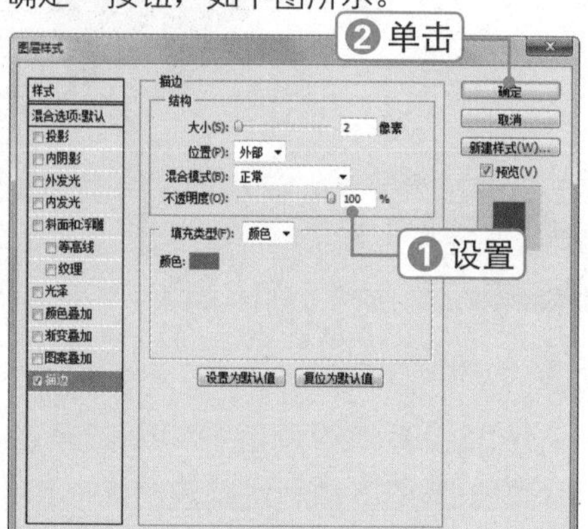

8 添加图层样式

此时，即可得到添加描边图层样式后的图像效果，如下图所示。

>> 9.2.3 转换矢量蒙版为图层蒙版

创建了矢量蒙版后，选择“图层”|“栅格化”|“矢量蒙版”命令，或在矢量蒙版缩览图上右击，在弹出的快捷菜单中选择“栅格化矢量蒙版”命令，即可将矢量蒙版转换为图层蒙版，如右图所示。

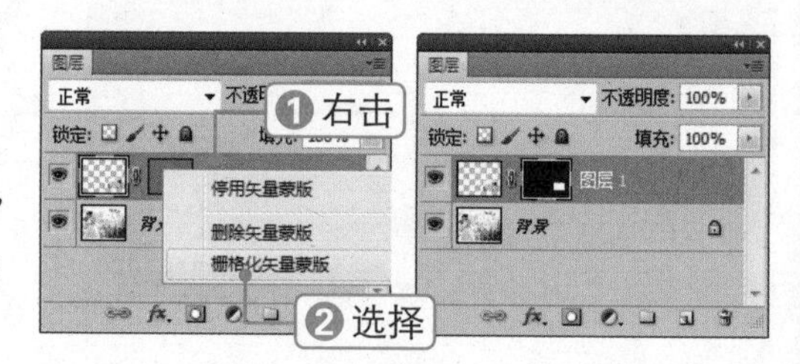

行家提醒

可以使用其他矢量图形工具来绘制最初的路径，或者通过矢量图形工具属性栏中的运算功能来生成一个复杂的路径，然后添加矢量蒙版。

9.3 剪贴蒙版

剪贴蒙版又称为剪贴组，该蒙版是通过使用处于下方图层的形状来限制上方图层的显示状态，从而达到一种剪贴画的效果。剪贴蒙版至少需要两个图层才能创建，位于最下面的一个图层称为基层，位于上面的称为剪贴层。基层只能有一个，而剪贴图层可以有多个。

>> 9.3.1 使用剪贴蒙版

下面将通过实例介绍剪贴蒙版的使用方法，具体操作方法如下：

素材文件 光盘：素材文件\第9章\梦想.psd、色彩.jpg

1 打开第一个素材文件

选择“文件”|“打开”命令，打开素材文件“梦想.psd”，其中存在两个图层，如下图所示。

2 打开第二个素材文件

选择“文件”|“打开”命令，打开素材文件“色彩.jpg”，如下图所示。

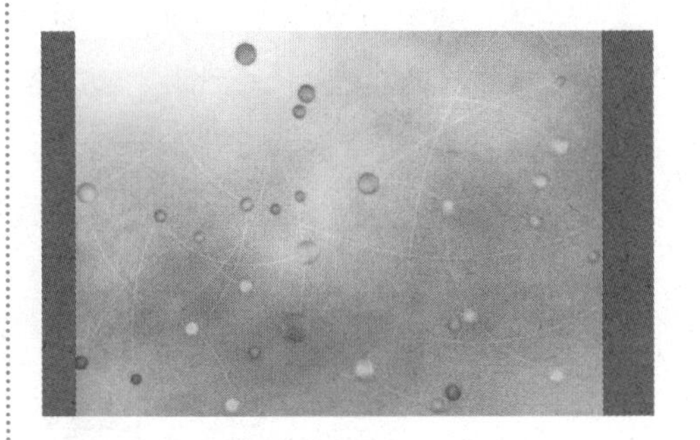

3 移动图像

选择工具箱中的移动工具，将“色彩”图像拖到“梦想”文件中窗口中，调整合适的大小和位置，如下图所示。

4 创建剪贴蒙版

按住【Alt】键将鼠标指针放在“图层 1”和“一起飞”图层之间，当鼠标指针将变成时单击鼠标左键，即可创建剪贴蒙版，如下图所示。

操作提示

可以使用钢笔工具或其他路径工具来编辑矢量蒙版的形状，但不能像编辑图层蒙版那样使用画笔来编辑矢量蒙版。

5 添加图层样式

选择“一起飞”图层，单击“图层”面板下方的“添加图层样式”按钮fx，在弹出的菜单中选择“描边”命令，在弹出的对话框中设置参数，单击“确定”按钮，如下图所示。

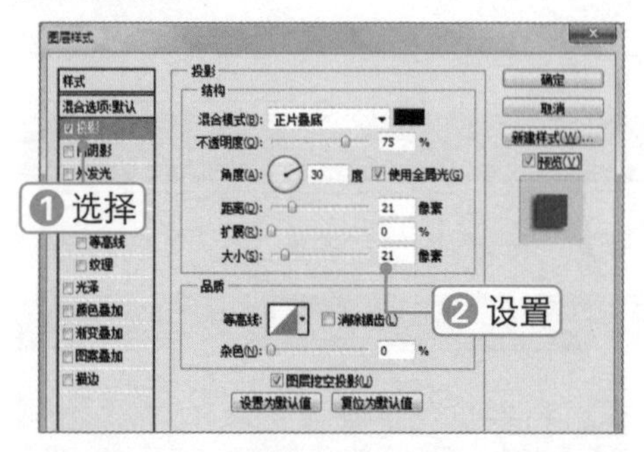

6 添加图层样式

此时，即可得到添加描边图层样式后的图像效果，文字的效果更加美观，如下图所示。

>> 9.3.2 释放剪贴蒙版

如果不再需要某个剪贴蒙版，可以再次按住【Alt】键，并在两个图层之间的交界线上单击，这时后退图层的缩略图又回到了原来的位置，剪贴蒙版也就被取消了，如下图所示。

9.4 图层蒙版的基本操作

下面将介绍与图层蒙版相关的一些基本操作，如停用/启用蒙版、应用蒙版、删除蒙版等。

>> 9.4.1 停用/启用图层蒙版

创建了蒙版后，如果用户想查看原图像效果，可以暂时将蒙版停用，具体操

行家提醒

选择要作为剪贴图层的图层，然后选择“图层”|“创建剪贴蒙版”命令，也可以创建剪贴蒙版。

作方法如下：

右击蒙版缩览图，在弹出的快捷菜单中选择“停用图层蒙版”命令，即可停用蒙版，如下图（左）所示。

被禁止的蒙版将在图层蒙版缩览图上显示出一个红色的“×”号，表明该蒙版被禁止，如下图（中）所示。

停用图层蒙版后，如果需要再次启用图层蒙版，则右击蒙版缩览图，在弹出的快捷菜单中选择“启用图层蒙版”命令即可，如下图（右）所示。

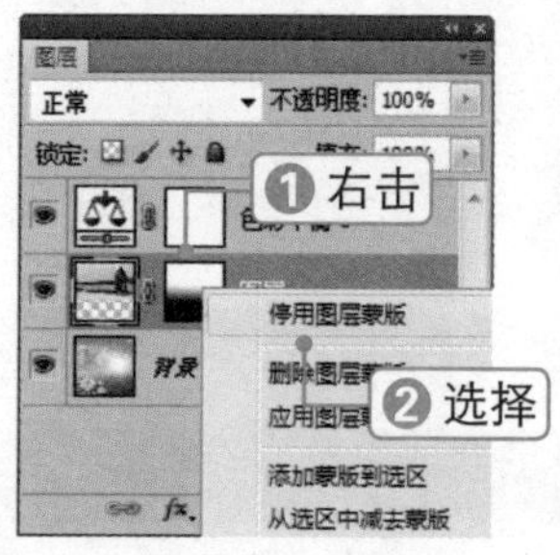

>> 9.4.2 应用图层蒙版

当确定不再需要对蒙版进行编辑时，可以对蒙版进行应用操作。应用图层蒙版后，将不能再对图层蒙版进行编辑，因为“图层”面板中的图层蒙版会消失不见。应用图层蒙版方法如下：

右击蒙版缩览图，在弹出的快捷菜单中选择“应用图层蒙版”命令，即可应用蒙版，如下图（左）所示。

从“图层”面板中可以看到，应用图层蒙版后蒙版消失，且应用图层蒙版的图层缩览图也发生了变化，如下图（右）所示。

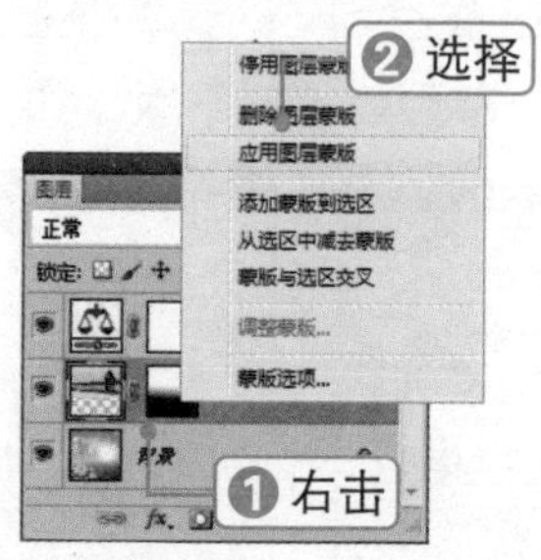

>> 9.4.3 删除图层蒙版

如果不再需要创建的蒙版，可以将其删除，以减小文件的容量，具体操作方法如下：

选择要删除的蒙版，右击蒙版缩览图，在弹出的快捷菜单中选择“删除图层

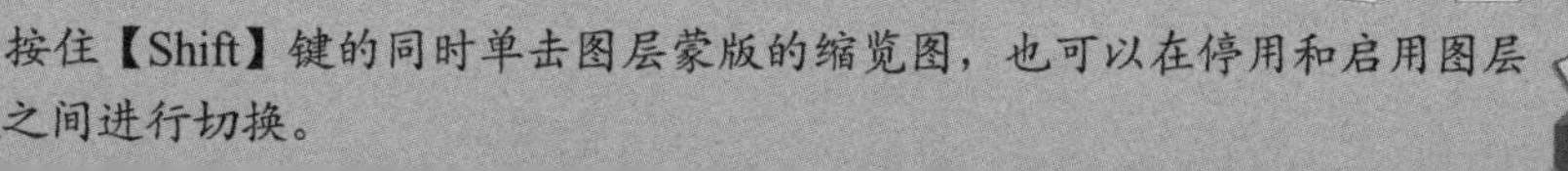

按住【Shift】键的同时单击图层蒙版的缩览图，也可以在停用和启用图层蒙版之间进行切换。

蒙版”命令，如下图（左）所示。此时将弹出提示信息框，询问用户如何处理蒙版，如下图（中）所示。

单击“应用”按钮，则将蒙版应用到图像中；单击“取消”按钮，则取消本次删除操作；单击“删除”按钮，则将整个蒙版删除。删除图层蒙版后，在“图层”面板中将不能看到图层蒙版，如下图（右）所示。

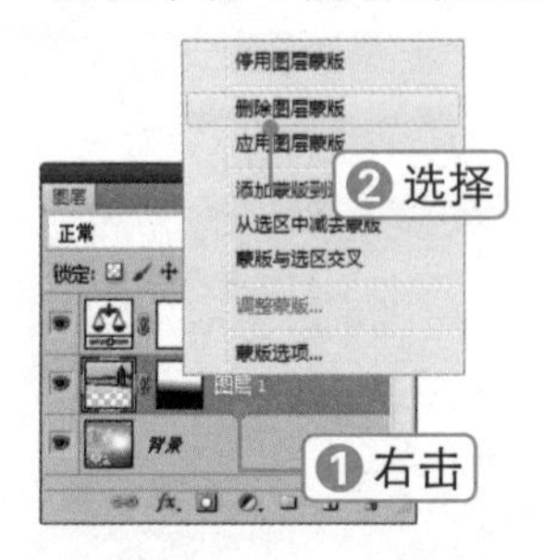

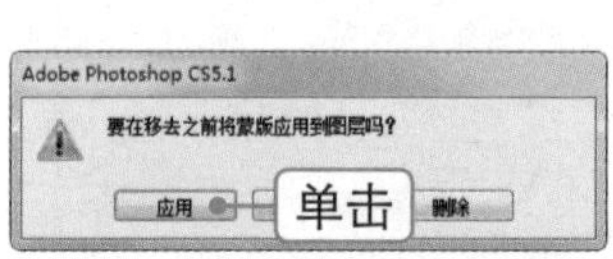

>> 9.4.4 复制与移动图层蒙版

图层蒙版可以在不同图层之间进行移动或复制。要将图层蒙版移到另一个图层上，只需单击图层蒙版的缩览图将其选中，然后将其拖到其他图层上方松开鼠标即可，如下图所示。

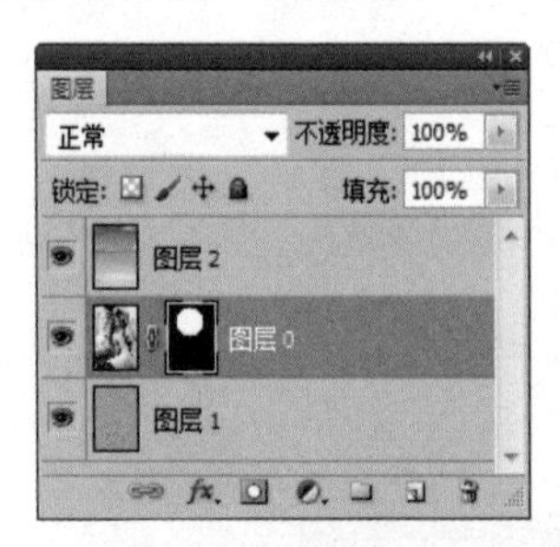

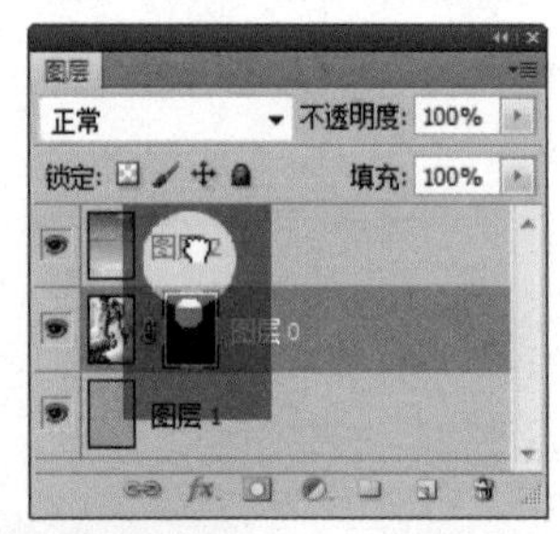

如果在拖动蒙版的同时按住【Alt】键，则可以复制蒙版，如下图所示。

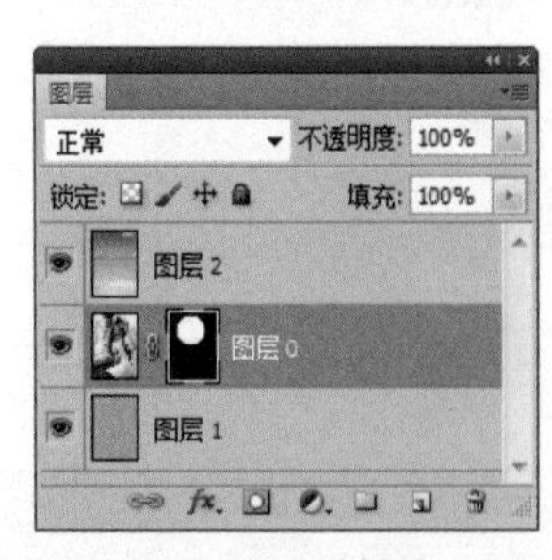

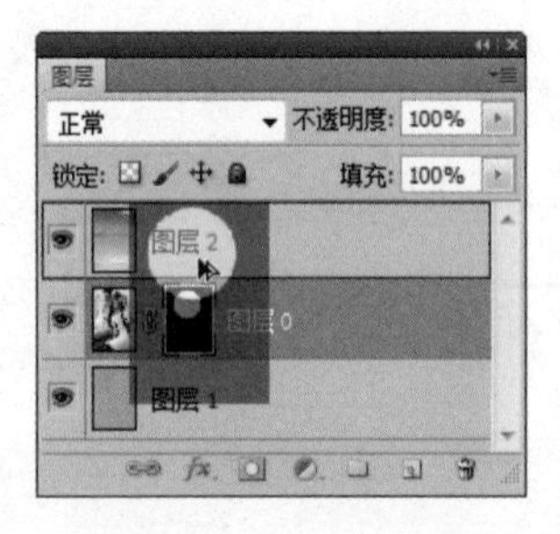

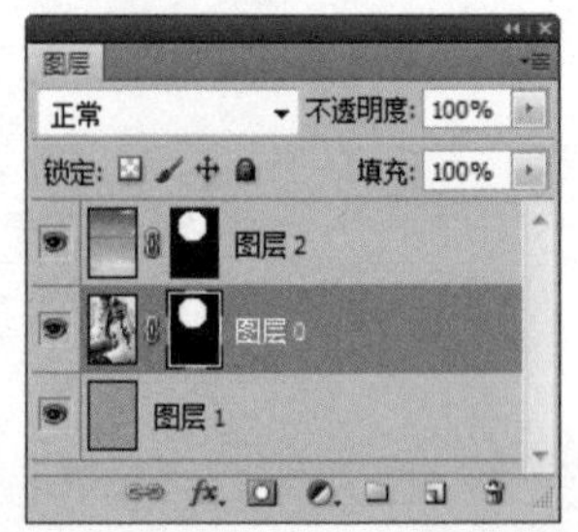

>> 9.4.5 链接与取消链接蒙版

某个图层添加蒙版后，默认情况下蒙版与图层是链接的。此时，如果移动蒙版，

行家提醒

选择要作为剪贴图层的图层并右击，在弹出的快捷菜单中选择“创建剪贴蒙版”命令，也可以创建剪贴蒙版。

图层也会跟着移动；如果变形图层，蒙版也会跟着一起变形。如果需要单独移动或变形图层或蒙版时，可以在图层和蒙版之间的链接图标上单击，将其变为非链接的状态，这样就可以单独编辑图层或蒙版中的任意一个了，如右图所示。

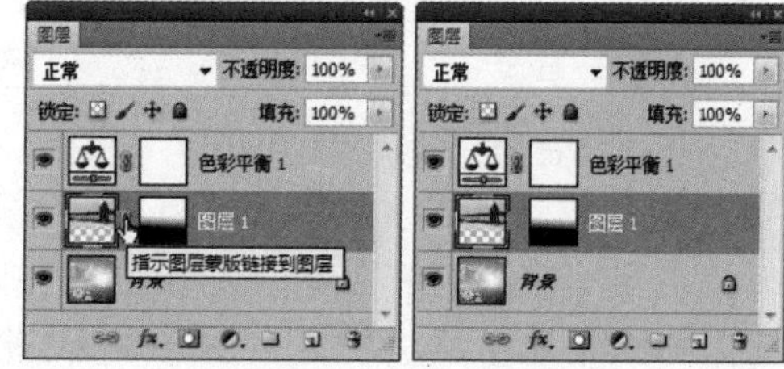

如果需要重新在图层和图层蒙版之间建立链接，可以单击图层和图层蒙版之间的区域，重新显示链接标记即可。

9.5 图层蒙版与选区的转换

若要将蒙版转换为选区，可右击蒙版缩览图，然后在弹出的快捷菜单中选择相应的命令即可，如右图所示。其中：

◎ 添加蒙版到选区：将由蒙版得到的选区增加到现有选区。

◎ 从选区中减去蒙版：从现有选区中减去由蒙版得到的选区。

◎ 蒙版与选区交叉：对现有选区和由蒙版得到的选区交叉。

如果先在图像中创建选区，然后单击“添加图层蒙版”按钮，则可以将选区转换为蒙版，选区内的图像对应蒙版中白色的部分，即显示的部分，如下图所示。

9.6 快速蒙版

快速蒙版是一种创建选区的技术。在快速蒙版状态下，它是一个临时蒙版，本身并不是一个选区；而当退出快速蒙版模式时，不被保护的区域将变为一个选区。

按住【Ctrl】键的同时单击蒙版缩览图，也可以将蒙版转换为选区。

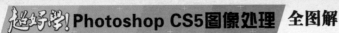

>> 9.6.1 设置快速蒙版选项

双击工具箱中的“以快速蒙版模式编辑”按钮，将弹出“快速蒙版选项”对话框，如右图所示。其中：

◎ 被蒙版区域：选中该单选按钮，则在快速蒙版状态下，使用画笔工具在图像上进行涂抹时，被涂抹的区域为被蒙版的区域；当退出快速蒙版状态后，涂抹区域以外的部分将会转换为选区。

◎ 所选区域：选中该单选按钮，则在快速蒙版状态下，使用画笔工具在图像上进行涂抹时，被涂抹的区域即为所选的选区。

◎ 颜色：单击颜色色块，在弹出的“选择快速蒙版颜色”对话框中可以选择设置蒙版选区的颜色。

◎ 不透明度：该数值框用于设置蒙版的不透明度。

>> 9.6.2 使用快速蒙版

单击工具箱中的“以蒙版模式编辑”按钮，即可进入快速蒙版编辑状态，然后使用工具箱中的工具或菜单命令对蒙版进行编辑，最后单击工具箱中的“以标准模式编辑”按钮，即可退出快速蒙版状态，进入选区状态。

在快速蒙版编辑状态下，可以使用各种绘图工具和编辑命令对蒙版形状进行修改，以改变选区的形状。在快速蒙版编辑模式下，只能使用黑、白、灰三种颜色，用白色绘图可以减少蒙版区域，用黑色绘图可以增加蒙版区域，不同程度的灰色可以使选区产生不同程度的透明度变化。

下面将通过实例介绍使用快速蒙版创建选区的方法，具体操作方法如下：

素材文件　光盘：素材文件\第9章\扣篮.jpg、超越梦想.jpg

1 打开第一个素材文件

选择“文件”|“打开”命令，打开素材文件“扣篮.jpg”，如下图所示。

2 打开第二个素材文件

选择“文件”|“打开”命令，打开素材文件“超越梦想.jpg”，如下图所示。

行家提醒

如果在剪贴蒙版中的图层之间创建新图层，或在剪贴蒙版中的图层之间拖动未剪贴的图层，则该图层将成为剪贴蒙版的一部分。

③ 移动图像

选择移动工具，将“扣篮”人物图像拖到“梦想”文件窗口中，如下图所示。

④ 编辑快速蒙版

单击“以快速蒙版模式编辑”按钮，选择画笔工具，设置前景色为黑色，画笔硬度为100%，在图像中涂抹人物，创建蒙版选区，如下图所示。

⑤ 创建选区

单击工具箱下方的按钮，退出蒙版编辑状态，即选中人物以外的选区，效果如下图所示。

⑥ 添加图层蒙版

按【Ctrl+Shfit+I】组合键反选选区，单击“图层”面板中的“添加图层蒙版”按钮，为人物图层添加图层蒙版，如下图所示。

⑦ 变换图像

按【Ctrl+T】组合键调出变换控制框，调整图像的大小和位置，效果如下图所示。

⑧ 添加投影图层样式

在“图层”面板中单击“添加图层样式”按钮，在弹出的菜单中选择“投影”命令，如下图所示。

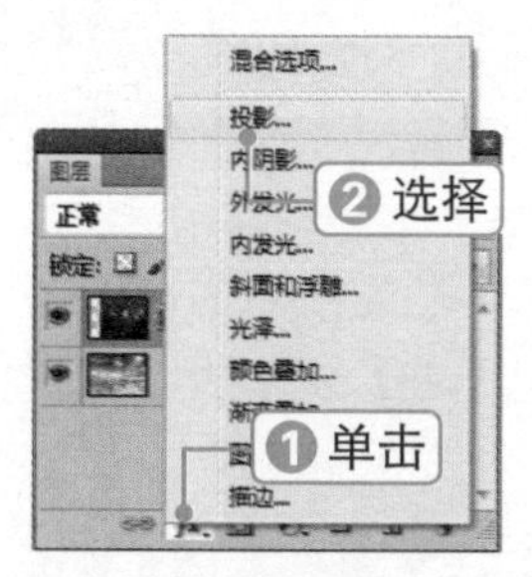

操作提示

按住【Alt】键并单击蒙版缩览图，可以在窗口中显示蒙版，以方便用户观蒙版的细节。再次按住【Alt】键并单击蒙版缩览图，可以恢复原状态。

9 设置投影样式参数

在弹出的“图层样式”对话框中设置各项投影参数，然后单击“确定”按钮，如下图所示。

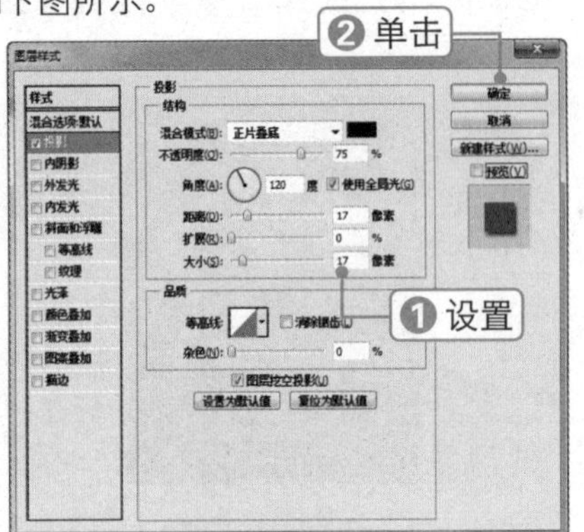

10 查看添加投影效果

此时，即可为人物添加投影，得到最终的图像效果，如下图所示。

9.7 通道

在 Photoshop CS5 中，所有颜色都是由若干个通道来混合表示的。通道可以保存图像中的所有颜色信息，也可以存放图像中的选区。通过对通道进行各种运算或合成，还可以制作出具有特殊效果的图像。

>> 9.7.1 认识通道

位图是由像素构成的，而这些像素的颜色取决于这个图像文件所使用的色彩模式。根据色彩模式的不同，通道会分别记录一幅图像的各个颜色分量。使用通道可以分别管理和控制图像中的各个颜色分量，如一幅 RGB 色彩模式的图像，则由 R、G、B 这 3 个通道来分别记录红色、绿色和蓝色，如右图所示。

只有 R、G、B 颜色通道合成在一起，才会得到色彩最真实的图像。如果图像缺少了某一颜色通道，则合成的图像会偏色。

下图（左）所示为隐藏蓝色通道，仅红色和绿色叠加的效果。

下图（右）所示为隐藏绿色通道，仅红色和蓝色叠加的效果。

行家提醒

单击“图层”面板中矢量蒙版的缩览图以选择矢量蒙版，按【Ctrl+T】组合键，调出变换控制框，然后即可对矢量蒙版进行各种变换操作。

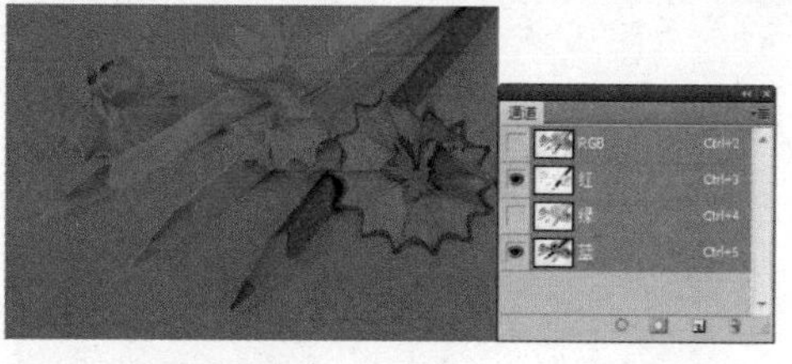

下图（左）所示为隐藏红色通道，仅绿色和蓝色叠加的效果。

一幅 CMYK 色彩模式的图像，则由 C、M、Y、K 这 4 个通道来分别记录青色、洋红、黄色和黑色，如下图（右）所示。

>> 9.7.2 了解“通道”面板

“通道”面板是创建和编辑通道的主要场所，选择“窗口”|“通道”命令，即可打开“通道”面板，如右图所示。

其中，各选项的含义如下：

◎ 图标：用于控制各通道的显示和隐藏，使用方法与“图层”面板相同。

◎ 缩览图：用于预览各个通道中的内容。

◎ 通道组合键：各通道右侧显示的组合键用于快速选中所需的通道。

◎ 将通道作为选区载入：单击该按钮，可以将选择的通道作为选区载入。

◎ 将选区存储为通道：单击该按钮，可以将图像中创建的选区存储为通道。

◎ 创建新通道：单击该按钮，可以新建一个 Alpha 通道。

◎ 删除当前通道：单击该按钮，可以删除当前选择的通道。

>> 9.7.3 使用通道调整图像色彩

通道中显示了图像所有的颜色信息，可对图像的颜色起管理作用，并可通过对单个颜色通道的操作来改变图像效果。下面将介绍通过调整图像中的单个通道来调整图像色调的方法，具体操作方法如下：

素材文件 光盘：素材文件\第9章\草地.jpg

操作提示

平常看到的通道都以灰色显示，这是因为过于鲜艳的色彩会影响力我们正确调整图片颜色。

1 打开素材文件

选择“文件”|“打开”命令，打开素材文件“草地.jpg”，如下图所示。

2 转换图像颜色模式

选择“图像”|“模式”|“Lab 颜色”命令，将图像转换为 Lab 模式。在“通道”面板中选择 a 通道，如下图所示。

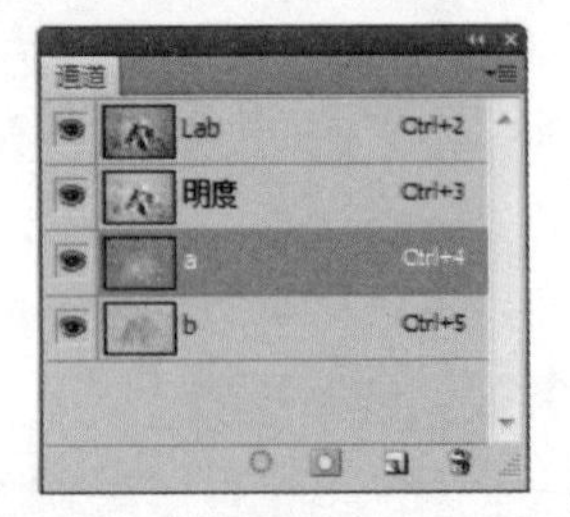

3 复制通道

按【Ctrl+A】组合键全选，按【Ctrl+C】组合键复制。选择 b 通道，按【Ctrl+V】组合键进行粘贴，如下图所示。

4 查看图像效果

按【Ctrl+D】组合键取消选区，得到调整图像色调后的效果，如下图所示。

9.8 实战演练——使用Alpha通道创建选区

在 Photoshop CS5 中除颜色通道外，还有一种常用的 Alpha 通道，可以用来将选区存储为灰度图像。在 Alpha 通道中，白色代表被选择的区域，黑色代表未被选择的区域，而灰色则代表被部分选择的区域，即羽化的区域。Alpha 通道只是存储选区，并不会影响图像的颜色。

单击“通道”面板中的“创建新通道”按钮，即可新建一个 Alpha 通道，如右图所示。

如果当前文档中创建了选区，则单击“将选区存储为通道”按钮，可以将选区保存为 Alpha 通道，如下图所示。

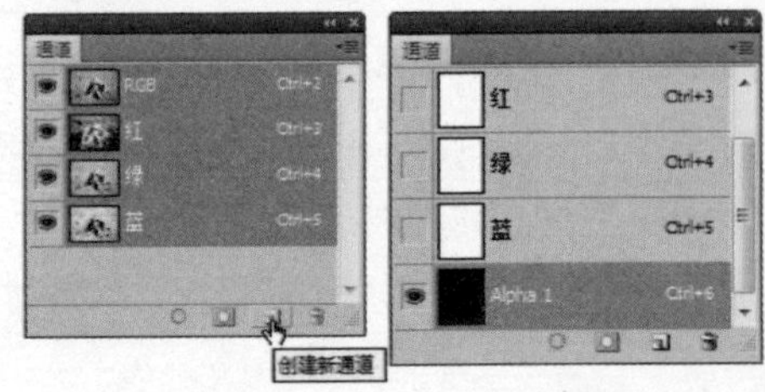

行家提醒

Lab 模式则由“明度”、a、b 三个通道组成，与 RGB 不同，它把颜色分配到 a、b 两个通道，明度则由黑色、白色、灰色组成。

在“通道”面板中，在按住【Ctrl】键的同时单击某个通道，可以将该通道作为选区载入。选择某个通道后，单击“将通道作为选区载入”按钮，也可以载入选区。

>> 9.8.1 本例操作思路

>> 9.8.2 本例实战操作

下面将通过实例介绍使用 Alpha 通道创建选区的方法，具体操作方法如下：

素材文件 光盘：素材文件\第9章\模特.jpg

1 打开素材文件

选择“文件”|“打开”命令，打开素材文件“模特.jpg”，如下图所示。选择“窗口”|“通道”命令，打开“通道”面板。

2 复制“红”通道

选择“红”通道，将其拖动到“创建新通道”按钮上，松开鼠标完成复制操作，得到“红 副本”通道，如下图所示。

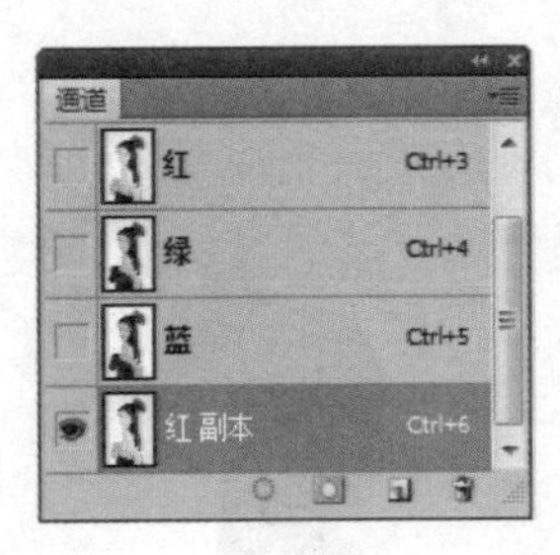

操作提示

通道允许单独修改某个颜色分量而不会影响到其他颜色分量，利用通道能够更灵活地控制一幅图像的色彩。

3 调整色阶

选择“图像”|“调整”|“色阶”命令，在弹出的对话框中调整色阶，单击“确定”按钮，如下图所示。

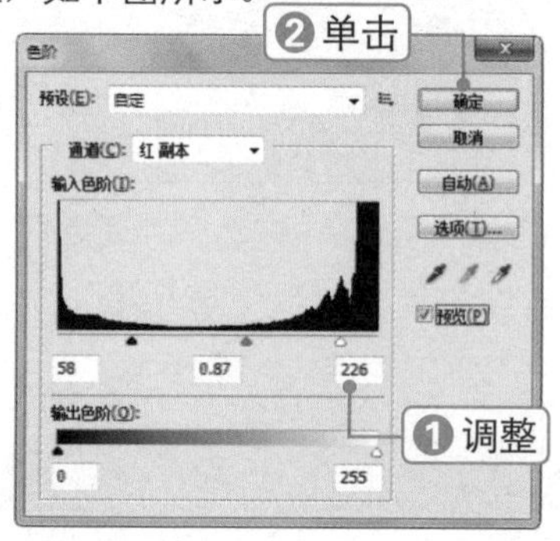

5 创建选区

选择工具箱中的套索工具，在图像中拖动鼠标创建选区，如下图所示。

7 涂抹图像

选择工具箱中的画笔工具，选择一个硬边画笔，将遗漏处涂抹为黑色，注意不要损害到头发的细节，如下图所示。

4 查看色阶调整效果

此时，即可得到调整色阶后的通道效果，如下图所示。

6 填充选区

设置前景色为黑色，按【Alt+Delete】组合键填充选区为黑色，按【Ctrl+D】取消选区，如下图所示。

8 反相图像

按【Ctrl+I】组合键，对图像进行反相操作，将黑色变为白色，白色变为黑色，如下图所示。

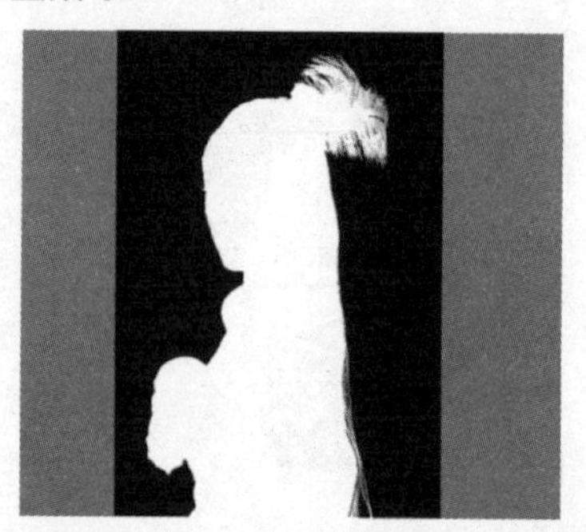

通道的丢失或损坏会直接影响图像的最终色彩，所以在对通道进行处理时一定要谨慎，建议在处理前先将图像复制一份。

9 载入选区

按住【Ctrl】键的同时单击“红副本”通道，即可载入选区，如下图所示。

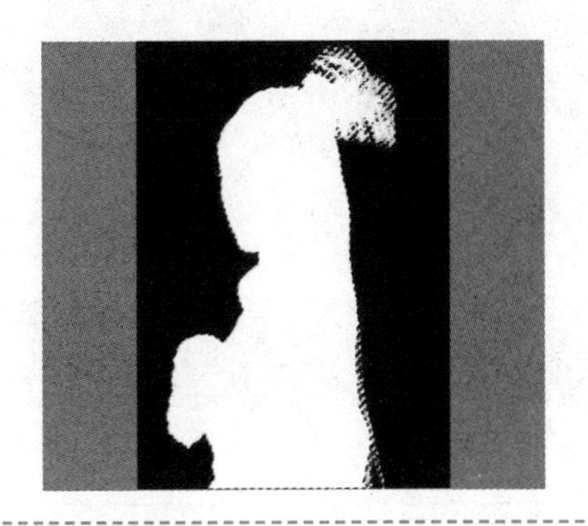

10 显示RGB通道

按【Ctrl+2】组合键，选择 RGB 通道，即可看到人物的周围出现了选区，如下图所示。

11 复制图像

按【Ctrl+J】组合键，复制选区内的图像，然后隐藏“背景”图层，即可看到抠出的图像效果，如右图所示。

新手有问必答

① 蒙版和常规选区有什么不同?

实际上，蒙版和常规选区在使用和效果上有相似之处，但蒙版可以利用 Photoshop 的大部分功能甚至滤镜，所以其功能更加强大。

② 能否同时为多个图层添加图层蒙版?

为图层添加蒙版时，蒙版会被添加到当前图层中，一次只能为一个图层添加蒙版。如果用户希望将一个蒙版应用于多个图层，则需要先将这些图层组成组，然后给该组添加蒙版。

操作提示

Alpha 主要用于存储选区，它相当于一个 8 位灰阶图，可以支持不同的透明度，相当于蒙版的功能。

③ 如果添加了蒙版后想再对图像进行编辑，应该如何操作？

添加蒙版后，图像即处于蒙版编辑状态下，单击图层图像的缩览图，将切换到图像编辑状态下。再次单击蒙版缩览图，则可以切换回蒙版编辑状态。当哪个缩览图周围出现一个白色边框时，表示当前编辑的是这个对象，如下图所示。

蒙版编辑状态

图像编辑状态

读书笔记

行家提醒

在 Alpha 通道中，可以使用绘图工具、各种图像编辑命令和滤镜命令对其进行编辑，也可以将选区存储为 Alpha 通道后将其永久保留。

Chapter 10

应用文字与滤镜

文字是平面设计作品中不可缺少的要素之一，它可以很好地起到烘托主题的作用。滤镜则是Photoshop中具有非常神奇的作用，通过应用不同的滤镜可以模拟出各种神奇的艺术效果。本章将详细介绍有关文字和滤镜的应用知识与技巧。

本章重点知识

◎ 创建文字

◎ 应用滤镜

◎ 实战演练——使用“消失点”滤镜

10.1 创建文字

创建文字是平面设计中一项非常重要的工作，为此 Photoshop 提供了一些文字工具来进行文字的处理。利用这些文字工具不仅可以方便地输入、编辑和修改文字，还可以创建文字选区，这为用户进行文字处理带来了极大的便利。

>> 10.1.1 创建点文字

使用文字工具在图像上单击，然后输入文字，即可生成点文字，这类文本适用于字数较少的标题。因为它不会自动换行，所以需要换行时按【Enter】键才行。

1. 使用文字工具输入点文字

在 Photoshop CS5 中选择横排文字工具T或直排文字工具IT，属性栏将切换到对应的文字工具属性栏，如下图所示。

T · IT 方正黄草简体 · 243.18点 aa 无

◎ IT：输入文字后，IT按钮即被激活。单击该按钮，可以使文字在水平或垂直间切换。

◎ 方正黄草简体：用于设置文字字体。

◎ ：用于设置文字的字体样式，只有字体为英文字体时，该参数才可用。

◎ 243.18点：用于设置文字大小。

◎ aa 无：用于设置文字边缘消除锯齿的方式。

◎ ：对齐按钮组，用于设置文字的对齐方式。

◎ ：单击该色块，可以在弹出的“选择文本颜色”对话框中设置字体的颜色。

◎ ：单击该按钮，可以在弹出的“变形文字”对话框中设置文字的变形样式。

◎ ：用于显示或隐藏“字符”和“段落”面板。在弹出的“字符”或“段落”面板中可以对文字进行更多的设置。

◎ ：单击该按钮，可以取消文字的输入或编辑操作。

◎ ✓：单击该按钮，可以确认文字的输入或编辑操作。

选择文字工具后，在属性栏中根据自己的需要设置工具的参数，然后在图像中单击确定插入点，并输入文字，最后按【Ctrl+Enter】组合键或单击属性栏中的✓按钮，即可完成文字的输入，如下图所示。

行家提醒

文字输入后，按小键盘上的【Enter】键，或选取工具箱中的其他工具，都可以确定文字的输入操作。

2. 编辑点文字

文字输入完成后，若要再次编辑文字，必须先选择要编辑的文字。选择文字的具体操作方法如下：

◎ 双击文本图层缩览图，此时将选中该图层中的文字，且系统将自动切换到文字工具，如下图所示。

◎ 选择文字图层，选择文字工具（T或IT），然后将鼠标指针移至文字区域，单击鼠标左键，系统会自动将文本图层置为当前图层，并进入文字编辑状态。可以在光标处输入文字，也可以选中单独的文字，然后对选中的文字设置字体、颜色、格式，以及复制、删除等编辑操作，如下图所示。

>> 10.1.2 创建段落文字

如果需要输入较多的文字，可以把大段的文字输入在文本框中，以方便地对

在 Photoshop 中输入点文字同其他文字处理软件相同，按空格键可以添加空格，按【Enter】键可以换行。

文字进行更多的控制。当在文本框中输入段落文字时，文字基于文本框的尺寸将自动换行。

选择工具箱中的文字工具（T或T），在图像中拖动鼠标创建一个文本框，此时光标会自动定位在文本框中，如下图（左）所示。

在文本框中输入文字，然后按【Ctrl+Enter】组合键或单击属性栏中的✓按钮，即可完成文字的输入，如下图（右）所示。

创建文本框后，用户可以根据需要调整文本框的大小，使文字在调整后的文本框内重新排列，还可以对文本框进行旋转、缩放和斜切等操作。

◎ 将鼠标指针移至文本框对角线上，当其变成双向箭头形状时，按住鼠标左键并拖动，即可放大或缩小文本框，如下图（左）所示。

◎ 将鼠标指针移至文本框对角线上，当其变成↻形状时，按住鼠标左键并拖动，即可旋转文本框，如下图（右）所示。

◎ 如果输入的文字过多，文本框右下角的控制点将呈⊞形状，这表明文字超出了文本框范围，文字被隐藏了。这时可以改变文本框的大小，以显示被隐藏的文字，如下图所示。

行家提醒

按【Ctrl+Delete】组合键，可以为文字填充背景色；按【Alt+Delete】组合键，可以为文字填充前景色。

>> 10.1.3 使用“字符”面板和“段落”面板

在文字工具属性栏中，可以对文字的属性进行简单设置，如果要对文字进行高级设置，则要用到“字符”面板和“段落”面板。

1. “字符”面板

选择“窗口”|“字符”命令，即可打开“字符”面板，如右图所示。

“字符”面板主要用于设置文字的字体、字号、字形以及字间距和行间距等。其中，设置字体、设置字形、设置字体大小、设置字体颜色和消除锯齿选项与文字工具属性栏中的相应选项功能相同。其他选项的含义如下：

◎ (自动)：用于设置所选文字行与行之间的距离，如下图所示。

行距为“自动”　　　　行距为48

◎ 100%：用于设置所选字符的垂直缩放比例，如下图所示。

垂直缩放为100%　　　　垂直缩放为50%

◎ 100%：用于设置所选字符的水平缩放比例，如下图所示。

水平缩放为100%　　　　水平缩放为50%

◎ 0%：用于设置两个字符间的字距比例，数值越大，字距就越小，如下图所示。

操作提示

段落文字一般用来处理字数较多的正文，因为段落文字可以使用避头尾法则和一些特殊的对齐方式，而点文字却不能。

我常常陷入迷惘，于是总喜欢自己躲在一个角落里，静静的、悄悄的，希望世界上没有什么事情来打扰……

比例间距为0%

我常常陷入迷惘,于是总喜欢自己躲在一个角落里,静静的、悄悄的,希望世界上没有什么事情来打扰...

比例间距为100%

◎ AV 0：用于设置所选文字间的距离，数值越大，字符之间的距离就越大，如下图所示。

我常常陷入迷惘，于是总喜欢自己躲在一个角落里，静静的、悄悄的，希望世界上没有什么事情来打扰……

设置字距为-100

我 常 常 陷 入 迷 惘，于 是 总 喜 欢 自 己 躲 在 一 个 角 落 里，静 静 的、悄 悄 的，希 望 世 界 上 没 有 什 么 事 情 来 打 扰……

设置字距为200

◎ 度量标准：用于微调两个字符的间距。在输入文本状态时，将光标置于两个字符之间，在该下拉列表中选择或输入一个数值，即可微调这两个字符的间距，取值范围为 -100 ～ 100，如下图所示。

陷入迷惘

微调值为-100

陷入 迷惘

微调值为200

◎ 0点：用于设置所选字符与其基线的距离，正值上移，负值下移，如下图所示。

我常常陷入迷惘

基线偏移为10点

我常常陷入迷惘

基线偏移为-10点

◎ T T TT Tr T¹ T₁ T T：单击相应的按钮，分别用于设置字体的仿粗体、仿斜体、全部大写字母、小型大写字母、上标、下标、下画线和删除线。

2.“段落”面板

选择“窗口”|“段落”命令，即可打开“段落”面板，如右图所示。

行家提醒

如果文字工具栏的字体列表中没有显示中文字体名称，可以选择“编辑”|“首选项”|“文字”命令，在弹出的对话框中取消选择“以英文显示字

其中，各选项的含义如下：

◎ ：用于设置段落文字的对齐方式。

◎ 0点 和 0点 ：用于控制文本距离文本框左边和右边的间距。

◎ 0点 ：用于控制中文文字的首行缩进量。

◎ 0点 和 0点 ：这两个选项用于决定段落之间的间距，一般设置其中一个即可（段前或段后）。

◎ 避头尾法则设置: 无 ：在排文字时，许多标点符号是不能被放在一行开头的（如句号、逗号和问号等），也有一些标点符号不能被放在一行的结尾（如左括号和左书名号等）。但当文字比较多时，如果手工完成调整会比较烦琐，而这一选项能很好地解决这一问题，则只需在此选择一个法则，Photoshop 会自动对字符间距进行调整，以使标点被放置在正确的位置。

◎ 间距组合设置: 无 ：在中英文混排（或中文与数字混排）时非常有用。通过选择不同的选项，可以得到更好的字符间距排列组合。

◎ 连字 ：在排英文时，如果单词需要折行就会用到这一项功能。

>> 10.1.4 创建文字选区

如果需要创建文字选区，则可以使用横排文字蒙版工具和直排文字蒙版工具。创建文字选区前，要先在工具属性栏中设置字体和字号（因为形成选区后就不能再重新设置字体），然后在图像中单击，确定光标位置，接着输入文字，确定文字输入后即可得到选区，如下图所示。

>> 10.1.5 创建变形文字

在 Photoshop 中创建的文字可以对其进行变形操作，从而创作出更具有美感的文字特效。选择文字图层，然后选择“图层”|“文字”|“文字变形”命令，或单击文字工具属性栏中的“创建文字变形”按钮，即可弹出“变形文字”对话框。在“样式”下拉列表框中共提供了 15 种变形样式，并可以设置变形参数。

文字选区工具由于不容易编辑文字属性，所以并不经常使用；而多是创建好文字后，再从文字载入选区。

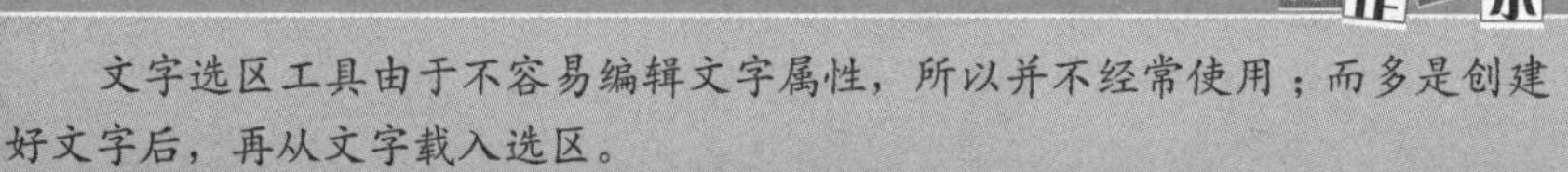

下图所示为使用“文字变形”命令创建的变形效果。

>> 10.1.6 创建路径文字

在 Photoshop CS5 中，可以利用文字工具沿着路径输入文字。路径可以是钢笔工具或矢量形状工具创建的任意路径形状。在路径边缘或内部输入文字后，还可以移动路径或更改路径的形状，且文字会顺应路径位置或形状发生变化。

1. 沿路径输入文字

要沿路径输入文字，首先需要在图像文件中绘制一条路径，然后选择文字工具，将鼠标指针放到路径上方，当鼠标指针变成形状时单击以确定光标，然后输入文字，输入的文字即会沿路径排列，如下图所示。

选择工具箱中的路径选择工具，将鼠标指针放到路径上方，当鼠标指针呈或形状时单击，即可改变文字的起点位置，如下图所示。

2. 在路径中输入文字

用户也可以在闭合路径内输入文字，相当于创建段落文字。在图像窗口中拖

行家提醒

创建的文本只要保持文字的可编辑性，即没有将其栅格化，转换为路径或形状前，可以随时进行重置变形与取消变形的操作。

动鼠标绘制一个闭合路径，选择文字工具，将鼠标指针放到路径内，当鼠标指针变成①形状时单击以确定输入点，然后输入文字，输入的文字会在路径内进行排列，如下图所示。

>> 10.1.7 将文字创建为路径

选择文字图层，然后选择“图层”|“文字”|“创建工作路径”命令，可以创建一条与文字轮廓一样的路径，如下图所示。

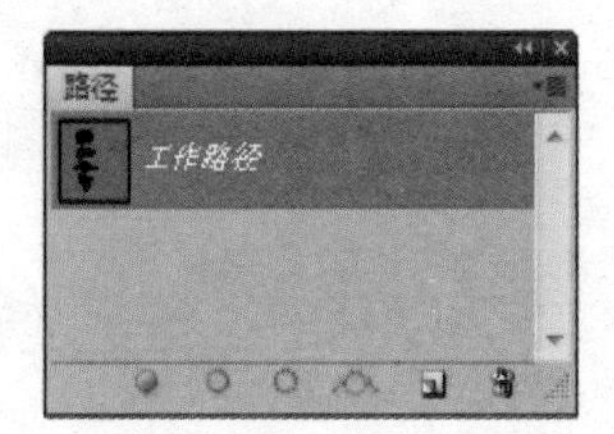

选择文字图层，然后选择“图层”|“文字”|“转换为形状”命令，可以将文字图层转换为形状图层，如下图所示。

通过创建文字路径，然后使用路径调整工具调整路径，可以非常方便地创建一些特殊的文字效果，如下图所示。

操作提示

在“图层”面板中选择要转换为路径的文字图层，在其上右击，在弹出的快捷菜单中选择“创建工作路径”命令，也可以创建工作路径。

>> 10.1.8 栅格化文字图层

文字图层不能使用选框工具、绘图工具、滤镜等进行编辑，如果要使用以上工具，必须将文字栅格化，即将文字图层转换为普通图层。选择文字图层，然后选择“图层”|“栅格化”|“文字”命令，即可将文字图层栅格化为普通图层，如下图所示。栅格化图层后，即可对其进行各种编辑操作。

10.2 应用滤镜

滤镜是 Photoshop 的一大特色，使用滤镜可以快速地制作一些特殊效果，如风吹效果、球面化效果、浮雕效果、光照效果、模糊效果和云彩效果等。因此可以说滤镜是 Photoshop 中最神奇的工具之一。

>> 10.2.1 滤镜库

滤镜库可以提供多种滤镜效果的预览，在其中可以应用多个滤镜，以及对滤镜进行编辑。如果对滤镜效果满意，则可以将其应用于图像。选择“滤镜”|“滤镜库”命令，即可打开“滤镜库”对话框，如下图所示。

行家提醒

在“图层”面板中的文字图层上右击，在弹出的快捷菜单中选择“栅格化文字”命令，也可以将文字图层栅格化。

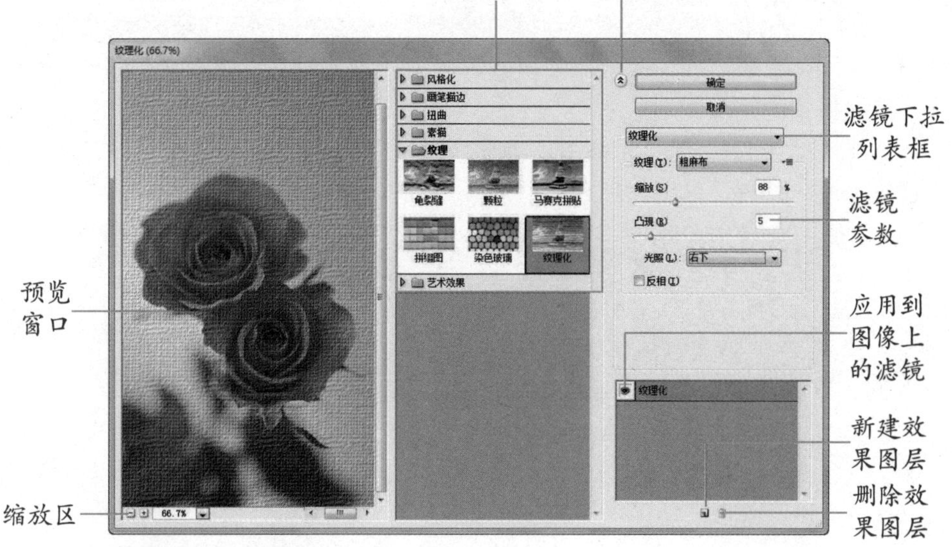

其中，各项的功能如下：

◎ 预览窗口：用于预览使用滤镜的效果。

◎ 滤镜缩览图列表窗口：以缩略图的形式列出了一些常用的滤镜。

◎ 缩放区：可以缩放预览窗口中的图像。

◎ 显示/隐藏滤镜缩览图按钮：单击⌃按钮，对话框中的滤镜缩览图列表窗口会隐藏，以使图像预览窗口扩大，从而可以更方便地观察图像。单击⌄按钮，滤镜缩览图列表窗口就会再次显示出来。

◎ 滤镜下拉列表框 纹理化 ：在该列表框中以列表形式显示了滤镜缩览图窗口中的所有滤镜。

◎ 滤镜参数：当选择不同的参数时，该位置就会显示出相应的滤镜参数，供用户进行设置。

◎ 应用到图像上的滤镜：在其中按照先后顺序列出了当前所有应用到图像上的滤镜列表。选择其中的某个滤镜，可以对其参数进行修改，或单击其左侧的眼睛图标，隐藏该滤镜效果。

◎ 新建效果图层：单击该按钮，可以添加新的滤镜。

◎ 删除效果图层：单击该按钮，可以删除当前选择的滤镜。

高手点拨

缩放预览图像

在“滤镜库”窗口中，按【Ctrl++】组合键，可以放大预览框图像；按【Ctrl+-】组合键，可以缩小预览框图像。

如果在当前图像中选中的是某一图层或某一通道，则执行的滤镜只对当前图层或通道起作用。

>> 10.2.2 使用“液化”滤镜

使用“液化”滤镜可以逼真地模拟液体流动的效果，也可以非常方便地制作弯曲、漩涡、扩展、收缩、移位及反射等效果。该滤镜不能用于索引颜色、位图或多通道模式的图像。

选择“滤镜”|“液化”命令，弹出“液化”对话框，通过其中的工具可对图像进行液化处理，如下图所示。

其中，各选项的含义如下：

◎ 向前变形工具：使用该工具，通过拖动鼠标可以推动像素从而变形图像。

◎ 重建工具：使用重建工具拖动变形部分，可以将图像恢复为原始状态。

◎ 顺时针旋转扭曲工具：按照顺时针或逆时针方向旋转图像。

◎ 褶皱工具：使用该工具可以像使用凹透镜一样缩小图像进行变形。

◎ 膨胀工具：使用该工具可以像使用凸透镜一样放大图像进行变形。

◎ 左推工具：向左移动图像的像素，扭曲图像。

◎ 镜像工具：使用该工具可以将图像扭曲为反射形态。

◎ 湍流工具：使用该工具可以将图像扭曲为类似风或气流流动的形态。

◎ 冻结蒙版工具：用于设置蒙版，被蒙版区域不会变形。

◎ 解冻蒙版工具：用于解除蒙版区域。

◎ 工具选项：用于设置图像扭曲使用的画笔的大小和压力程度等。

◎ 重建选项：用于恢复被扭曲的图像。

◎ 蒙版选项：用于编辑、修改蒙版区域。

◎ 视图选项：用于设置在画面中显示或隐藏蒙版区域或网格。

下面将通过实例介绍“液化”滤镜的使用方法，具体操作方法如下：

素材文件	光盘：素材文件\第10章\女孩.jpg

行家提醒

Photoshop会针对选区进行滤镜效果处理，如果图像中没有定义选区，则对整个图像起作用。

1 打开素材文件

选择“文件”|“打开”命令，打开素材文件“女孩.jpg”，如下图所示。

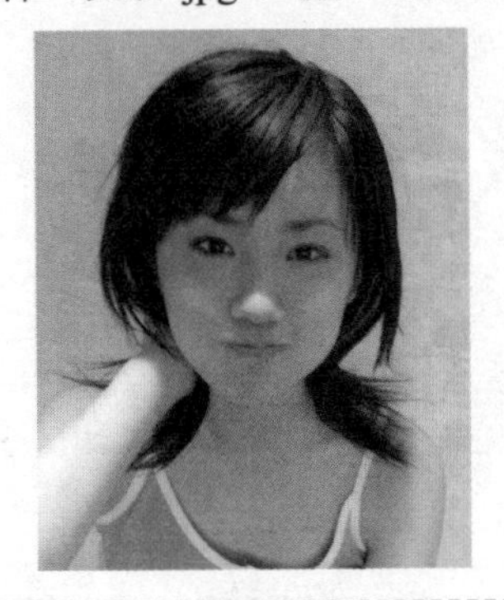

2 选择“液化”命令

按【Ctrl+J】组合键，复制“背景”图层。选择“滤镜”|“液化”命令，弹出“液化”对话框，如下图所示。

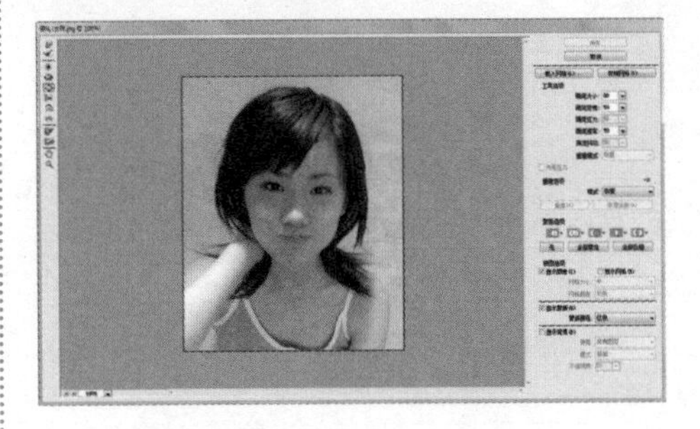

3 冻结部分图像

选择左侧冻结蒙版工具，在人物的眼睛、鼻子、嘴上进行涂抹将其冻结，以防止后面变形操作对其产生影响，如下图所示。

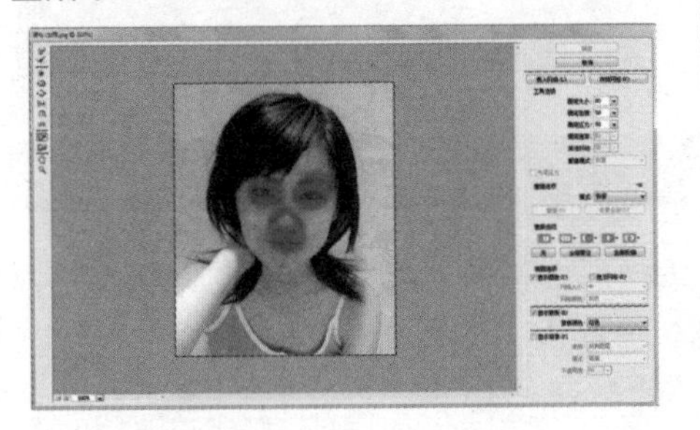

4 设置工具参数

选择左侧向前变形工具，在右侧“工具选项”选项区域中设置各项参数，如下图所示。

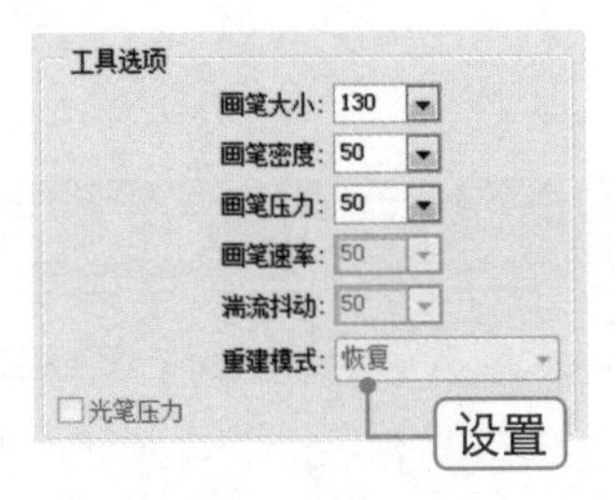

5 变形图像

移动鼠标指针到人物脸颊边缘，利用向前变形工具向左侧拖动鼠标进行变形操作，如下图所示。

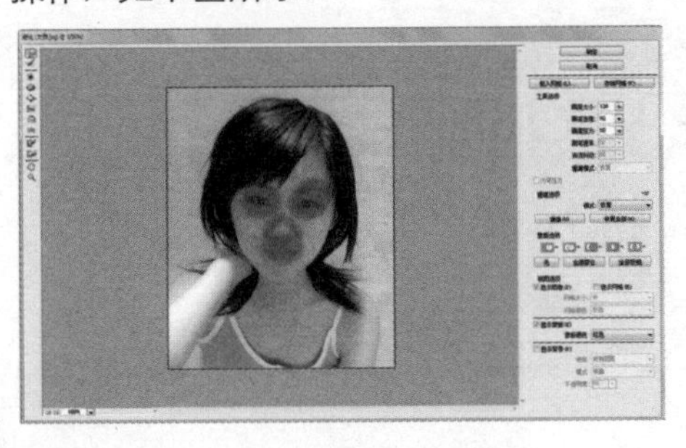

6 解冻蒙版

选择左侧解冻蒙版工具，在冻结的区域进行涂抹进行解冻，如下图所示。

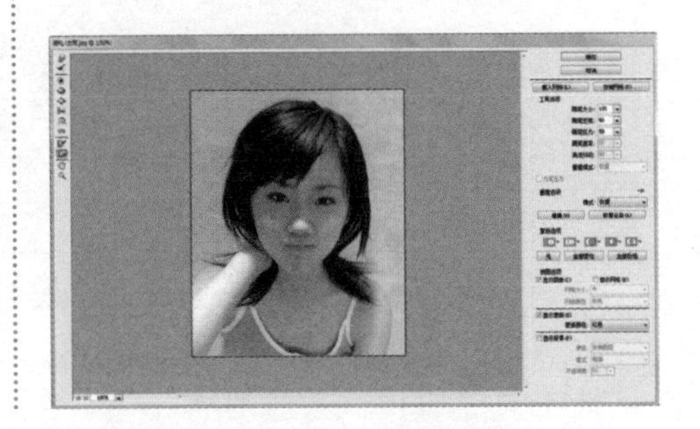

操作提示

只对局部图像进行滤镜效果处理时，为选区设定羽化值，使处理的区域能自然地与源图像融合，减少突兀感。

7 设置工具参数

选择左侧膨胀工具，在右侧“工具选项”选项区域中设置各项参数，如下图所示。

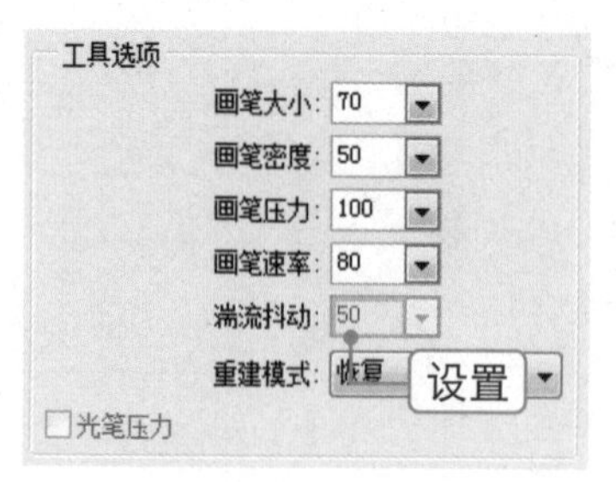

8 放大眼睛

分别在人物的两只眼睛上单击三下鼠标左键，将人物眼睛放大，单击“确定”按钮，如下图所示。

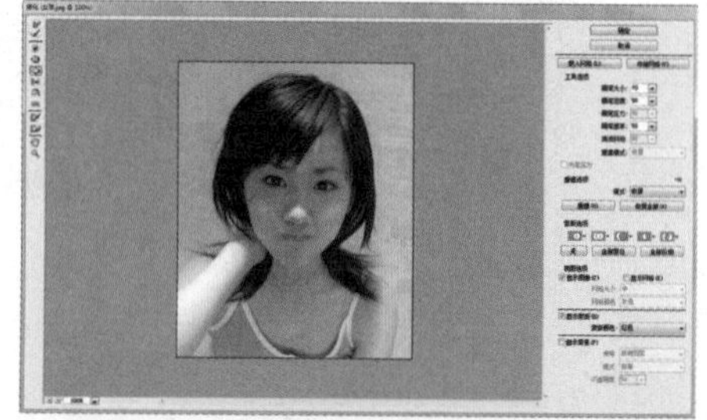

9 应用滤镜

此时，即可得到调整后的人物图像效果，看上去更加圆润、漂亮，如右图所示。

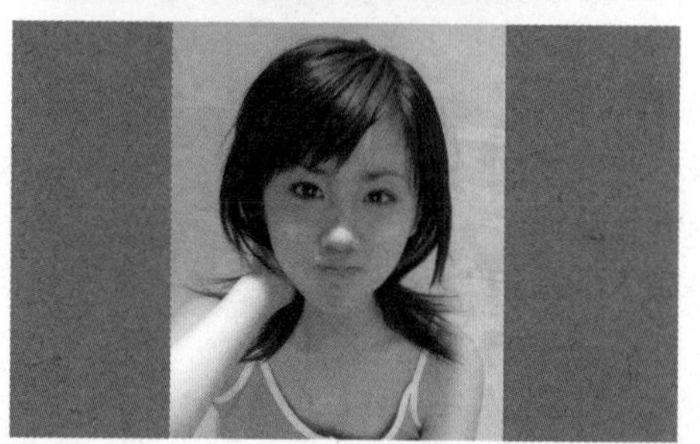

>> 10.2.3 使用“镜头校正”滤镜

Photoshop CS5 新增了“镜头校正”滤镜，根据对各种相机与镜头的测量自动校正，可以轻松地消除桶状、枕状和倾斜等变形，以及相片周边暗角。

选择“滤镜”|“镜头校正”命令，弹出“镜头校正”对话框，通过其中的工具可以对图像进行镜头校正处理，如下图所示。

在该对话框中，各选项的含义如下：

◎ 移去扭曲工具：单击该按钮，然后向中心拖动或拖离中心，可以校正

行家提醒

“编辑”菜单中提供了一个有用的“消褪”命令，在刚刚使用过某个滤镜后，可以使用它来淡化滤镜效果。

失真。

◎ 拉直工具：单击该按钮，绘制一条直线，可以将图像拉伸到新的横轴或纵轴。

◎ 移动网格工具：单击该按钮，可以移动网格。

◎ 抓手工具：当图像在预览窗口显示不下时，单击该按钮，可以拖动图像，改变显示位置。

◎ 缩放工具：单击该按钮，可以在预览窗口中缩放图像的视图。

◎ 自动校正：使用该选项卡，可以由 Photoshop 自动对图像进行校正。

◎ 自定：使用该选项卡，可以由用户手动设置调整参数。

下面将通过实例介绍"镜头校正"滤镜的应用方法，具体操作方法如下：

素材文件　光盘：素材文件\第10章\城市.jpg

1 打开素材文件

选择"文件"|"打开"命令，打开素材文件"城市.jpg"，如下图所示。

2 移去镜头失真

选择"滤镜"|"镜头校正"命令，弹出对话框，在右侧选择移去扭曲工具，在网格中心拖动鼠标移去镜头失真，如下图所示。

3 查看图像效果

单击"确定"按钮，此时即可得到镜头校正后的图像效果，如右图所示。

>> 10.2.4 使用其他常用滤镜

Photoshop 中的滤镜按类分组放在了"滤镜"菜单中。要使用某个滤镜，直接选择相应的命令即可。由于滤镜种类繁多，下面仅将向读者介绍 Photoshop 中常用的一些滤镜。

"镜头校正"滤镜的自动校正功能，使该款滤镜能快速校正不同镜头带来的几何失真变形，Photoshop CS5 软件会自动读取 Adobe 提供的当前主流相机

1."风格化"滤镜组

"风格化"滤镜组中共包含9种滤镜，可以通过置换像素并且查找和提高图像中的对比度，产生一种绘画式或印象派艺术效果，如下图所示。

原图像

查找边缘

拼贴

照亮边缘

2."模糊"滤镜组

"模糊"滤镜组中包含11种模糊滤镜，它们可以柔化图像、降低相邻像素之间的对比度，使图像产生柔和、平滑的过渡效果，如下图所示。

原图像

表面模糊

径向模糊

动感模糊

行家提醒

"径向模糊"滤镜能产生旋转或爆炸的模糊效果，类似于传统摄影的旋转镜和爆炸镜;"动感模糊"滤镜可产生加速的动感效果，类似于速度镜或追随拍摄。

3. “渲染”滤镜组

“渲染”滤镜组中包括5种滤镜，可以使图像产生三维、云彩或光照效果，以及添加模拟的镜头折射和反射效果，如下图所示。

原图像

光照效果

镜头光晕

分层云彩

10.3 实战演练——使用“消失点”滤镜

使用“消失点”滤镜，可以在包含透视效果平面图像中的指定区域执行诸如绘画、仿制、复制、粘贴和变换等编辑操作，并且所有的编辑操作都将保持图像原来的透视效果，使图像更加逼真。选择“滤镜”|“消失点”命令，即可打开“消失点”对话框，如下图所示。

操作提示

Photoshop 中的滤镜包括特殊滤镜、内置滤镜和外挂滤镜3种。内置滤镜包括了上百种多种多样的滤镜，被广泛应用于图像的处理和特效的制作中。

其中，各选项含义如下：

◎ 编辑平面工具：单击该按钮，可以选择、编辑、移动平面并调整平面大小。

◎ 创建平面工具：单击该按钮，可以定义平面的4个角节点、调整平面的大小和形状，并拉出新的平面。

◎ 选框工具：单击该按钮，可以建立方形或矩形选区，同时移动或仿制选区。双击该按钮，可以选择整个平面。

◎ 图章工具：单击该按钮，可以使用图像的一个样本绘图，但不能仿制其他图像中的元素。

◎ 画笔工具：单击该按钮，可以在平面中使用选定的颜色进行绘画。

◎ 变换工具：单击该按钮，可以通过移动外框手柄来缩放、旋转和移动浮动选区。

◎ 吸管工具：单击该按钮，可以在预览图像中选择一种颜色用于绘画。

◎ 抓手工具：当图像在预览窗口显示不下时，单击该按钮，可以拖动图像，改变显示位置。

◎ 缩放工具：单击该按钮，可以在预览窗口中缩放图像的视图。

>> 10.3.1 本例操作思路

>> 10.3.2 本例实战操作

下面将通过实例介绍"消失点"滤镜的应用方法，具体操作方法如下：

素材文件　光盘：素材文件\第10章\广告牌.jpg、地产广告.jpg

1 打开素材文件

选择"文件"|"打开"命令，打开素材文件"广告牌.jpg"，如下图所示。

2 执行"消失点"滤镜

按【Ctrl+J】组合键，复制"背景"图层。选择"滤镜"|"消失点"命令，弹出"消失点"对话框，如下图所示。

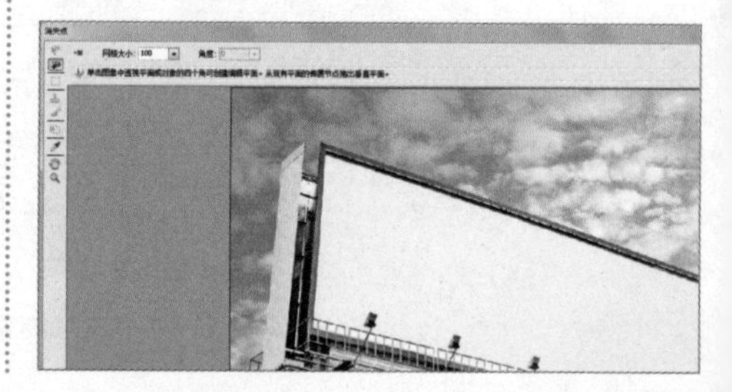

行家提醒

外挂滤镜不是Photoshop自带的滤镜，而是由第三方厂商为Photoshop所生产的，它需要自行安装，不仅数量庞大、种类繁多、功能不一，而且是用户

3 创建网格

选择对话框左侧的创建平面工具，在广告牌的4个角点位置分别单击，创建网格，单击“确定”按钮，如下图所示。

4 打开素材文件

选择“文件”|“打开”命令，打开素材文件“地产广告.jpg”，如下图所示。

5 复制图像

全选并复制文件，切换至“广告架”窗口，选择“滤镜”|“消失点”命令，在弹出的对话框中将显示刚才创建的网格，按【Ctrl+V】组合键粘贴文件，如下图所示。

6 移动图像

此时鼠标指针呈形状，使用鼠标将复制的图像上拖动到网格中，图像即按照设置的网格形状进行变形，如下图所示。

7 调整图像

选择左侧变换工具，拖动图像露出边缘，将看到变换控制点，拖动变换控制点调整图像大小，单击“确定”按钮，如下图所示。

8 应用“消失点”滤镜

此时，即可得到应用“消失点”滤镜的图像效果，如下图所示。

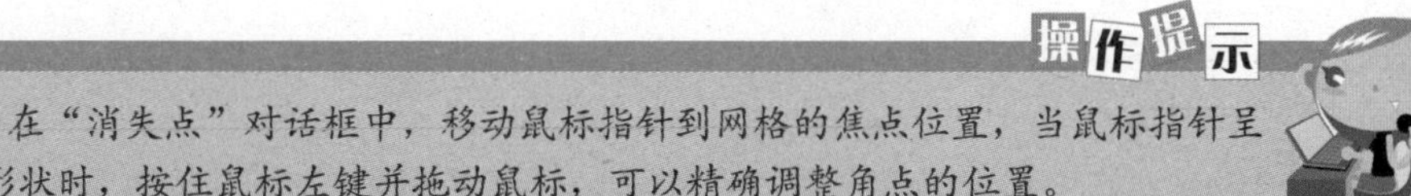

操作提示

在“消失点”对话框中，移动鼠标指针到网格的焦点位置，当鼠标指针呈形状时，按住鼠标左键并拖动鼠标，可以精确调整角点的位置。

新手有问必答

① 为什么有时滤镜命令不能使用?

在“位图”、“索引”和“16位通道”色彩模式下不能使用滤镜。不同的色彩模式下,其使用范围也不同。例如,在CMYK和Lab模式下有部分滤镜不能使用,如“风格化”、“素描”和“渲染”滤镜等。

② 如何快速执行同一滤镜?

执行完一个滤镜命令后,在“滤镜”菜单的第一行会出现刚才使用过的滤镜命令,单击它可以快速重复执行相同的滤镜命令。若使用键盘,则可以直接按【Ctrl+F】组合键;如果按【Ctrl+Alt+F】组合键,则会重新打开上一次执行的滤镜设置对话框。

③ 为什么相同的滤镜参数处理图像的效果却不同?

滤镜的处理效果是以“像素”为单位的,并与图像的分辨率有关。设置相同的参数来处理不同分辨率的图像,其效果可能有些差别。

行家提醒

当鼠标针呈 形状时,按住鼠标左键并拖动鼠标,可以移动网格的位置。按【Backspace】键可以删除创建的变形网格。

Chapter 11

经典实例综合演练

在学习完Photoshop CS5的各种操作知识后，本章将引领读者进行经典实例的综合演练。通过按图索骥地制作这些实例，读者能够充分掌握Photoshop软件的操作技能，深入领会平面设计的创作思路和流程等，并能亲自创作出优秀的平面作品。

本章重点知识

◎ 实战演练一——房地产广告设计　◎ 实战演练二——黑芝麻糊包装设计

◎ 实战演练三——招贴设计

11.1 实战演练一——房地产广告设计

房地产广告设计是平面设计中重要的应用领域之一，下面将制作一个房地产广告案例，实例最终效果如下图所示。

>> 11.1.1 本例操作思路

① 制作背景 → ② 输入文字 → ③ 添加并编辑人物素材 → ④ 添加并编辑建筑素材

>> 11.1.2 本例实战操作

素材文件　光盘：素材文件\第11章\房地产广告设计

1 新建文件

选择“文件”|“新建”命令，在弹出的对话框中设置新建文件的参数，单击“确定”按钮新建文档，如下图所示。

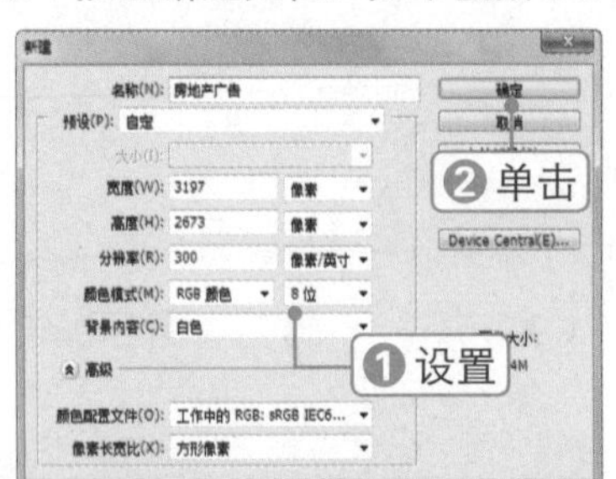

2 设置渐变参数

选择工具箱中的渐变填充工具■，设置工具参数，如下图所示。

行家提醒

调整渐变工具的渐变颜色时，可以先选择一个与要使用的渐变颜色相近的颜色，然后在此基础上进行修改，以提高工作效率。

3 填充背景图形

在“背景”图层上从下向上拖动鼠标，填充背景图形，效果如下图所示。

4 创建矩形选区

单击“图层”面板中的“创建新图层”按钮，新建“图层 1”。选择矩形选框工具，在图像中拖动鼠标创建选区，如下图所示。

5 设置渐变参数

选择工具箱中的渐变填充工具，设置工具参数，如下图所示。

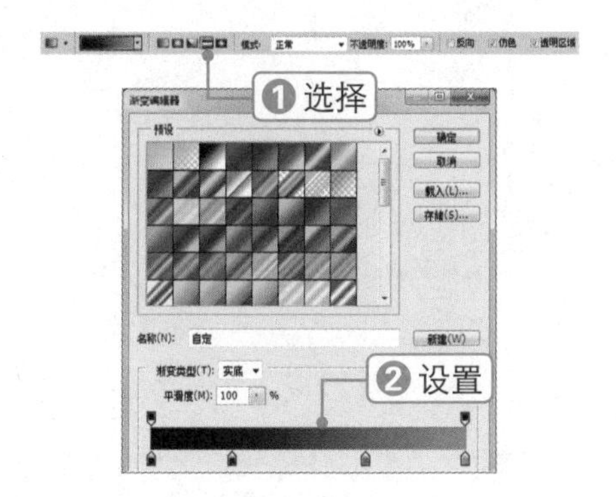

6 填充选区

在选区中从上向下拖动鼠标，填充选区，然后按【Ctrl+D】组合键取消选区，如下图所示。

7 新建Alpha 1通道

选择“窗口”|“通道”命令，打开出“通道”面板，单击“创建新通道”按钮，新建 Alpha 1 通道，如下图所示。

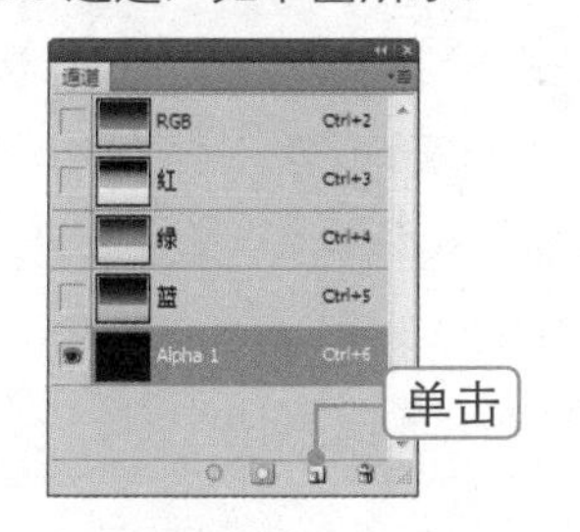

8 设置工具参数

选择工具箱中的混合器画笔工具，在工具属性栏中设置各项参数，如下图所示。

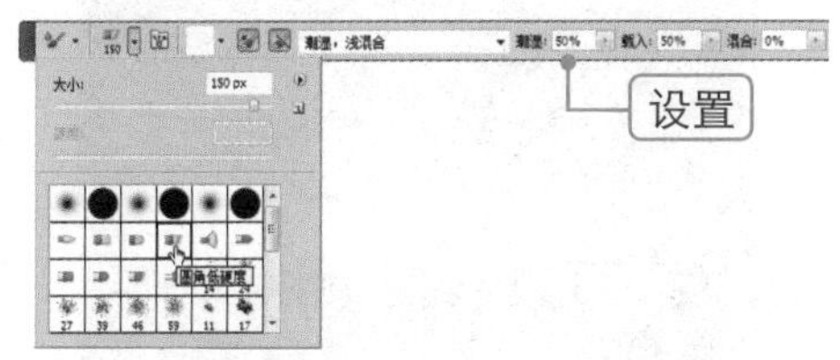

操作提示

混合器画笔工具为用户提供了几款专用的描图画笔，并可以控制画笔的方向和角度，使用户可以很方便地绘制出各种风格的绘画效果。

9 绘制图案

在图像中拖动鼠标，即可绘制图案，效果如下图所示。

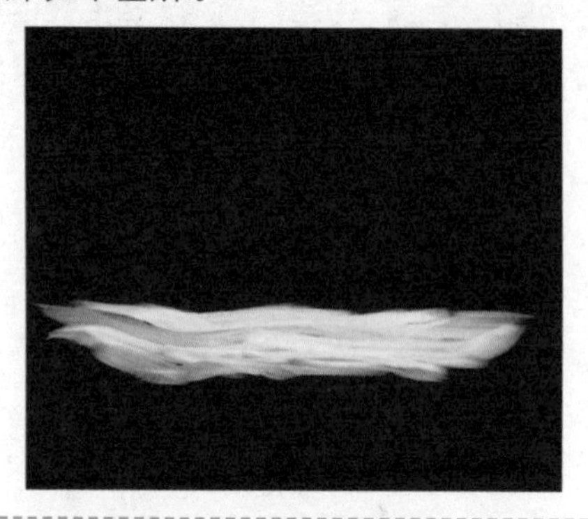

10 使用“喷色描边”滤镜

选择“滤镜”|“画笔描边”|“喷色描边”命令，在弹出的对话框中设置参数，单击“确定”按钮，如下图所示。

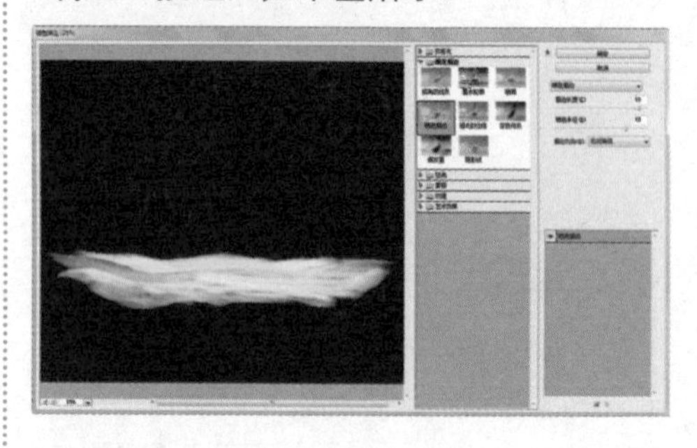

11 查看滤镜应用效果

此时，即可查看应用“喷色描边”滤镜后的图像效果，如下图所示。

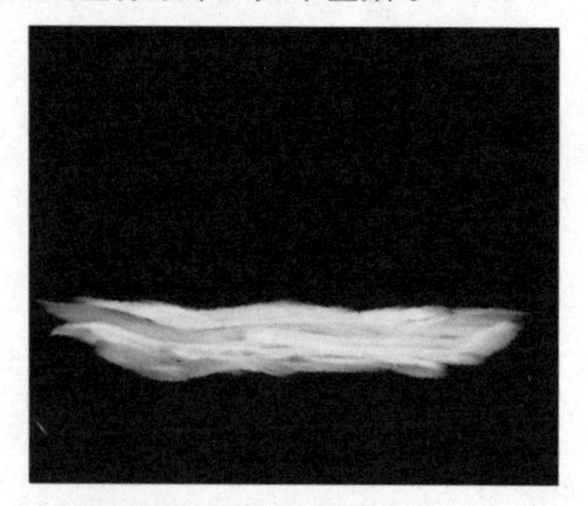

12 调整色阶

选择“图像”|“调整”|“色阶”命令，在弹出的对话框中设置参数，单击“确定”按钮，如下图所示。

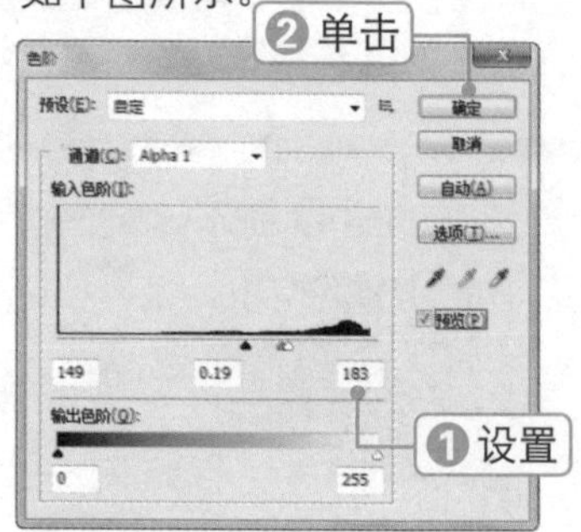

13 查看调整色阶效果

此时，即可得到调整色阶后的图像效果，如下图所示。

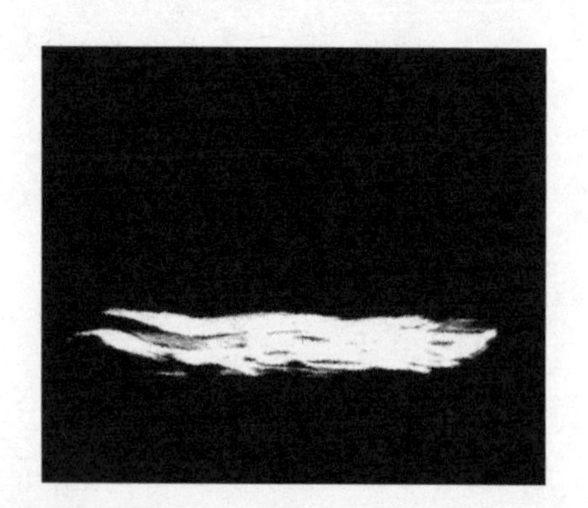

14 载入选区

按【Ctrl+2】组合键，显示出 RGB 通道，按住【Ctrl】键并单击 Alpha 1 通道的缩览图，载入选区，如下图所示。

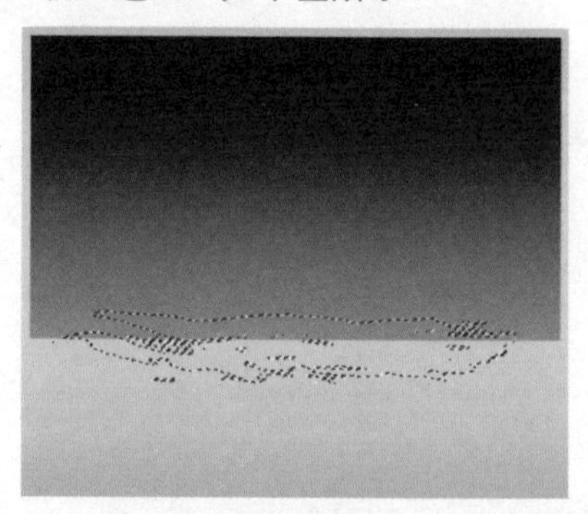

行家提醒

“喷色描边”滤镜可以在图像中模拟使用喷溅喷枪后颜色颗粒飞溅的效果，并可以控制飞溅的方向。

15 变换选区

选择“选区”|“变换选区”命令，对选区进行变换操作，如下图所示。

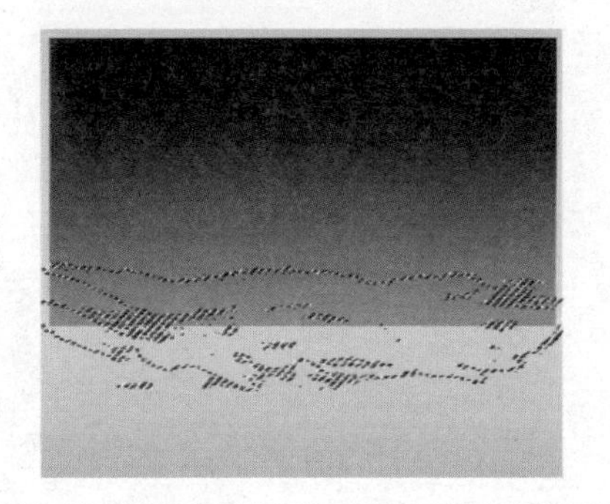

16 删除图像

按【Delete】键，删除选区内的图像，然后按【Ctrl+D】组合键取消选区，效果如下图所示。

17 擦除图像

选择工具箱中的橡皮擦工具，对部分图像进行擦除操作，效果如下图所示。

18 打开素材文件

选择“文件”|“打开”命令，打开素材图像文件“水.jpg”，如下图所示。

19 拖入图像

选择移动工具，将“水”图像拖到前面的图像窗口中，变换至合适大小，并设置其“图层混合模式”为“明度”，如下图所示。

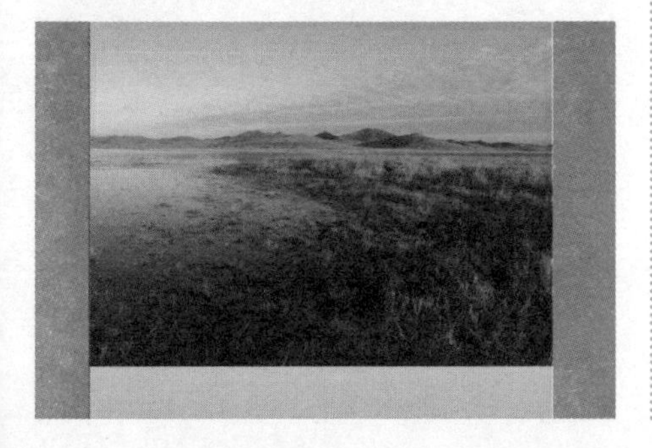

20 添加图层蒙版

按住【Ctrl】键并单击“图层 1”的图层缩览图，载入选区。单击“添加图层蒙版”按钮，对当前图层添加图层蒙版，如下图所示。

操作提示

除了使用移动工具外，也可以使用“复制”命令和“粘贴”命令来在当前图像中加入外部素材。

21 复制图层

按【Ctrl+J】组合键复制当前图层，并将其“图层混合模式”设置为“正片叠底”，如下图所示。

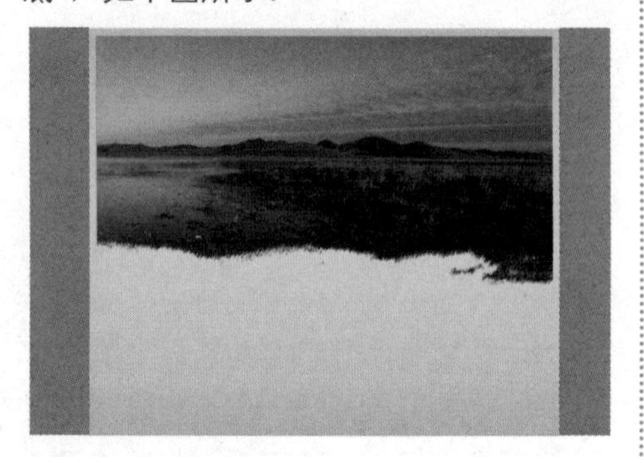

22 输入文字

选择工具箱中的文字工具，在图像中输入房地产广告的文字，如下图所示。

23 打开素材文件

选择“文件”|“打开”命令，打开素材文件“美女.psd”，如下图所示。

24 拖入素材文件

选择“图层 1”，将其拖到前面编辑的图像窗口中，并调整至合适的大小，效果如下图所示。

25 添加图层样式

单击“图层”面板中的“添加图层样式”按钮fx，在弹出的菜单中选择“投影”命令，在弹出的对话框中设置投影参数，单击“确定”按钮，如下图所示。

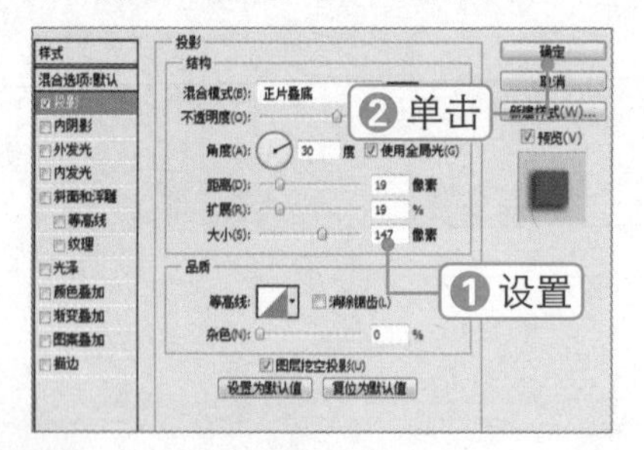

26 查看图层样式

此时，即可得到添加投影图层样式后的图像效果，如下图所示。

行家提醒

“正片叠底”模式具备恢复曝光过度照片层次的功能，同样可以混合色彩，得到图像与众不同的凝重感色调效果。

27 创建图层样式为图层

选择“图层”|“图层样式”|“创建图层”命令，即可将添加的图层样式创建为单独的图层，如下图所示。

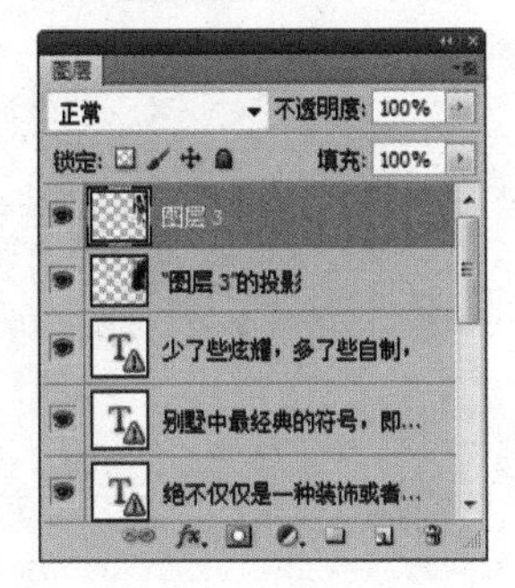

28 编辑图层蒙版

选择投影所在图层，单击按钮，为当前图层添加图层蒙版。选择一个柔边画笔工具，设置前景色为黑色，涂抹蒙版，隐藏部分不需要的投影效果，如下图所示。

29 打开素材文件

选择“文件”|“打开”命令，打开素材图像文件“别墅.jpg”，如下图所示。

30 拖入素材文件

选择移动工具，将“别墅”图像拖到前面的图像窗口中，调整至合适大小，并设置其“图层混合模式”为“柔光”，如下图所示。

31 编辑蒙版

单击“添加图层蒙版”按钮，选择渐变填充工具，选择从黑色到白色的渐变，从上向下拖动鼠标，编辑蒙版，如下图所示。

32 调整图层顺序

在“图层”面板中拖动“别墅”图层到“人物投影图层样式”图层的下方，效果如下图所示。

在应用“正片叠底”模式制定照片色调时，多采用明亮的色彩融合，否则会有抑制住画面的明暗度，甚至损失暗部层次。

33 打开素材文件

选择“文件”|“打开”命令，打开素材图像文件“楼 1.jpg”，如下图所示。

34 拖入图像

选择工具箱中的移动工具，将“楼 1”图像拖到前面的图像窗口中，并调整至合适的大小，如下图所示。

35 拖入图像

采用同样的方法拖入另外一幅素材文件“楼 2.jpg”，此时的图像效果如下图所示。

36 创建选区

选择工具箱中的矩形选框工具，在图像中拖动鼠标创建选区，如下图所示。

37 删除选区内的图像

按【Ctrl+Shift+I】组合键反选选区，然后按【Delete】键删除选区内的图像，如下图所示。

38 移动选区

按【Crl+Shift+I】组合键反选选区，然后移动选区的位置，如下图所示。

行家提醒

“变亮”模式可以对图像层次较少的暗部进行着色和层次感的提升，从而改善和丰富画面效果。

39 删除图像

选择"楼2"所在图层，按【Crl+Shift+I】组合键反选选区，按【Delete】键删除选区内的图像，按【Ctrl+D】组合键取消选区，效果如下图所示。

40 添加图层样式

单击"图层"面板的"添加图层样式"按钮fx，在弹出的菜单中选择"描边"命令，在弹出对话框中设置描边参数，单击"确定"按钮，如下图所示。

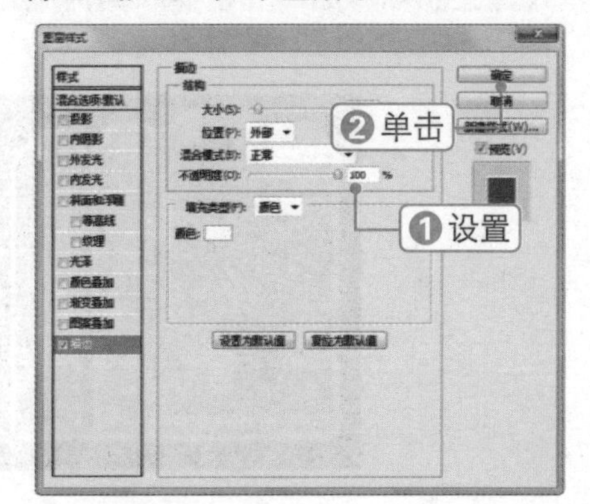

41 查看图像效果

此时，即可得到添加描边图层样式后的效果，如下图所示。

42 添加图层样式

采用同样的方法为另一幅"楼1"图像添加描边样式，效果如下图所示。

43 调整文字

根据画面效果对文字进行调整，即可得到本实例的最终效果，如右图所示。

高手点拨

文字的调整

文字是画面的修饰，同时具有点醒主题的作用。文字的调整并没有一定的规则，要以与画面统一、增强美感为原则。

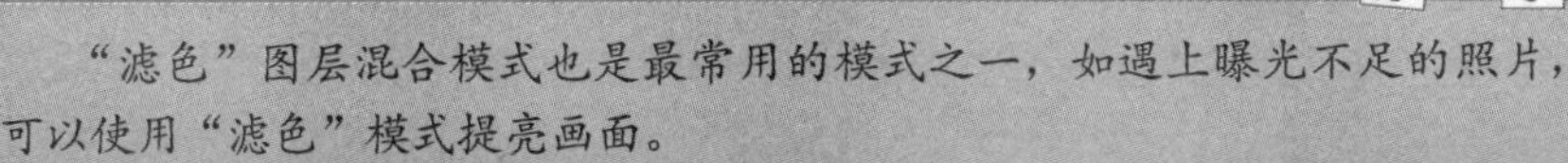

操作提示

"滤色"图层混合模式也是最常用的模式之一，如遇上曝光不足的照片，可以使用"滤色"模式提亮画面。

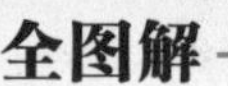

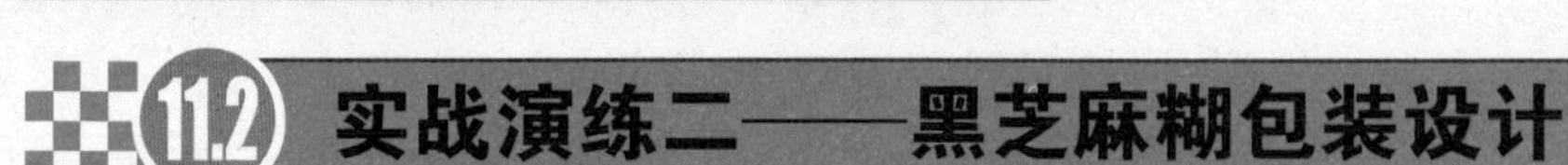

11.2 实战演练二——黑芝麻糊包装设计

包装是商品的“门面”，不仅要体现出商品的品质和质感，还要简洁明了，得体大方，能够引起消费者的购买欲望。下面将通过实例介绍如何设计黑芝麻糊产品商业包装，实例最终效果如下图所示。

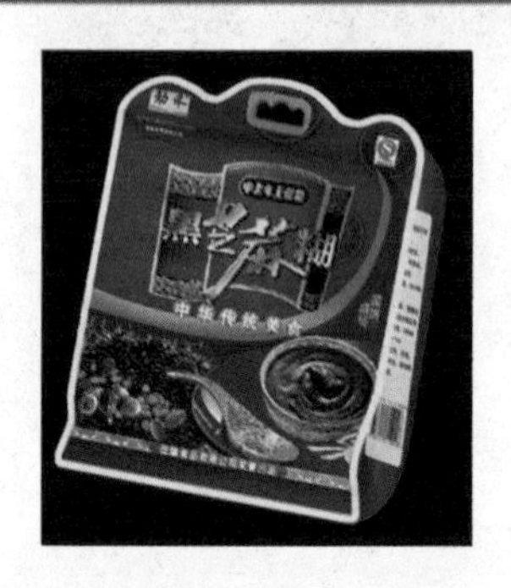

>> 11.2.1 本例操作思路

① 制作包装平面正面效果

② 制作包装平面侧面效果

③ 复制包装平面侧面效果

④ 制作包装立体效果

>> 11.2.2 本例实战操作

素材文件　光盘：素材文件\第11章\黑芝麻糊包装设计

1 打开素材文件

选择“文件”|“新建”命令，在弹出的“新建”对话框中设置各项参数，单击“确定”按钮，如下图所示。

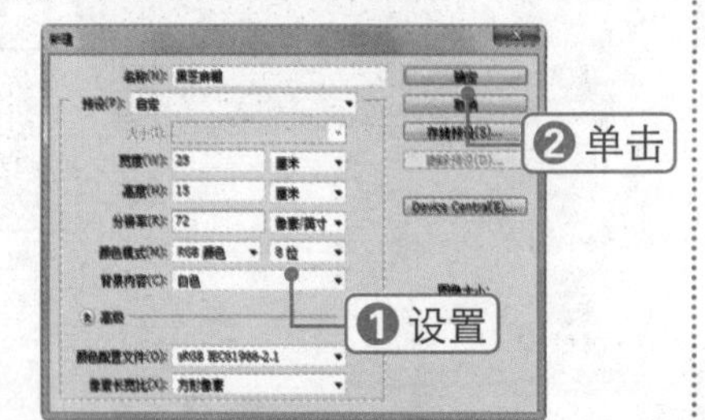

2 创建参考线

设置前景色为黑色，按【Alt+Delete】组合键进行填充。按【Ctrl+R】组合键打开标尺，用鼠标拖出参考线，如下图所示。

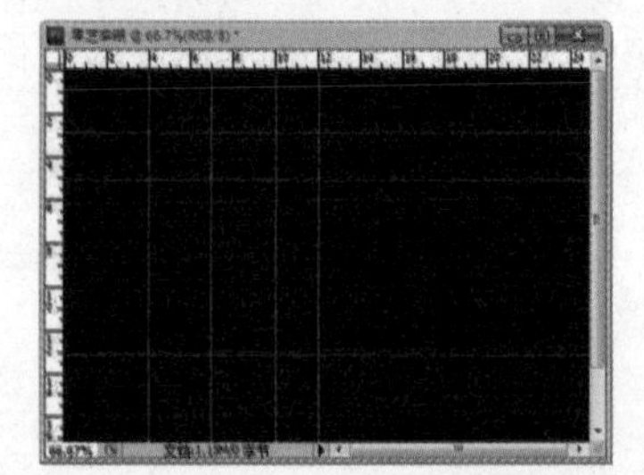

行家提醒

只有显示出标尺，才能使用鼠标拖动的方法创建参考线。选择“视图”|“新建参考线”命令，可以在不显示出标尺的情况下创建参考线。

3 绘制路径

按【Ctrl+Shift+N】组合键，新建“图层 1”。选择钢笔工具，沿着参考线绘制路径，如下图所示。

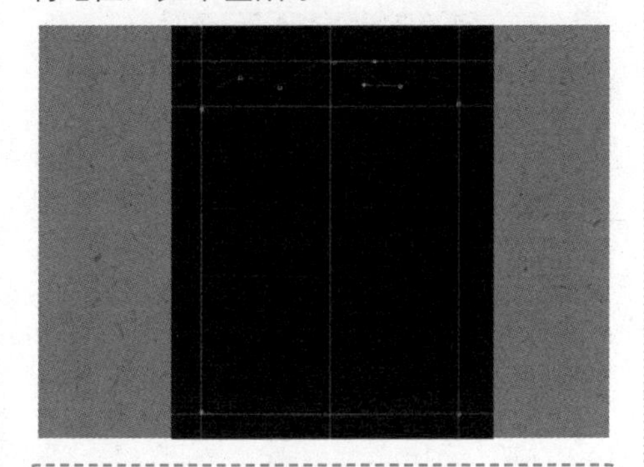

4 设置描边参数

按【Ctrl+Enter】组合键，将路径转换为选区，设置前景色为白色。选择“编辑”|“描边”命令，在弹出的对话框中设置参数，单击“确定”按钮，如下图所示。

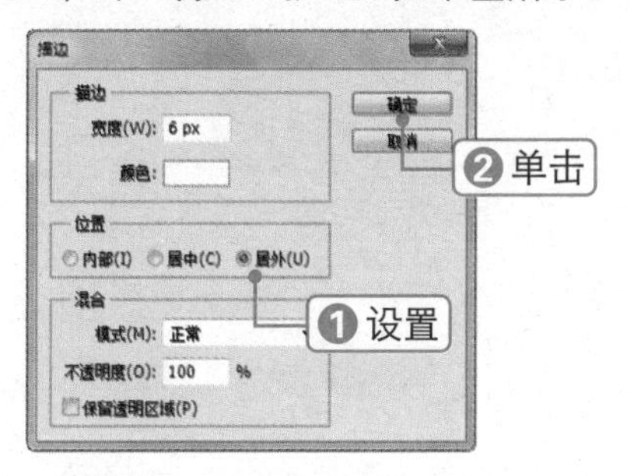

5 查看描边效果

此时，即可查看对选区进行描边的效果，如下图所示。按【Ctrl+Shift+N】组合键，新建“图层 2”。

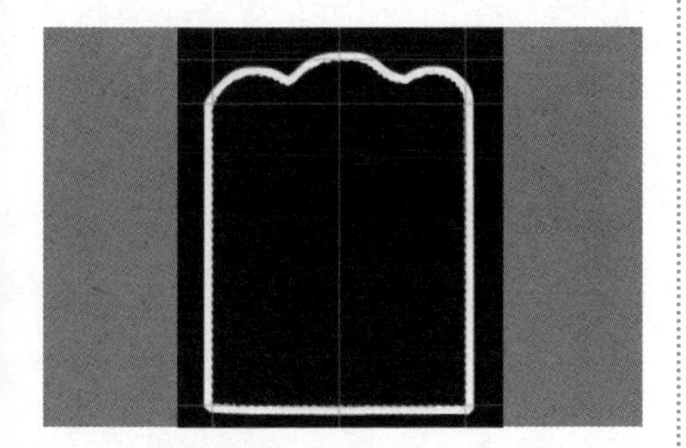

6 设置渐变颜色

选择渐变工具，单击属性栏中的按钮，打开渐变编辑器。设置各项参数，颜色值分别为 R202、G14、B13 和 R145、G1、B2，单击“确定”按钮，如下图所示。

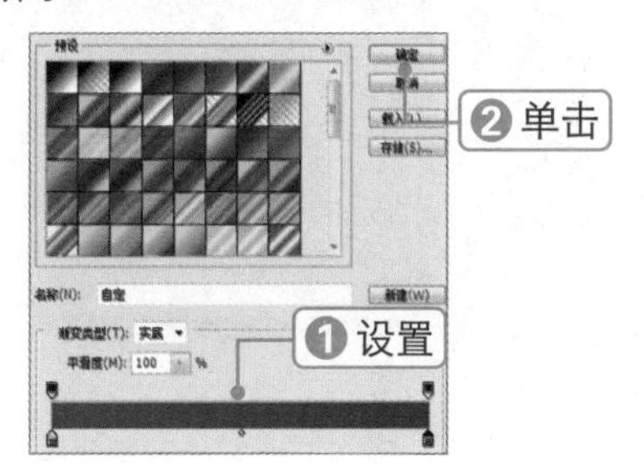

7 填充渐变颜色

单击属性栏中的“线性渐变”按钮，在窗口中拖动鼠标填充渐变，然后按【Ctrl+D】组合键取消选区，如下图所示。

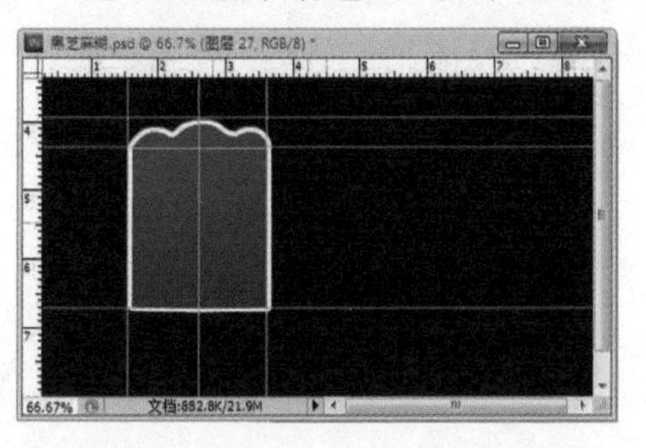

8 创建选区

按【Ctrl+Shift+N】组合键，新建“图层 3”。选择钢笔工具，绘制路径，按【Ctrl+Enter】组合键将路径转换为选区，如下图所示。

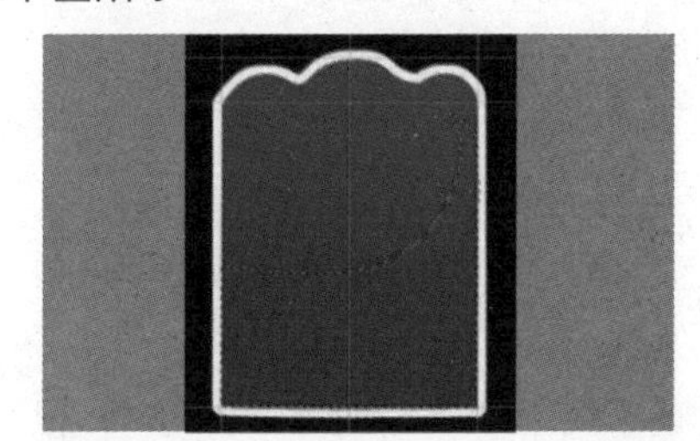

操作提示

使用渐变工具时，在渐变条上选中一个色标，然后在渐变条下方单击添加色标，可使添加的色标的颜色与当前所选色标的颜色相同。

9 设置渐变颜色

选择渐变工具，单击按钮，打开渐变编辑器。设置各项参数，颜色值分别为 R145、G1、B2 和 R207、G15、B14，单击“确定”按钮，如下图所示。

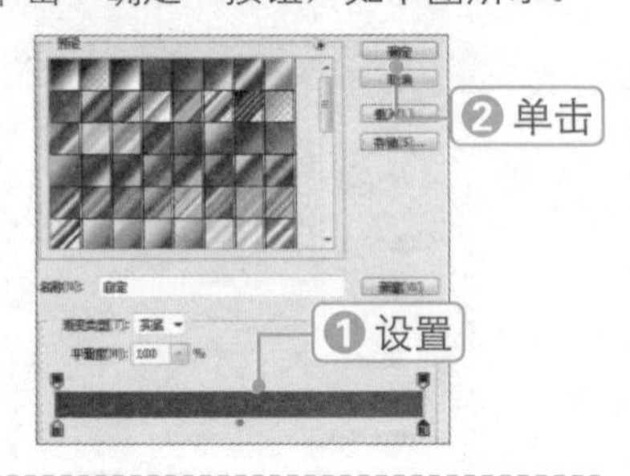

10 填充渐变颜色

单击属性栏中的“线性渐变”按钮，在窗口中拖动鼠标填充渐变，然后按【Ctrl+D】组合键取消选区，如下图所示。

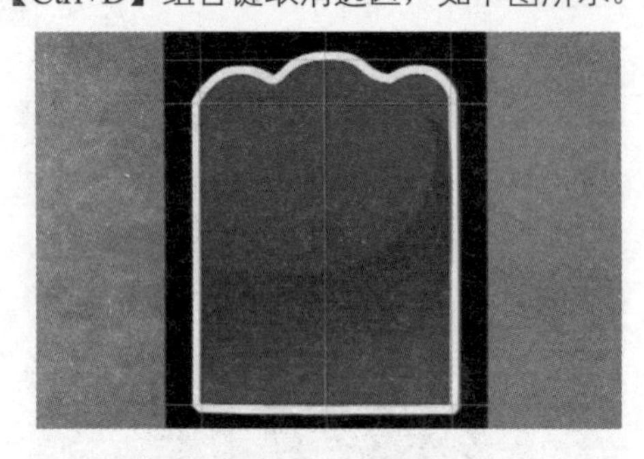

11 填充渐变颜色

参照前面的方法继续创建并填充选区（渐变颜色值为 R156、G121、B77，R189、G133、B78），如下图所示。

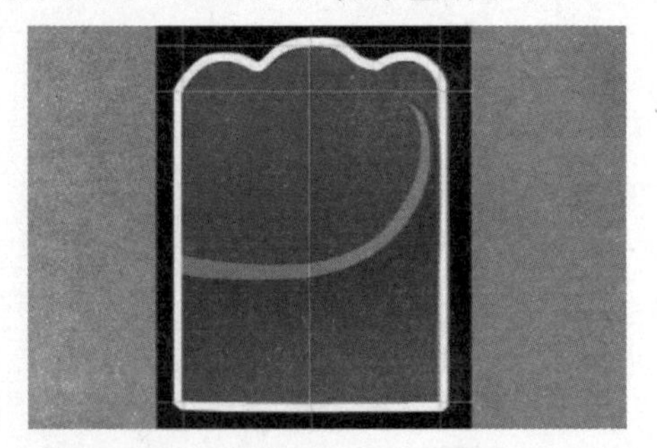

12 打开素材文件

打开素材图像文件“芝麻.jpg”，如下图所示。双击“背景”图层，将“背景”图层转换为“图层 0”。

13 删除白色背景

选择魔棒工具，在图像的白色背景上单击，选中白色区域。按【Delete】键删除选中的区域，然后按【Ctrl+D】组合键取消选区，如下图所示。

14 拖入并调整图像

选择移动工具，拖动“芝麻”图像到“黑芝麻糊”文件窗口中。按【Ctrl+T】组合键，调整图像的大小和角度，如下图所示。

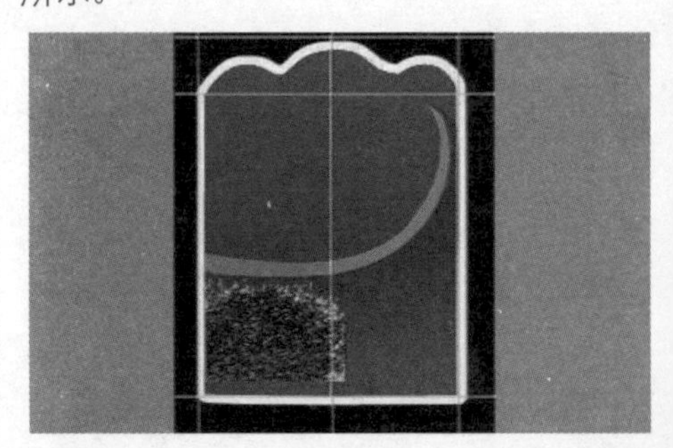

行家提醒

对于打开的“芝麻.jpg”文件，“背景”图层是锁定的图层，不可以进行删除操作，所以需要将其转换为普通图层。

⑮ 拖入素材文件

打开素材文件“莲子.jpg”、“红枣.jpg”、“绿豆.jpg”、“杏仁.jpg”，并参照前面的方法将它们拖到“黑芝麻糊”文件窗口中，如下图所示。

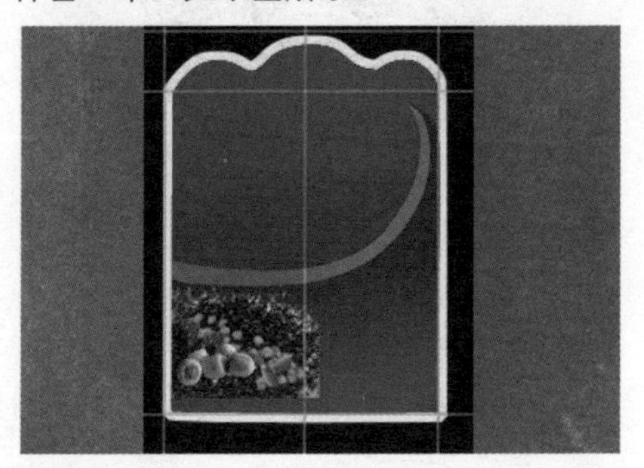

⑯ 拖入并调整素材图像

打开素材文件“托盘.jpg”，去掉其黑色背景，将其拖到“黑芝麻糊”文件窗口中，并调整至合适的大小，如下图所示。

⑰ 创建选区

选择矩形选框工具，按住鼠标左键并拖动，创建矩形选区，如下图所示。

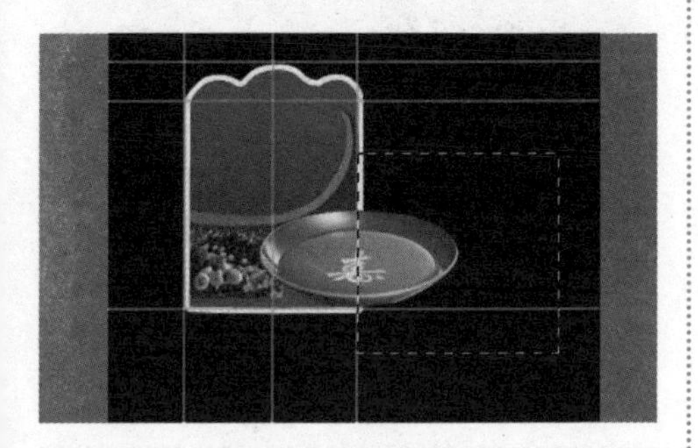

⑱ 删除图像

按【Delete】键，删除选区中的图像，效果如下图所示。

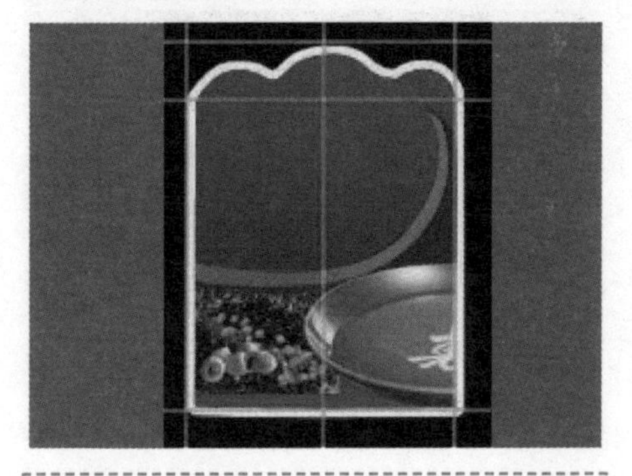

⑲ 拖入并调整素材图像

打开素材文件“勺子.jpg、黑芝麻糊.jpg”，将其拖到“黑芝麻糊”文件窗口中，并调整至合适大小，如下图所示。

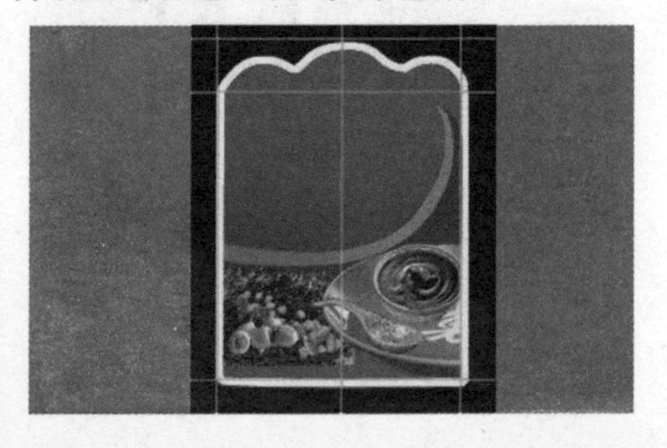

⑳ 拖入图像

打开素材文件“花纹.jpg”，删除其白色背景，将其拖到“黑芝麻糊”文件窗口中，并调整至合适大小，如下图所示。

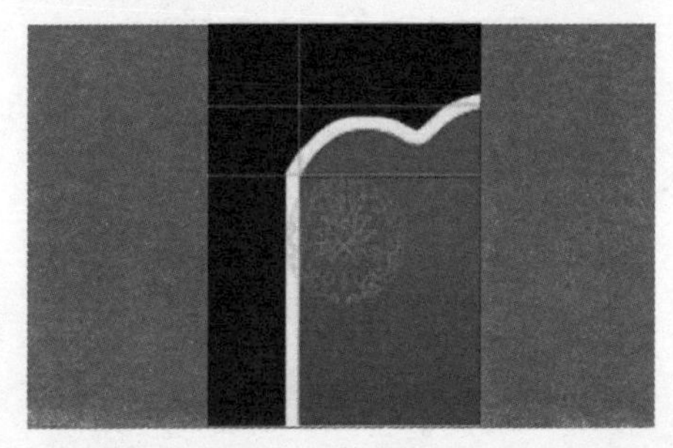

使用魔棒工具处理“花纹.jpg”时，注意要取消选择“连续”复选框，以确保删除所有的白色背景。

21 复制并调整图像

按住【Alt】键，拖动并复制“花纹”图层。按【Ctrl+T】组合键，调整图像大小和角度，如下图所示。

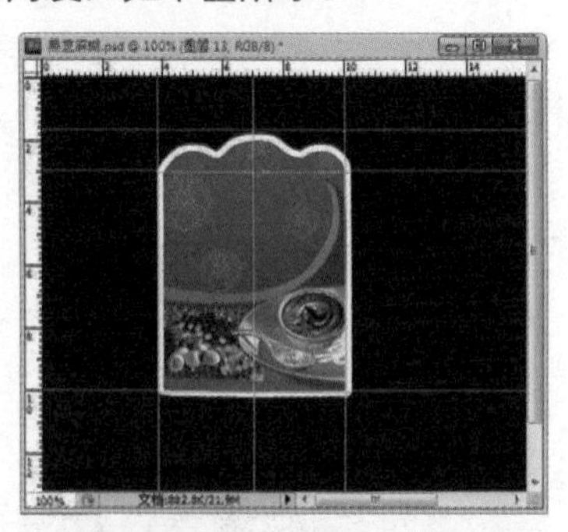

22 删除图像

参照前面的方法删除多余的图像，效果如下图所示。

23 拖入并调整素材图像

打开素材文件“标志.jpg”，将其拖到“黑芝麻糊”文件窗口中，并调整至合适的大小，如下图所示。

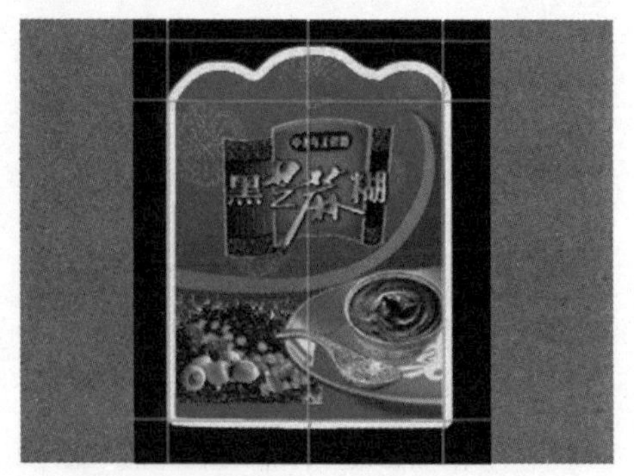

24 创建椭圆选区

按【Ctrl+Shift+N】组合键，新建“图层 15”。选择椭圆选框工具，按住鼠标左键并拖动，创建椭圆选区，如下图所示。

25 设置描边参数

选择“编辑”|“描边”命令，在弹出的对话框中设置各项参数，单击“确定”按钮，如下图所示。

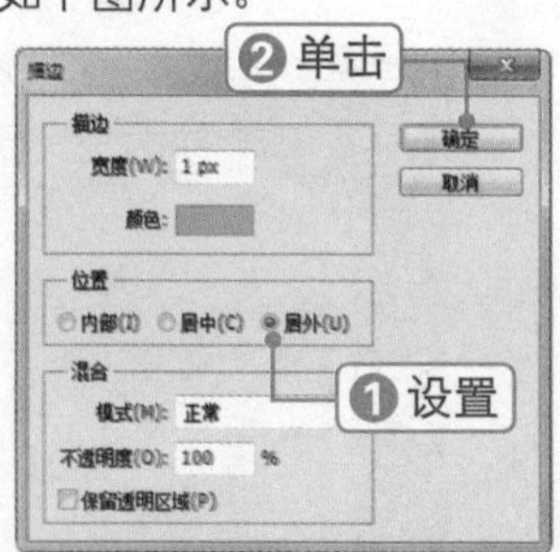

26 查看描边效果

此时，即可得到描边后的选区效果，如下图所示。

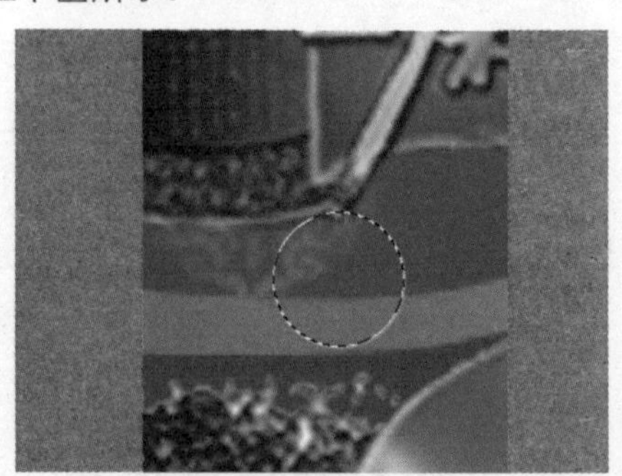

行家提醒

按【Ctrl+J】组合键复制图像，图像将会在原位复制；而按住【Alt】键的同时拖动复制图像，则可以在复制图像的同时调整好图像的位置。

27 填充选区

设置前景色为R139、G109、B38，按【Alt+Delete】组合键填充选区，再按【Ctrl+D】组合键取消选区，效果如下图所示。

28 输入文字

选择横排文字工具T，输入文字“中”，并设置合适的字体样式，效果如下图所示。

29 输入其他文字

参照前面的方法输入其他文字，效果如下图所示。

30 拖入并调整素材图像

打开素材文件“印章.jpg”，将其拖到“黑芝麻糊”文件窗口中，并调整至合适的大小，如下图所示。

31 绘制路径

按【Ctrl+Shift+N】组合键，新建“图层17”。选择钢笔工具，绘制路径，如下图所示。

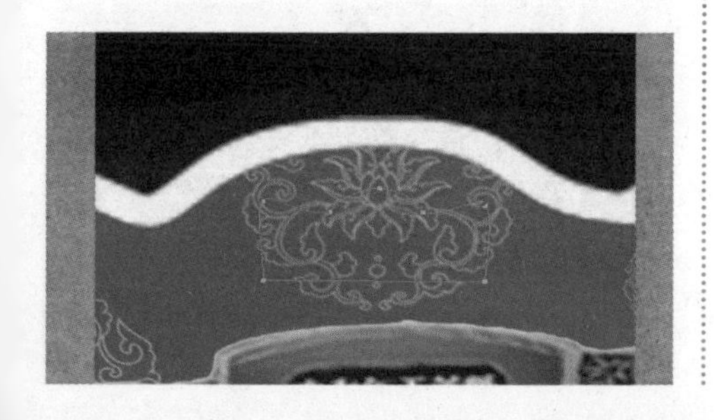

32 描边选区

按【Ctrl+Enter】组合键，将路径转换为选区。选择“编辑”|“描边”命令，在弹出的对话框中设置各项参数，单击“确定”按钮，如下图所示。

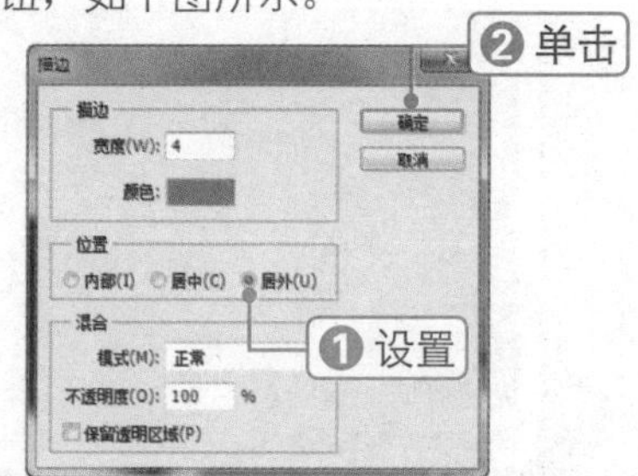

输入文字后，可以通过调整字号来调整其大小，也可以像调整普通图层一样调整文字的大小，这样操作会更加直观。

33 删除图像

选择“图层 2”和“图层 13 副本 4”，按【Delete】键删除其中的图像，如下图所示。

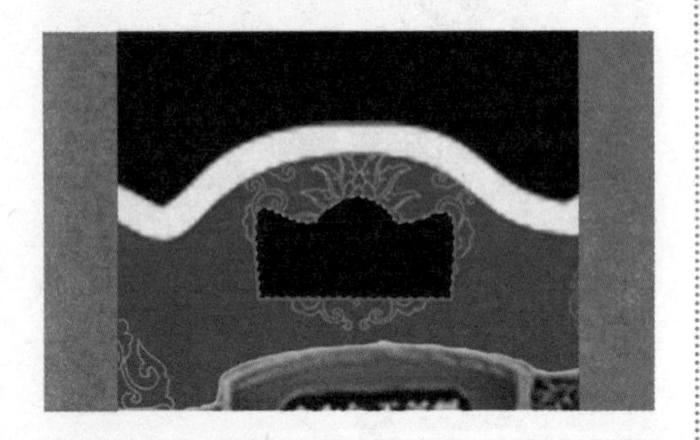

34 绘制并填充路径

选择圆角矩形工具，拖动鼠标绘制圆角矩形。设置前景色为 R224、G195、B77，单击“路径”面板中的“用前景色填充”按钮填充路径，效果如下图所示。

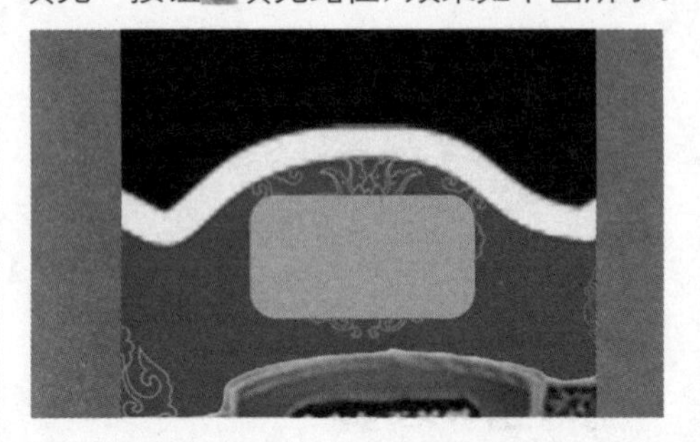

35 调整图层顺序

按照步骤 33 的方法进行操作，拖动“图层 18”至“图层 17”的下方，效果如下图所示。

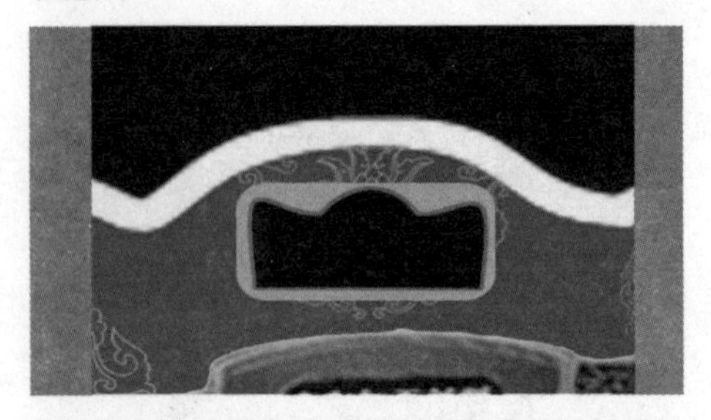

36 拖入并调整素材图像

打开素材文件“花边 .jpg”，将其拖到“黑芝麻糊”文件窗口中，并调整至合适的大小，如下图所示。

37 绘制图形

按【Ctrl+Shift+N】组合键，新建“图层 20”。选择圆角矩形工具，拖动鼠标绘制圆角矩形。设置前景色为 R196、G155、B84，单击“路径”面板中的“用前景色填充”按钮，如下图所示。

38 输入并设置文字

选择横排文字工具，输入产品厂家的名称，并设置字体样式，效果如下图所示。按【Ctrl+Shift+N】组合键，新建“图层 21”。选择钢笔工具，绘制路径。

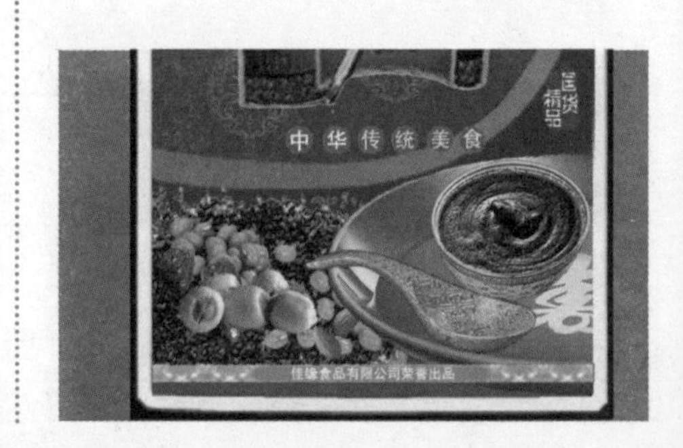

行家提醒

在“图层”面板中，按住【Alt】键并单击当前层前的画笔图标，可以将所有的图层与其取消链接关系。

39 绘制路径

按【Ctrl+Enter】组合键，将路径转换为选区。选择“编辑”|“描边”命令，在弹出的对话框中设置各项参数，单击“确定”按钮，如下图所示。

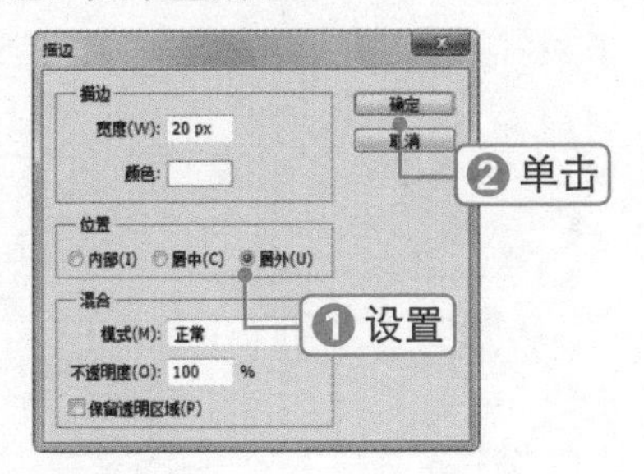

40 查看描边效果

此时，即可得到描边后的图形效果，如下图所示。按【Ctrl+Shift+N】组合键，新建“图层 22”。

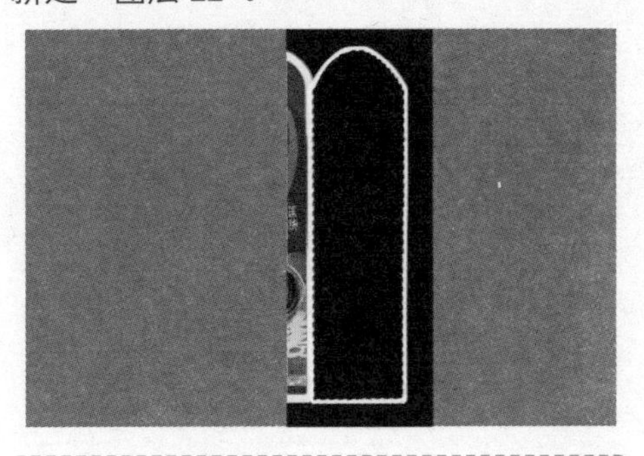

41 绘制渐变

选择渐变工具，单击按钮，打开渐变编辑器。设置各项参数，颜色值分别为 R145、G1、B2，R207、G15、B14 和 R145、G1、B2，单击“确定”按钮。单击属性栏中的“线性渐变”按钮，在窗口中拖动鼠标绘制渐变，如下图所示。

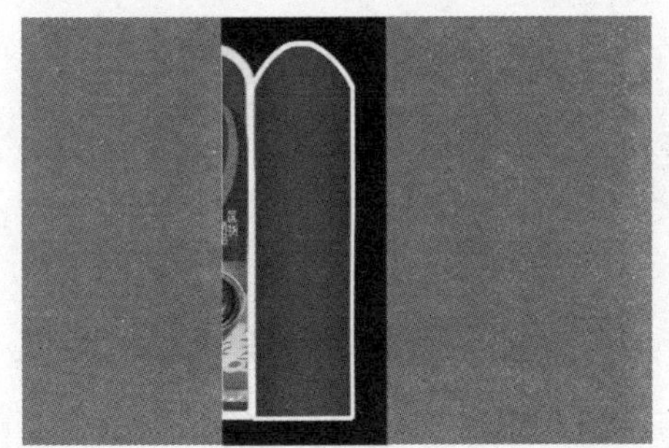

42 绘制图形

按【Ctrl+Shift+N】组合键，新建“图层 23”。选择圆角矩形工具，拖动鼠标绘制圆角矩形。设置前景色为 R244、G242、B203，单击“路径”面板中的“用前景色填充”按钮，如下图所示。

43 输入并设置文字

选择横排文字工具T，输入产品厂家文字，并设置字体样式，效果如下图所示。

44 拖入素材文件

打开素材文件“条形码.jpg”文件，将其拖到“黑芝麻糊”文件窗口中，并调整至合适的大小，如下图所示。

操作提示

要改变当前活动工具或图层的不透明度，可以使用小键盘上的数字键。【1】代表 10%的不透明度，【5】代表 50%的不透明度，而【0】则代表 100%的不透明度。

45 存储文件

选择“文件”|“存储为”命令，在弹出的对话框设置各项参数，单击“保存”按钮，如下图所示。

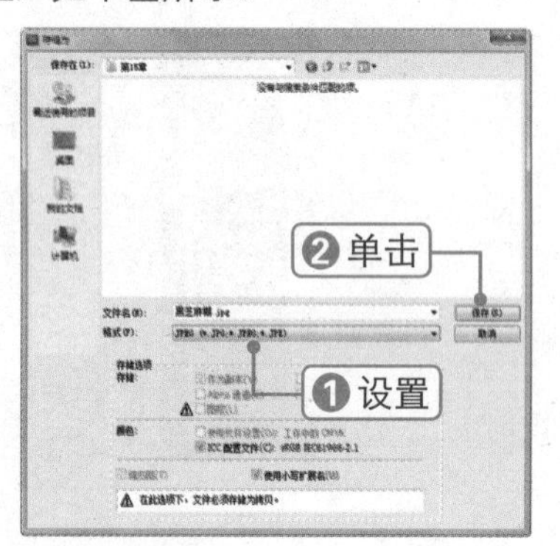

46 新建文件

选择“文件”|“新建”命令，在弹出的对话框中设置各项参数，单击“确定”按钮新建文件，如下图所示。

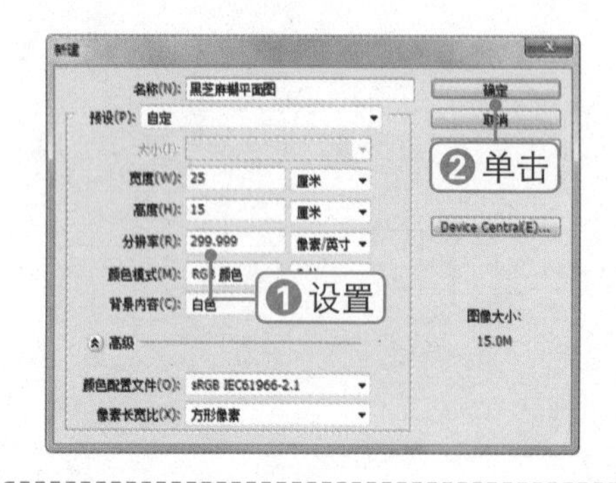

47 填充图像

设置前景色为黑色，然后按【Alt+Delete】组合键填充图像，如下图所示。

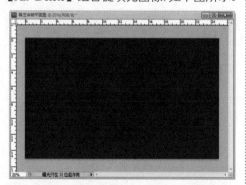

48 拖入图像

打开“黑芝麻糊.jpg”文件，选择魔棒工具，并选中黑色区域，按【Delete】键删除选中的区域。选择移动工具，拖动“黑芝麻糊”图像到“黑芝麻糊立体”文件窗口中，如下图所示。

49 复制图像

按【Alt】键进行复制，即可得到黑芝麻糊包装的最终平面图效果，如下图所示。

50 创建选区

选择矩形选框工具，在“黑芝麻糊平面图”文件窗口中按住鼠标左键并拖动，创建矩形选区，如下图所示。

行家提醒

按住【Alt】键并单击“图层”面板底部的“删除图层”按钮，则能够在不弹出任何确认提示的情况下删除图层。这个操作在通道和路径中同样适用。

51 剪切图像

按【Ctrl+X】组合键进行剪切，按【Ctrl+Shift+N】组合键新建“图层 2”，按【Ctrl+V】组合键进行粘贴，如下图所示。

52 创建路径

选择“图层 1”，按【Ctrl+T】组合键，调整图像的大小和角度。选择钢笔工具绘制路径，如下图所示。

53 删除图像

按【Ctrl+Enter】组合键，将路径转换为选区。选择“选择”|“反向”命令反选选区，按【Delete】键进行删除，如下图所示。

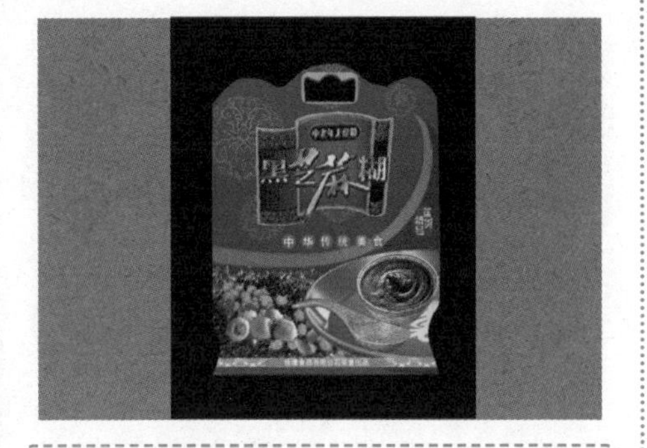

54 设置描边参数

选择“编辑”|“变换”|“变形”命令，对图像进行调整。选择“编辑”|“描边”命令，在弹出的对话框中设置各项参数，单击“确定”按钮，如下图所示。

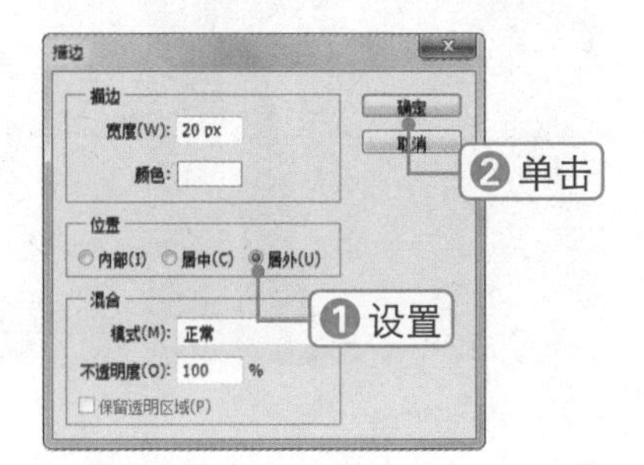

55 查看描边效果

此时，即可得到描边后的图像效果，如下图所示。

56 处理包装侧面

参照前面的操作对包装的侧面进行处理，效果如下图所示。

在使用移动工具或按住【Ctrl】键时，在画布的任意位置右击，可以得到一个图层列表，在列表中选择一个图层的名称，则能够让这个图层处于活动状态。

57 填充选区

按【Ctrl+Shift+N】组合键，新建“图层3”。选择矩形选框工具，按住鼠标左键并拖动，创建矩形选区。设置前景色为白色，按【Alt+Delete】组合键进行填充，效果如下图所示。

58 设置模糊参数

选择“滤镜”|“模糊”|“高斯模糊”命令，在弹出的“高斯模糊”对话框中设置各项参数，单击“确定”按钮，如下图所示。

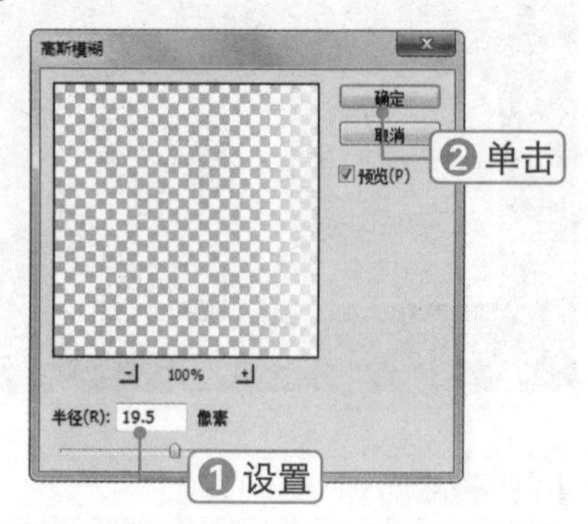

59 查看模糊效果

此时，即可得到模糊后的图形效果，如下图所示。

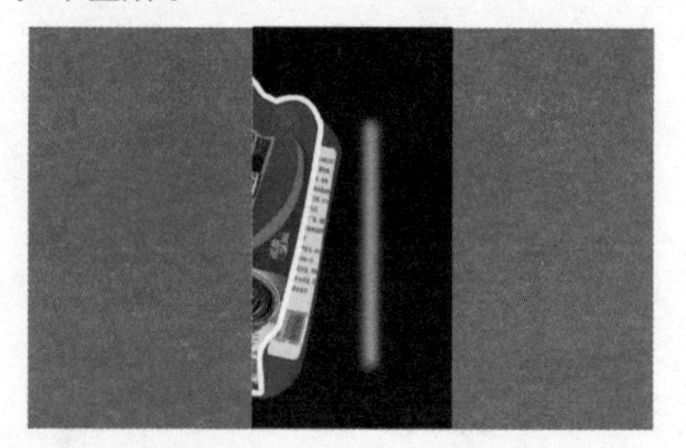

60 制作折痕效果

按【Ctrl+T】组合键，调整图像的大小和角度，制作出侧边折痕效果，如下图所示。

61 编辑图像

按【Ctrl+E】组合键合并图层，选择加深工具或减淡工具，对包装进行涂抹，如下图所示。按住【Alt】键拖动进行复制，调整复制图像的方向。

62 编辑倒影

单击“图层”面板中的按钮，选择渐变工具，应用预设中的“黑，白渐变”。单击“线性渐变”按钮，在蒙版中拖动绘制渐变，即可得到最终立体倒影效果，如下图所示。

行家提醒

要在文档之间拖动多个图层，可以先将它们链接，然后使用移动工具将它们从一个文档窗口拖到另一个文档窗口中。

11.3 实战演练三——招贴设计

所谓招贴，又名“海报”或宣传画，属于户外广告，分布于各处街道、展览会、商业区、机场等公共场所，是现在常用的产品宣传方式之一。下面将制作一幅汽车招贴，本实例的最终效果如下图所示。

>> 11.3.1 本例操作思路

>> 11.3.2 本例实战操作

素材文件　光盘：素材文件\第11章\招贴设计

1 新建文件

选择“文件”|“新建”命令，在弹出的对话框中设置新建文件的参数，然后单击“确定”按钮，如下图所示。

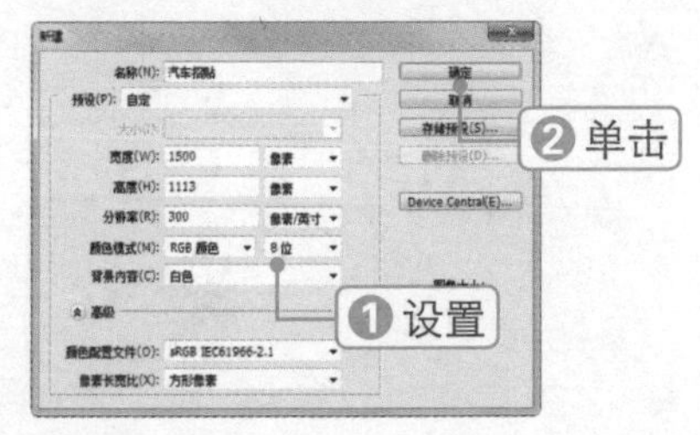

2 拖入并调整素材图像

打开素材文件“云彩.jpg”，将其拖到“汽车招贴”文件窗口中，并调整至合适的大小，如下图所示。

操作提示

改变图层组的混合模式或是不透明度，会对这个组内的所有图层都产生影响，这样就能够将组内所有图层看做是一个图层来进行操作。

3 调整色彩平衡

选择“图像”|“调整”|“色彩平衡”命令，在弹出的对话框中调整色彩平衡参数，单击“确定”按钮，如下图所示。

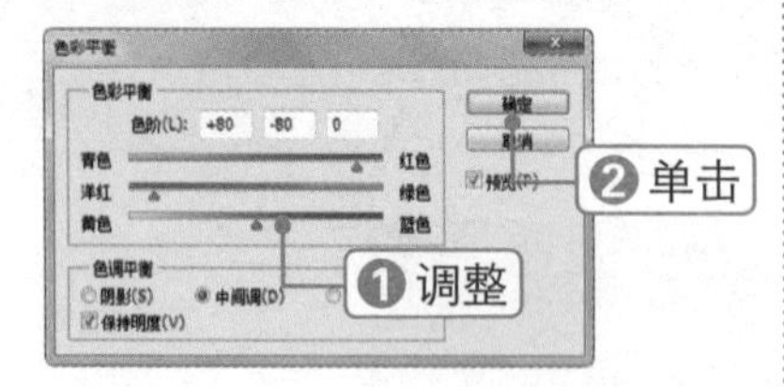

4 查看图像调整效果

此时，即可查看调整色彩平衡后的图像效果，如下图所示。

5 添加并编辑图层蒙版

单击按钮，为图层添加图层蒙版。选择渐变工具，设置黑白渐变，单击属性栏中的“线性渐变”按钮，在蒙版中拖动绘制渐变，得到过渡自然的效果，如下图所示。

6 调整图像饱和度

选择“图像”|“调整”|“色相/饱和度”命令，在弹出的对话框中调整“饱和度”为-40，单击“确定”按钮，如下图所示。

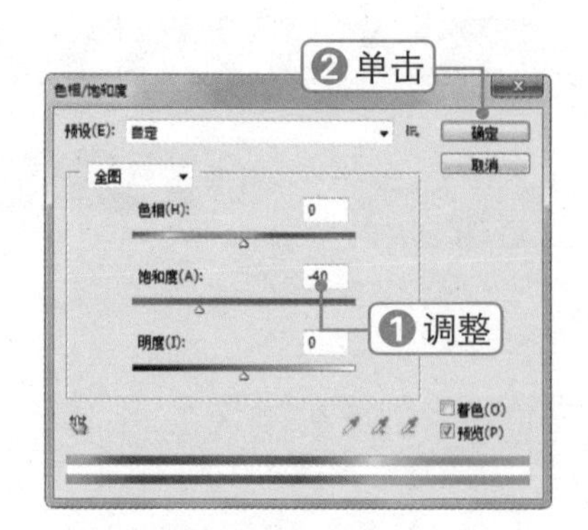

7 查看图像调整效果

此时，即可查看调整饱和度后的图像效果，如下图所示。

8 创建矩形选区

打开素材文件“楼.jpg”文件，选择工具箱中的矩形选框工具，拖动鼠标创建矩形选区，如下图所示。

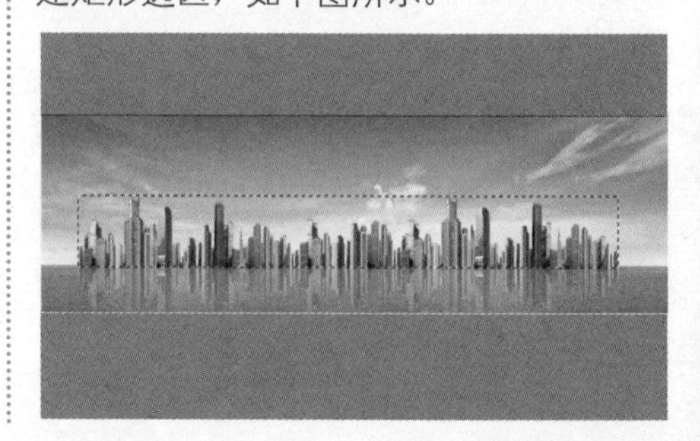

行家提醒

要将一个组中的所有图层的透明度、像素、位置等全部锁定，可以选择“图层”|“锁定组内的所有图层”命令。

9 复制并调整图像

按【Ctrl+C】组合键复制选区内的图像,切换到“汽车招贴”窗口中,按【Ctrl+V】组合键复制图像，并调整至合适大小，如下图所示。

10 添加并编辑图层蒙版

单击按钮，为图层添加图层蒙版。选择渐变工具,设置黑白渐变,单击“线性渐变”按钮,在蒙版中拖动绘制渐变,得到过渡自然的效果，如下图所示。

11 调整色彩平衡

单击图像缩览图，选择“图像”|“调整”|“色彩平衡”命令，在弹出的对话框中调整色彩平衡，单击“确定”按钮，如下图所示。

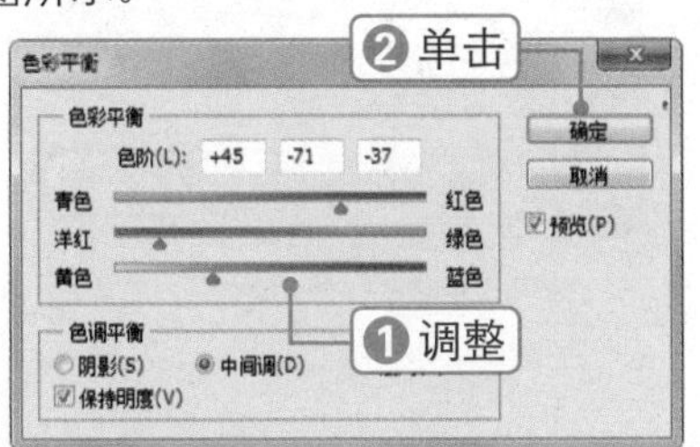

12 查看图像调整效果

此时，即可查看调整色彩平衡后的图像效果，如下图所示。

13 拖入并调整素材图像

打开素材文件“广场.jpg”，将其拖到“汽车招贴”文件窗口中，并调整至合适的大小，如下图所示。

14 擦除部分图像

选择工具箱中的橡皮擦工具，擦除其中的部分图像，效果如下图所示。

操作提示

要将复制的快速蒙版保存为一个Alpha通道，可以通过将快速蒙版拖动到“创建新通道”按钮上来得到。

15 调整色彩平衡

单击图像的缩览图，选择“图像”|“调整”|“色彩平衡”命令，在弹出的对话框中调整色彩平衡，单击“确定”按钮，如下图所示。

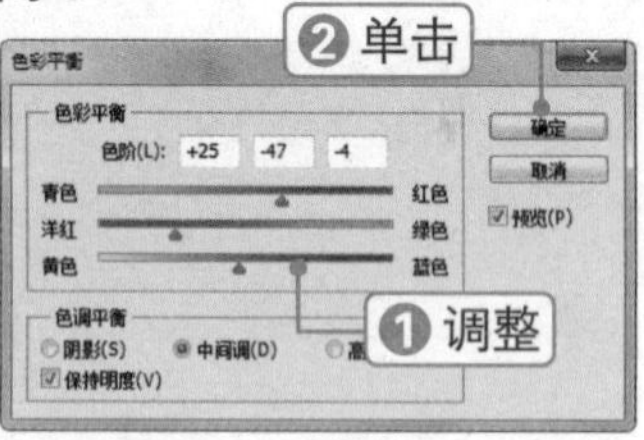

16 查看图像调整效果

此时，即可查看调整色彩平衡后的图像效果，如下图所示。

17 拖入素材文件

打开素材文件“汽车.psd”，选择其中的“汽车”图层，将其拖到“汽车招贴”文件窗口中，并调整至合适的大小，如下图所示。

18 添加图像样式

单击“图层”面板中的“添加图层样式”按钮fx，在弹出的菜单中选择“投影”命令，在弹出的对话框中设置投影参数，单击“确定”按钮，如下图所示。

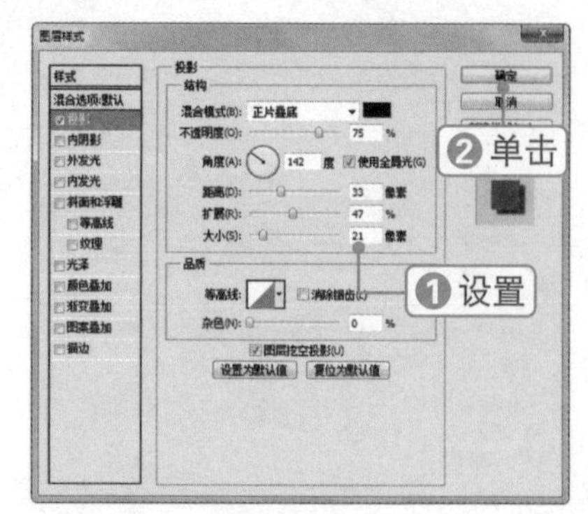

19 查看投影效果

此时，即可查看添加投影图层样式后的图像效果，如下图所示。

20 创建图层样式为图层

选择“图层”|“图层样式”|“创建图层”命令，将添加的图层样式创建为单独图层，如下图所示。

行家提醒

要为当前图层创建一个描绘当前图层内容的蒙版，可将这个图层拖放到“添加图层蒙版”按钮上。按住【Alt】键后拖放，则能添加隐藏当前图层内容的蒙版。

21 编辑图层蒙版

选择投影所在图层，单击按钮，对当前图层添加图层蒙版。选择一个柔边画笔工具，并设置前景色为黑色，涂抹蒙版，隐藏部分不需要的投影效果，如下图所示。

22 拖入素材文件

打开“素材.psd”文件，将其中的素材拖到“汽车招贴”文件窗口中，并调整至合适的大小，如下图所示。

23 拖入并调整素材图像

打开“心.psd”文件，将其拖到“汽车招贴”文件窗口中，并调整至合适的大小，如下图所示。

24 添加曲线调整图层

单击“创建新的填充或调整图层”按钮，在弹出的菜单中选择“曲线”命令，在打开的“调整”面板中设置调整参数，如下图所示。

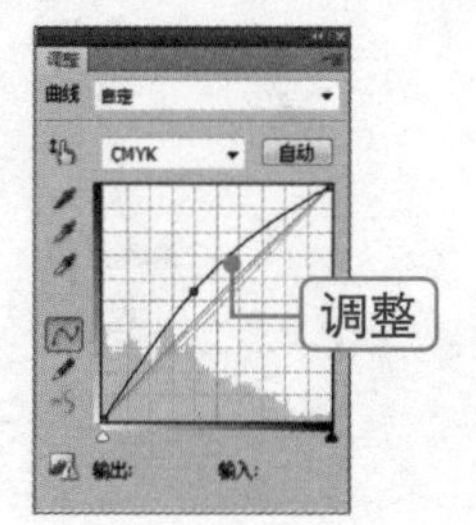

25 添加色阶调整图层

单击“创建新的填充或调整图层”按钮，在弹出的菜单中选择“色阶”命令，在打开的面板中设置调整参数，如下图所示。

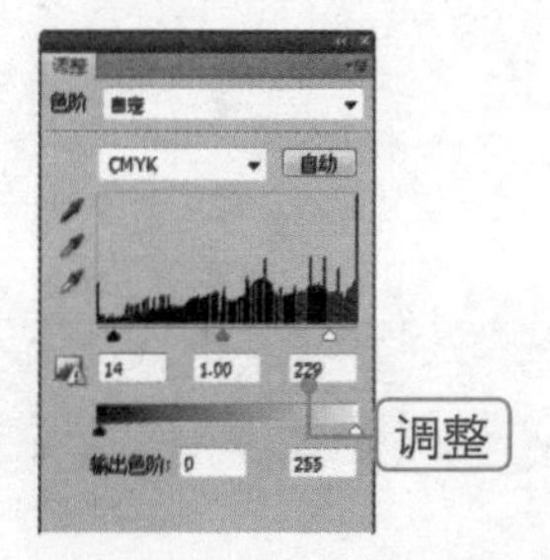

26 拖入素材文件

打开“人物.psd”文件，将其拖到“汽车招贴”文件窗口中，并调整至合适的大小，如下图所示。

操作提示

要移除一个图层组中最底部的图层，则在“图层”面板中将这个图层的缩略图拖动到左边即可。

27 绘制阴影

按【Ctrl+Shift+N】组合键，新建一个图层。在其中用画笔工具绘制一个淡淡的阴影，并将其拖到人物图层的下方，如下图所示。

28 输入文字

选择工具箱中的文字工具，在图像中输入文字“给生活 多一个空间”，如下图所示。

29 创建矩形选区

选择工具箱中的矩形选框工具，在图像中拖动鼠标创建选区，如下图所示。

30 填充选区

按【Ctrl+Shift+N】组合键，新建一个图层，为选区填充 R144、G4、B36，然后按【Ctrl+D】组合键取消选区，如下图所示。

31 填充选区

采用同样的方法创建与填充选区，此时的汽车招贴效果如下图所示。

32 创建选区

选择工具箱中的矩形选框工具，在图像中拖动鼠标创建选区，如下图所示。

行家提醒

要释放一个组中的所有图层，如将组删除而不删除其中的图层，则可以激活这个图层组，在按住【Ctrl+Alt】组合键后单击“删除”按钮。

33 填充选区

按【Ctrl+Shift+N】组合键，新建一个图层。将选区填充为白色，按【Ctrl+D】组合键取消选区，如下图所示。

34 输入文字

选择工具箱中的文字工具，在图像中输入招贴中的广告文字，如下图所示。

35 拖入素材文件

打开准备好的“标志 .psd”素材文件，将其中的标志拖到“汽车招贴”文件窗口中，并调整至合适的大小，最终效果如右图所示。

操作提示

要对一个图层组创建新文档，可按住【Alt】键后将这个组拖到“图层”面板底部的“创建新组”按钮上，在弹出的对话框中选择新建文档即可。

读者意见反馈表

亲爱的读者：

感谢您对中国铁道出版社的支持，您的建议是我们不断改进工作的信息来源，您的需求是我们不断开拓创新的基础。为了更好地服务读者，出版更多的精品图书，希望您能在百忙之中抽出时间填写这份意见反馈表发给我们。随书纸制表格请在填好后剪下寄到：北京市西城区右安门西街8号中国铁道出版社综合编辑部 苏茜 收（邮编：100054）。或者采用传真（010-63549458）方式发送。此外，读者也可以直接通过电子邮件把意见反馈给我们，E-mail地址是：suqian@tqbooks.net。我们将选出意见中肯的热心读者，赠送本社的其他图书作为奖励。同时，我们将充分考虑您的意见和建议，并尽可能地给您满意的答复。谢谢！

所购书名：______________________

个人资料：

姓名：__________ 性别：__________ 年龄：__________ 文化程度：__________

职业：__________ 电话：__________ E-mail：__________

通信地址：______________________ 邮编：__________

您是如何得知本书的：

□书店宣传 □网络宣传 □展会促销 □出版社图书目录 □老师指定 □杂志、报纸等的介绍 □别人推荐

□其他（请指明）______________________

您从何处得到本书的：

□书店 □邮购 □商场、超市等卖场 □图书销售的网站 □培训学校 □其他

影响您购买本书的因素（可多选）：

□内容实用 □价格合理 □装帧设计精美 □带多媒体教学光盘 □优惠促销 □书评广告 □出版社知名度

□作者名气 □工作、生活和学习的需要 □其他

您对本书封面设计的满意程度：

□很满意 □比较满意 □一般 □不满意 □改进建议

您对本书的总体满意程度：

从文字的角度 □很满意 □比较满意 □一般 □不满意

从技术的角度 □很满意 □比较满意 □一般 □不满意

您希望书中图的比例是多少：

□少量的图片辅以大量的文字 □图文比例相当 □大量的图片辅以少量的文字

您希望本书的定价是多少：

本书最令您满意的是：

1.

2.

您在使用本书时遇到哪些困难：

1.

2.

您希望本书在哪些方面进行改进：

1.

2.

您需要购买哪些方面的图书？对我社现有图书有什么好的建议？

您更喜欢阅读哪些类型和层次的计算机书籍（可多选）？

□入门类 □精通类 □综合类 □问答类 □图解类 □查询手册类 □实例教程类

您在学习计算机的过程中有什么困难？

您的其他要求：